基于"职业教育改革实施方案"和"提质培优"的烹饪品牌专业建设系列教材

烹饪原料知识

主　　编　周济扬　段文清　毕光跃

副主编　王兆强　王志文　桂　福　黄文荣　庞雅文

　　　　　陈　雯　郭刚秋　刘昌勇　李胜胜　王浩明

主　　审　陈金标

合肥工业大学出版社

图书在版编目(CIP)数据

烹饪原料知识 / 周济扬，段文清，毕光跃主编. —合肥：合肥工业大学出版社，2024.1
ISBN 978-7-5650-6312-1

Ⅰ. ①烹⋯ Ⅱ. ①周⋯ ②段⋯ ③毕⋯ Ⅲ. ①烹饪-原料-教材 Ⅳ. ①TS972.111

中国国家版本馆 CIP 数据核字（2023）第 136775 号

烹饪原料知识

主编 周济扬 段文清 毕光跃	责任编辑 马成勋	责任印制 程玉平

出　版	合肥工业大学出版社	版　次	2024 年 1 月第 1 版
地　址	合肥市屯溪路 193 号	印　次	2024 年 1 月第 1 版印刷
邮　编	230009	开　本	787 毫米×1092 毫米　1/16
电　话	理工图书出版中心：0551－62903204	印　张	16
	营销与储运管理中心：0551－62903198	字　数	399 千字
网　址	www.hfutpress.com.cn	印　刷	安徽联众印刷有限公司
E-mail	hfutpress@163.com	发　行	全国新华书店

ISBN 978-7-5650-6312-1　　　　　　　　　　　　　定价：66.00 元

如果有影响阅读的印装质量问题，请与出版社营销与储运管理中心联系调换。

"烹饪原料知识"是烹饪专业（群）的一门重要的专业基础课程，是学习、研究烹饪中所运用的一切原料的品质特点和规律的学科，也是烹饪专业（群）中级工、高级工培养方向的必修课程，它对后续的烹饪实践教学起到非常重要的支撑作用。一切的烹饪都是从原料开始，没有原料也就没有烹饪，也就没有灿烂的烹饪文化。从某种意义上说，烹饪原料养育了人类，促进了人类社会的发展。因此，要掌握烹饪技艺，必须认识、了解烹饪原料品质特点，必须掌握烹饪原料的运用规律。

本书以习近平总书记关于职业教育工作和教材工作的重要指示批示精神为指导，依照《职业院校教材管理办法》和《技工院校教材管理工作实施细则》的有关要求，坚持"质量为先、适度够用、动态更新"原则进行内容的编写。依据烹饪原料的性质属性和类别设计教学模块，分成烹饪原料基础、粮食原料、蔬果原料、畜禽原料、水产原料、调辅料等 6 个章节，结合烹饪教学改革和新课程建设的开发，充分体现了现代教材的特点，即职业性、应用性、科学性和规范性。在编写中主要体现以下几个方面的特点：

第一，坚持以能力为本位，重视实践能力的培养，突出职业技术教育特色。根据烹饪专业（群）毕业生所从事职业的实际需要，合理确定学生应具备的能力结构与知识结构，对教材内容的深度、难度进行把握。同时，加强实践型教学内容，以满足企业对技能型人才的需求。

第二，教材编写过程中，在严格贯彻国家有关技术标准要求的同时，根据餐饮行业发展趋势，尽可能在教材中体现新知识、新食材、新方法等方面的内容，力求使教材具有鲜明的时代特征。

第三，本书资源齐全，一物一图，图文并茂。同时，还配备了课件，教学视频，微课，同步练习等课程教学资源，既方便学习者直观清楚，全面系统地了解常用烹饪原料的产地、产季、外形、种类、品质特点、烹饪运用、品质鉴别及储存等知识内容，又能拓展学生的思维能力和应用能力，引导学生自主学习。

本书由周济扬、段文清、毕光跃主编，王兆强、王志文、桂福、黄文荣、庞雅文、陈雯、郭刚秋、刘昌勇、李胜胜、王浩明副主编。参与编写的人员还有邢小文、唐国锐、尚艳飞、王荣飞、赵庭政、刘海轶、王云龙、刘雪莲、黄以坤、黄耀、杨敏、李建国、陈一杰、秦钦鹏、程立宏、王迪、葛成荡。全书由周济扬和段文清拟定大纲，周济扬、毕光跃、王兆强、王浩明编写文字内容；周济扬、段文清、毕光跃组织人员完成配套教学资源建设。

在本书的编写过程中，我们得到了中国烹饪协会、广西烹饪餐饮行业协会、黄山学院、桂林旅游学院、安徽科技学院、桂林味道制造科技有限公司、广西椿记实业投资有限公司、昆明君悦酒店等专家的指导和帮助，吸取了以往同类教材的部分成果，参阅了众多专家、学者的相关文献，参考了网络资源，在此向相关人士表示感谢。

特别感谢无锡商业职业技术学院陈金标教授。他对本书内容进行了全面审读，对内容质量的提升有很大帮助。

由于编者学识和水平有限，书中难免存在疏漏和差错，敬请广大读者批评指正。

周济扬

2023 年 8 月

目 录

第一章　烹饪原料基础 …………………………………………………………… 1

　第一节　烹饪原料认知 ………………………………………………………… 1

　　一、烹饪原料的概念 ………………………………………………………… 1

　　二、烹饪原料的分类 ………………………………………………………… 4

　第二节　烹饪原料的内容 ……………………………………………………… 5

　　一、烹饪原料的种类特征 …………………………………………………… 5

　　二、烹饪原料的应用 ………………………………………………………… 6

　　三、烹饪原料的营养 ………………………………………………………… 6

　　四、烹饪原料的安全 ………………………………………………………… 8

　　五、原料的鉴别与贮藏 ……………………………………………………… 8

　第三节　烹饪原料的发展 ……………………………………………………… 17

第二章　粮食原料 ………………………………………………………………… 21

　第一节　粮食原料概述 ………………………………………………………… 21

　第二节　谷类原料 ……………………………………………………………… 22

　　一、大米 ……………………………………………………………………… 22

　　二、面粉 ……………………………………………………………………… 25

　　三、其他谷类粮食 …………………………………………………………… 26

　　四、谷类粮食制品 …………………………………………………………… 31

　第三节　豆类原料 ……………………………………………………………… 33

　　一、豆类粮食 ………………………………………………………………… 33

　　二、豆类粮食制品 …………………………………………………………… 35

　第四节　薯类原料 ……………………………………………………………… 39

第三章 蔬果原料 ··· 44

　第一节 蔬果原料概述 ······································ 44

　　一、蔬菜原料认知 ·· 44

　　二、果品原料认知 ·· 47

　第二节 常见蔬菜原料 ······································ 49

　　一、新鲜蔬菜 ·· 49

　　二、蔬菜制品 ·· 82

　第三节 常见果品原料 ······································ 85

　　一、水果 ·· 85

　　二、坚果 ·· 99

　　三、果制品 ··· 103

　第四节 药食同源食材 ····································· 106

第四章 畜禽原料 ·· 117

　第一节 畜禽原料概述 ····································· 117

　　一、畜类原料的认知 ····································· 117

　　二、禽类原料的认知 ····································· 120

　第二节 常见畜类原料 ····································· 123

　　一、畜肉 ··· 123

　　二、畜副产品 ··· 134

　　三、畜肉制品 ··· 137

　　四、乳及乳制品 ··· 142

　第三节 常见禽类原料 ····································· 145

　　一、禽肉 ··· 145

　　二、禽类副产品 ··· 148

　　三、禽类制品 ··· 149

　　四、禽蛋及蛋制品 ······································· 152

第五章　水产原料 ……………………………………………………………… 160

第一节　水产原料概述 …………………………………………………………… 160

一、水产品及分类方法 …………………………………………………………… 160

二、认识水产品类原料的营养价值 ……………………………………………… 161

三、鱼类的结构特点 ……………………………………………………………… 162

四、鱼类的去腥方法 ……………………………………………………………… 163

第二节　常见水产原料 …………………………………………………………… 164

一、鱼类 …………………………………………………………………………… 164

二、甲壳类 ………………………………………………………………………… 185

三、软体类 ………………………………………………………………………… 190

四、棘皮、刺胞类 ………………………………………………………………… 198

五、两栖、爬行类 ………………………………………………………………… 200

第六章　调辅料 ………………………………………………………………… 206

第一节　调辅料概述 ……………………………………………………………… 206

第二节　常见调味料 ……………………………………………………………… 209

一、基础调味料 …………………………………………………………………… 209

二、复合调味品 …………………………………………………………………… 225

第三节　常见辅助料 ……………………………………………………………… 227

一、生活饮用水 …………………………………………………………………… 227

二、食用油脂 ……………………………………………………………………… 228

三、食用淀粉 ……………………………………………………………………… 234

第四节　食品添加剂 ……………………………………………………………… 235

参考文献 …………………………………………………………………………… 245

第一章 烹饪原料基础

学习目标

【知识目标】

1. 了解烹饪原料的内涵和可食性条件；
2. 理解烹饪原料的命名及分类方法；
3. 掌握烹饪原料的学习内容与研究方法；
4. 掌握餐饮行业中烹饪原料的检验与安全控制方法。

【能力目标】

1. 能根据可食性条件选择烹饪原料；
2. 能利用网络搜集烹饪原料资源，解决实际问题；
3. 能利用烹饪原料的各类标准去鉴别原料，控制原料安全；
4. 能在学习及未来工作中参与野生动植物资源的保护。

第一节 烹饪原料认知

一、烹饪原料的概念

（一）烹饪原料的概念与烹饪原料的属性

烹饪原料是指用以烹饪加工制作各种菜点的原材料。烹饪原料要求是无毒、无害、有营养价值、可以制作菜点的材料。

烹饪原料的品质主要取决于烹饪原料食用价值的高低和加工性能的好坏，其中食用价值的高低又起着决定性的作用，因此，烹饪原料有以下基本属性。

1. 安全性

安全性是指由某种原料加工的菜点食用以后对人体无毒副作用。烹饪原料的安全性是不容忽视的，有些原料虽然有良好的口味、色泽和外观，却潜伏着巨大的危害性。如原料自身固有的毒素（如河豚毒素、龙葵素等）、传染性病毒（口蹄疫病毒、疯牛病病毒等）、寄生虫以及农药残留、工业污染等。使用不安全的原料，会致病而危及健康，严重的能致人死亡。

2．营养性

营养性是指烹饪原料中所含营养物质的多少。人们饮食活动的目的是获取能维持人体正常代谢足够数量和品种的营养物质，且维持人体代谢能量、代谢物质的转换。品种各异的原料所含有的营养素是指糖类、蛋白质、脂肪、矿物质、维生素和水这6大类营养素。但在不同的烹饪原料中，各类营养素的组成及比例差别较大。烹饪中应合理搭配各种烹饪原料的营养素，尽可能地提高烹饪原料的营养价值。

3．可口性

可口性又叫适口性，是指烹饪原料的口感和口味，它是影响烹饪原料食用价值高低的第三个因素。烹饪原料可口性的好坏，直接影响到烹制出来的菜肴的口感和口味。因此，即使有一定量的营养素，但口感和口味极差的物质不宜用作烹饪原料。另一方面，口感和口味俱佳的菜点能够增进人们的食欲和促进消化。可以说，烹饪原料的可口性越好，其食用价值也越高。

（二）烹饪原料的学科性质

烹饪原料是在烹饪事业发展过程中逐步形成的一门学科，现已成为各职业学校、技工院校烹饪专业教学、学习的基础课程，它与其他烹饪理论课、操作课等共同构成了烹饪专业教学、学习的学科体系，并成为烹饪科学重要的组成部分。

烹饪原料是以烹饪中所运用的原料为学习、研究对象，着重探讨常用烹饪原料的产地、上市季节、品质特点、鉴别、烹饪运用、储存保鲜等内容，是研究常用烹饪原料的自然属性和烹饪中应用的一门学科。从内容上看，它与许多自然学科有着密切的联系，如动植物学、园林学、饮食营养学、卫生学、食品化学、微生物学等。它不仅要借鉴这些自然学科的研究方法，而且还要吸取它们的研究成果来丰富理论阐述和充实有关内容。

烹饪原料是烹饪的物质基础，一切烹饪活动都是以烹饪原料为对象而展开的，烹饪工艺的实施，烹饪技术的发挥和烹饪目的的实现，无不与烹饪原料有着密切的关系。烹饪原料既是烹饪质量的基本保证，又是实施烹饪工艺、运用烹饪技术、促进菜点良好效果的基本前提。因此，烹饪原料的学习对合理、科学地应用烹饪原料，促进烹饪技术的掌握和提高具有重要的作用。

（三）烹饪原料的学习内容

烹饪原料大多取自于动植物的有机体，由于生物种属性质的不同，它们在外观形态、组织结构、理化特性以及营养成分的构成方面存在很大的差别。不同种属的生物生长需要不同的环境和条件、加上人工栽培和饲养优化，形成了不同的品种类别、品质特点以及产地、产季。从而，在烹饪中各种烹饪原料也就形成了不同的应用范围、加工方法以及使用价值。同时，烹饪原料从生长、生产到进入消费领域，会受到各种因素的影响，并在自身酶的作用和微生物、寄生虫、化学物质的污染下，原有的品质会发生变化而降低食用价值，甚至会产生有害物质导致不能食用。对此，在烹饪过程中，必须对各种原料加以品质检验和选择使用，并做好储存保鲜，才能保证烹饪原料的质量及烹饪效果。因此烹饪原料的学习应包括以下几方面的内容：

（1）常用烹饪原料的名称、产地、产季、上市季节以及常用原料的分布、供应情况。

（2）常用烹饪原料的外观形态、组织结构、营养特点等。

（3）烹饪原料的分类、选择、品质鉴别及其储存保鲜的方法。

（4）烹饪原料运用的适用范围和加工方法及在烹饪中的变化、影响与效果等。

（四）烹饪原料学习的目的

1. 是学好烹饪工艺的需要

烹饪原料是烹饪专业的基础课，烹饪原料与烹饪有着密切的关系。烹饪原料是烹饪加工的起点及依据，也是烹饪的物质基础，同时也是决定烹饪菜点质量的重要因素。因此，了解并掌握常用烹饪原料的性质、性能和特点，有利于烹饪技能水平的发挥。

2. 是充分发挥烹饪原料食用价值的需要

烹饪原料含有人类所需的各种营养物质，同时也含有各种风味成分。掌握这些知识，在烹饪过程中就能充分发挥烹饪原料的食用价值，尽可能地在烹饪过程中保护烹饪原料中的各种营养素，同时充分利用好原料本身所含的风味成分，烹制营养价值高，色、香、味、形、质俱佳的菜点。

3. 有助于烹饪科学的发展

长期以来，限于人们对烹饪原料缺乏系统的总结，对烹饪原料的利用一直依靠经验。学习烹饪原料，有助于我们将传统的烹饪原料实践经验和现代科学知识结合起来，对烹饪原料进行科学地研究、归纳、总结，探索烹饪原料发展和应用的内在规律。这不仅可以使烹饪原料这门学科更加完善，而且可以使烹饪学科体系更加完整、系统，使中国烹饪更加科学、更加精妙、更加艺术化。

（五）烹饪原料的学习方法

1. 理论联系实际，重视对实物学习研究

学习烹饪原料，必须从宏观和微观两个方面进行。既要学习烹饪原料的概念，研究一切原料所具有的共同特性，找出它们的共同特点，对这些特点进行概括和归纳，总结出一般规律；又要学习、研究某一种原料所具有的特点，如对人体的作用等，从而利用这些特点制作出具有特殊香味、色调、味道、造型的菜肴，以发挥这种原料的优势。

烹饪原料是一种物质，因此，我们的学习应从具体的原料着手，弄清它的实质。诸如原料的外部形态、组织结构、营养成分，以及原料的品质鉴别、名特产的认识、烹饪应用等，都必须从具体的原料入手，通过对原料实物的调查、辨认以及应用实验手段来完成学习，进而掌握烹饪原料的运用规律。

2. 既学习、探索单一的原料，更重视对原料综合的学习、研究

烹饪原料的实际运用，绝大多数是将若干种原料混合后制作成完整的菜点。菜肴中有主料、配料、调料之分。因此，仅仅学习某一种原料并不够，还需要学习、探索这一原料和其他原料相互之间的关系，为原料之间的搭配提供依据。什么主料用什么配料和调料是最完美的组合，可以得到烹饪的最佳效果，这就需要既认识单种原料，也需要认识组合中的其他原料。

3. 总结、整理、发掘前人留下的宝贵经验和财富

我国是一个有着数千年文明历史的国家，勤劳智慧的祖先，不仅通过农业、畜牧业等，为我们提供了众多的可供选择的食物，而且经过历代厨师的反复实践，为我们筛选出一系列制作佳肴的烹饪原料，这是十分珍贵的遗产。我们可以总结、挖掘，进一步借助自然科学的研究成

果，拓展烹饪原料。

4．引入相关学科知识，为烹饪原料的学习服务

烹饪原料与许多学科有着密切的联系，如动植物学、园林学、饮食营养学、卫生学、食品化学、微生物学等。相对于烹饪原料，这些相关学科的内容和实验方法已经比较成熟，我们可以有选择地吸收这些相关学科的知识，将其充实到烹饪原料中去。

总之，在实践中学习、探索、研究烹饪原料，从中寻找原料应用的规律，上升到理论，然后再回过头来指导实践，再认识、再提高。如此不断往复，使我们对烹饪原料的认识不断深化，这是我们学习、研究烹饪原料的最根本的方法。

二、烹饪原料的分类

（一）烹饪原料分类的意义

为了一定的目的和实际需要，按照烹饪原料的性质及有关特征，选择恰当的标准和依据将各种各样的烹饪原料加以系统的分类，叫烹饪原料的分类。

我国疆域辽阔，地形复杂，气候多变，为各种动植物的生长、繁衍提供了良好的自然环境，也为我们提供了众多的烹饪原料。据不完全统计，我国应用在烹饪上的原料多达万种，经常使用的也有 3000 种左右。烹饪原料的面广、量大，所以，要对烹饪原料进行系统、全面、深入地学习和研究，就必须按一定的标准将烹饪原料加以分类。因此，对烹饪原料进行分类具有重要的现实意义。

1．有助于使烹饪原料知识的学科体系更加科学化、系统化

通过对烹饪原料的分类，能使各种烹饪原料得以归纳成类，可以全面地反映烹饪原料的全貌，使我们系统地认识烹饪原料的有关知识以及烹饪原料与烹饪技术内在的联系；了解烹饪原料的广泛使用对中国烹饪发展的影响，进一步促进对烹饪原料的开发和利用，促进中国烹饪技术的不断提高。

2．有助于全面深入地认识烹饪原料的性质和特点

通过对烹饪原料的分类，可以更好地结合现代自然科学知识从理论高度对各种烹饪原料的共性和个性加以归纳阐述，深化烹饪原料知识，促进中国烹饪理论的不断完善和发展。

3．有助于合理地利用烹饪原料

通过对烹饪原料的分类，能指导烹饪人员对烹饪原料的选择、检验、保管等实践，提高烹饪原料的合理加工水平，有助于合理地利用原料。

（二）烹饪原料分类的原则

对烹饪原料进行分类，是学习研究烹饪原料的基本要求，是掌握烹饪原料性质的钥匙。烹饪原料的分类原则如下。

1．系统性原则

在选择某种方法分类时应按烹饪原料本身固有的属性和某种本质特征为标志，自成一体。

2．兼容性原则

在某种分类方法的分类体系中要能够包含兼容所有的烹饪原料的品种。

3．简明性原则

若选择任何一种分类方法，对各种原料的划分归属要一目了然，层次结构要逻辑性强，清晰明了。

（三）烹饪原料分类的方法

烹饪原料分类的目的是准确、系统、规范地了解原料，从而做到科学地使用原料。由于目前对烹饪原料分类的标准和依据不一致，因此，烹饪原料的分类方法也比较多，主要有以下几种：

1．按烹饪原料的性质分类

（1）植物性原料：包括谷物、蔬菜、果品等。

（2）动物性原料：包括畜、禽、水产品等。

（3）矿物性原料：包括盐、碱等。

（4）人工合成原料：包括人工合成香料、人工合成色素等。

2．按烹饪原料加工与否分类

（1）鲜活原料：包括鲜菜、水果、鲜肉、鲜禽、鲜鱼等。

（2）干货原料：包括干菜、干果、香菇、海参、鱼翅等。

（3）复制品原料：包括香肠、腊肉、肉松等。

3．按烹饪运用分类

（1）主料：指一盘菜点中的主要原料。

（2）辅料：也叫配料，指一盘菜肴中的辅助原料。

（3）佐料：各种调味品及添加剂等。

4．按烹饪原料的商品种类分类

（1）粮食：包括大米、面粉、大豆、玉米等。

（2）蔬菜：包括萝卜、青菜、食用菌、海藻等。

（3）果品：包括各种水果、干果、蜜饯等。

（4）肉类及肉制品：包括畜肉、禽肉、火腿、板鸭等。

（5）水产品：包括鱼类、虾、蟹、贝类、海蜇等。

（6）干货制品：包括鱼翅、海参、干贝、虾米等。

（7）调味品：包括盐、糖、酱油、味精等。

微课：烹饪
原料的分类

第二节　烹饪原料的内容

一、烹饪原料的种类特征

原料的种类特征是认识、鉴别原料的基础。掌握这些知识，有利于餐饮业做到准确组织优质货源，适时对路，合理加工，充分发挥原料的风味特长，提高产品品质。

二、烹饪原料的应用

这是烹饪原料的核心。掌握某一类或某一种原料在烹调加工或面点制作过程中的一般规律，可以合理地利用烹饪原料，使菜品达到最佳风味效果。

三、烹饪原料的营养

种类繁多、形态各异的烹饪原料都是由一些基本化学成分组成的，其中能够供给人体正常生理功能所必需的营养和能量的化学成分称为营养素。烹饪原料中的营养素分为有机物质和无机物质两大类：有机物质包括糖类、脂肪、蛋白质、维生素等；无机物质包括各种无机盐和水。这些营养素有不同的化学结构和性质，对人体有不同的营养作用，也是决定烹饪原料品质的重要因素。学习和理解各种化学成分的特性，是认识各种烹饪原料所含有的化学成分与营养价值的基础，对于我们识别烹饪原料的质量，正确地保管以及合理地选择和运用烹饪原料，从而最大限度地发挥烹饪原料的食用价值和营养价值，具有重要的意义。

（一）糖类

糖类是在自然界分布最广、含量最丰富的有机物质，是多羟基醛或多羟基酮及其缩聚物和某些衍生物的总称。根据其水解方式主要分为以下几种类型。

1. 单糖

单糖是结构最简单的糖类。烹饪原料中较广泛存在的单糖有葡萄糖、果糖、半乳糖等。

2. 双糖

双糖是由两个单糖分子结合而成。烹饪原料中的双糖主要有蔗糖、麦芽糖、乳糖等。

3. 多糖

多糖是由三个及以上单糖分子结合而成，是动植物的储能物质。存在于植物中的多糖称为淀粉；存在于动物体中的多糖称为糖原，也叫动物淀粉。植物中的纤维素也是多糖的一种。

烹饪原料中糖类的含量因种类和品种的不同而有很大差异。总的来说，糖类主要存在于植物性原料中，以粮食类含量最为丰富，蔬菜、水果中含量也较多，动物性原料中含量则较少。

（二）脂肪

脂肪分子是由一分子的甘油和三分子的脂肪酸组成，又称为甘油三酯。脂肪在常温下一般有固态和液态两种形态。动物脂肪为固态，主要存在于动物体的皮下组织及内脏组织中，习惯上称为脂；植物脂肪通常为液态，主要存在于植物的果实和油料作物的种子中，习惯上称为油。动物脂和植物油统称为油脂。

构成脂肪的脂肪酸种类很多，通常分为饱和脂肪酸和不饱和脂肪酸两种。不饱和脂肪酸熔点低，消化率高，可达98%；饱和脂肪酸熔点高，消化率低，约为90%。不饱和脂肪酸中的亚油酸对维持机体的正常生理功能很重要，但人体不能合成，必须靠食物供给，故称为必需脂肪酸。必需脂肪酸在脂肪中含量的多少，是脂肪营养价值高低的重要标志。在常温下，呈液态的植物油所含的必需脂肪酸比动物脂高，因此，植物油的营养价值高于动物脂。

（三）蛋白质

蛋白质是生物体中重要的组成成分，也是烹饪原料中重要的营养素之一。烹饪原料中的蛋白质的种类很多，目前，已发现的蛋白质种类达几十种，其形态不固定，一般呈液态、半流动态和固态 3 种。

蛋白质是由氨基酸分子组成的高分子化合物，其结构复杂，不同蛋白质的分子量相差也很大。目前从蛋白质中分离出来的氨基酸主要有 20 余种。根据人体的需要，有的氨基酸在人体内可由其他物质转化得到，不一定依靠食物摄取，称为非必需氨基酸；有的氨基酸人体不能合成（或合成速度极慢），必须从食物中摄取，称为必需氨基酸。在 20 余种氨基酸中有 8 种为人体必需氨基酸。

在烹饪原料中，蛋白质的含量和质量有很大的差别。一般情况下，动物性原料比植物性原料的蛋白质含量丰富，质量好。

蛋白质还有互补的特点，即如果食用两种或两种以上含有不同蛋白质的食物，可使人体所需的氨基酸得到相互补偿，提高食物的营养价值。因此，膳食结构要讲究主副食品的混合，粗细食物的搭配。

（四）维生素

维生素是动物体维持生长和进行正常代谢不可缺少的营养素，是存在于食物中的一些小分子微量有机化合物。目前，在烹饪原料中已发现的维生素有 30 多种，按其溶解性不同可将它们分为脂溶性维生素和水溶性维生素两大类。常见的脂溶性维生素有维生素 A、维生素 D、维生素 E、维生素 K 等，水溶性维生素有 B 族维生素和维生素 C。

各种维生素大多存在于植物性原料中，如粮食的谷皮、新鲜蔬菜和水果，动物性原料中含量极少，但动物的内脏及蛋、乳中较多。在烹饪原料中，维生素与其他化学成分相比含量很低，人体对维生素的需要量也微小。所以，只要注意膳食结构全面就可以避免维生素供应不足。

维生素种类不同，特性各异，有的怕热、怕光、怕氧化，有的则怕酸、怕碱。烹饪原料中的维生素在保管、加工及烹调过程中极易损失。因此，在烹饪中应尽可能地采取科学的方法以减少维生素的损失。

（五）无机盐

无机盐又称矿物质，是无机化合物中的盐类，存在于生物体内，是食物中的营养素。目前在人体中已查明的无机盐有 50 余种。从食物与营养的角度来看，人体健康组织中存在的必需无机盐约有 14 种，即铁、锌、铜、碘、钴、锰、钼、镍、硒、锡、硅、铬、氟、钒。人体缺乏这些无机盐会引起机体组织和生理上的异常；如果摄取过量，也会影响健康。

无机盐广泛存在于动、植物性原料中。动物性原料中主要含有钙、磷、镁、铁、锌等，植物性原料中含有的无机盐种类多且全。

（六）水

烹饪原料中的水可分为束缚水和自由水两大类。

束缚水具有三个特点：其一是不能自由移动，其二是不易结冰（冰点为-40℃），其三是不能作为溶剂。束缚水不易结冰这一特点常被应用于原料的储存保管中。含束缚水较多的植物种子或孢子等能在低温下越冬，而含有自由水较多的蔬菜、水果等在冰冻后细胞结构易被冰晶破坏，因此，蔬菜、水果不宜冷冻储存。

自由水又称游离水，是指烹饪原料组织细胞中可自由移动，容易结冰，也能溶解溶质的那部分水。自由水会因蒸发而散失。

了解原料中的两大类型水的特点，便于掌握原料的储存和保管方法。因为原料中的微生物孢子只能利用自由水进行出芽和繁殖。有些原料虽然含水量较高，但由于自由水比例很小，故易保管。因此，在进行原料保管时，要尽量减少原料中的自由水含量，从而抑制微生物的生长繁殖。

烹饪原料的含水量与烹饪原料的种类有关。在植物性原料中，新鲜蔬菜、水果的含水量较多，为70%～95%，而谷类及豆类种子含水量较低，一般为3%～16%；在动物性原料中，鱼类含水量为43%～59%，牛肉为46%～76%，鸡肉为71%～73%。

烹饪原料的含水量与原料的产地、成熟度及原料储存保管的温度、湿度和时间长短等因素有关。原料的含水量在一定程度上反映原料不同的品质，并与其耐藏性有着密切的关系，是对烹饪原料进行加工烹制、储存保管等采取不同方法的重要依据之一。

四、烹饪原料的安全

烹饪原料的安全状态关系食用者的身体健康，甚至关系生命安全。因此，加强烹饪原料的安全管理至关重要。在相关烹饪原料的各类标准中，几乎每一类标准都有卫生的要求。

HACCP（Hazard Analysis Critical Control Point，危害分析与关键点控制）是美国在20世纪60年代实施阿波罗宇宙开发计划时，为了高度保证宇航人员食品绝对安全，提出的食品卫生管理方式。这种方式把过去对最终产品的检验制度，改为对任何有可能发生的不安全因素进行彻底分析，并对所有关键点进行严格控制，使任何危害都不可能发生。由于这种方式科学、合理和有效，很快便被世界上许多国家食品行业及餐饮业采用。

餐饮企业可依据GB/T 27341—2009《危害分析与关键控制点（HACCP）体系食品生产企业通用要求》及GB/T 19538—2004《危害分析与关键控制点（HACCP）体系及其应用指南》，建立本企业的"烹饪原料使用HACCP应用规范（或指南）"，以保障餐饮产品的安全。

五、原料的鉴别与贮藏

（一）烹饪原料品质鉴别的意义

烹饪原料品质鉴别，就是依据各种烹饪原料的外部固有的感官特征的变化，运用一定的检验手段和方法，判定原料的变化程度和质量的优劣。对烹饪原料进行品质鉴别是烹饪工作者必须掌握的基本技能，在烹饪的实际工作中具有重要的意义。

1. 有利于掌握原料质量优劣和质量变化规律，扬长避短，因材施艺，制作优质菜肴

烹饪原料品质的好坏，对所烹制的菜点质量有决定性影响，高质量的菜点必须以优质的烹饪原料为基础。烹饪原料的品质好，经过厨师的加工烹调，才能烹制出色、香、味、形俱佳的菜点；反之，即使厨师的技艺再高，也不能保证菜点的质量。因此，对烹饪原料的品质进行检验，是为了在烹饪过程中能正确地选用原料。

2. 避免腐败变质原料和假冒伪劣原料，保证菜肴的卫生质量，防止有害因素危害食用者的健康

烹饪原料品质的好坏与人类的健康甚至生命安全有着极为密切的关系。一些原料，有时会由于微生物的污染而引起腐败变质；一些原料在生长、采收、屠宰、加工、运输、销售等过程中，会受到有害、有毒物质的污染。这样的原料一旦被利用，就可能引发传染病、寄生虫病或食物中毒。更有一些假冒伪劣原料，鱼目混珠流入市场，不仅影响菜点的质量，还会对食用者的身体健康构成严重威胁。所以，掌握烹饪原料的品质鉴别的方法，客观、准确、快速地识别原料品质的优劣，对保证烹饪产品的食用安全是十分重要的。

总之，对烹饪原料进行品质鉴别，正确地选择和利用优质的烹饪原料，是烹饪工作者必须掌握的基本技能。

（二）烹饪原料品质鉴别的依据和标准

微课：烹饪原料的品质鉴别

烹饪原料品质鉴别的内容主要包括烹饪原料的外观质量和内在质量的鉴别，其依据和标准是：

1. 烹饪原料固有的品质

烹饪原料固有的品质是指原料本身的食用价值和使用价值，包括原料固有的营养、口味、质地等指标。

烹饪原料虽然种类繁多，形式多样，但每一种类和使用形式的原料都有其自身所具有的品质特点。因此，以固有品质来衡量原料质量是极为有效的一种依据。一般来说，烹饪原料的食用价值越高，原料的品质就越好；烹饪原料的使用价值越高，其适用的烹调方法就越多，菜点也丰富多彩。烹饪原料的固有品质由原料的品种和产地所决定。

2. 烹饪原料的纯度

烹饪原料的纯度是指原料中所含杂质、污秽物的多少和加工净度的高低。很显然，原料的纯度越高，其品质就越好。如香菇、木耳、鱼翅等原料中所含的沙粒越少，其品质就越好。

3. 烹饪原料的成熟度

烹饪原料的成熟度是指原料生长年龄、生长时间和上市季节。不同的生长年龄、生长时间和上市季节，原料的成熟度有差异，其品质也不同。不同品种的原料其成熟度的要求是不同的。原料的成熟度恰到好处，其品质就好。如刚采摘下来的香蕉与放置一段时间的香蕉，其甜味是不一样的，其品质就有很大的差异。

4. 烹饪原料的新鲜度

烹饪原料的新鲜度是指烹饪原料的组织结构、营养物质、风味成分等在原料生长、加工、运输、销售以及储存过程中的变化程度。新鲜度越高的烹饪原料品质就好。因此，新鲜度是鉴别原料品质优劣最重要、最基本的标准。不同的原料，其新鲜度的标准是不同的，但一般都可以从原料的形态、色泽、水分、重量、质地和气味等感官性状来判断。

（1）形态的变化

任何烹饪原料都有一定的形态，原料越是新鲜，越能保持它原有的形态，否则就会变形、走样。例如，不新鲜的蔬菜干缩发蔫，不新鲜的鱼会变形脱刺。所以，观察原料的形态变化，可判断原料的新鲜度。

（2）色泽的变化

烹饪原料都有其本身特有的色泽和光泽。如新鲜猪肉一般呈淡红色，新鲜鱼的鳃呈鲜红色，新鲜的虾呈青绿色等。一旦原料的新鲜度下降，原料就会逐渐变色或失去光泽。所以，当原料固有的色彩和光泽改变时，说明该原料的新鲜度已降低或已变质。

（3）水分的变化

新鲜原料都有正常的含水量，当原料的含水量发生变化时，无论是变大或变小，都说明原料品质有问题。特别是蔬菜和水果，虽然它们的含水量丰富，但水分损失越多，其新鲜度也就越低。

（4）重量的变化

就新活原料而言，重量的变化也能说明原料新鲜程度改变，因为原料通过外部的影响和内部的分解、水分蒸发，重量减少，重量越小新鲜度也就越低。但干货原料则相反，重量增大说明已吸湿受潮，品质就会下降。

（5）质地的变化

新鲜原料的质地饱满坚实，有弹性和韧性。如果新鲜度降低，原料质地就会变得松软而无弹性，或产生其他分解物。

（6）气味的变化

各种新鲜的原料，一般都具有独特的气味。凡是失去特有气味，而出现一些异味、怪味、臭味的，都说明原料的新鲜度已降低。

（三）烹饪原料品质鉴别的方法

烹饪原料品质鉴别的方法主要有理化鉴别和感官鉴别两大类。

1. 理化鉴别

理化鉴别是利用仪器设备或化学药剂鉴别烹饪原料的化学成分，以确定其品质好坏的检验方法。理化鉴别包括理化检验和生物检验两个方面。

理化鉴别烹饪原料的方法可以分析原料的营养成分、风味成分、有害成分等。生物学鉴别原料的方法主要是用来测定原料或食物有无毒性或生物污染，常用小动物进行毒理实验或利用显微镜等进行微生物检验，从而检查出原料中污染细菌或寄生虫的寄生情况。

运用理化检验方法鉴别、检验原料的品质比较准确，能具体而深刻地分析食品的成分和性质，对原料品质和新鲜度作出科学的结论，还能查清其变质的原因。但运用理化检验时必须具备一定的场所和设备，检验者必须掌握熟练的技术和具有一定的科学知识，耗时久。所以，理化鉴别烹饪原料的方法在烹饪行业通常较少使用，但对某些原料（如家畜肉）则必须经专门的检验机构检验合格后方可上市。

随着改革开放的不断深入以及人民生活水平的不断提高，为确保食品、原料的质量，在宾馆、饭店中设立专职的食品营养及卫生检验人员岗位是非常必要的。这样可以做到防患于未然，杜绝劣质原料的流入，使菜点更注重营养，同时食用更加安全。

2. 感官鉴别

感官鉴别是指凭借检验者自身的感觉器官，即凭借检验者自身的眼、耳、鼻、口、手等的感觉，了解原料的外部特征、气味和质地的变化程度，从而判断原料品质优劣的鉴别方法。

感官鉴别根据所运用的感官的不同，可分为视觉检验、嗅觉检验、触觉检验、味觉检验、听觉检验五种的方法。

（1）视觉检验

视觉检验就是利用人的视觉器官鉴别原料的形态、色泽、斑纹、清洁度、成熟度等品质优劣的方法。这是判断原料质量时运用范围最广的一个重要方法。如新鲜的蔬菜大多茎叶挺直、脆嫩、饱满、表皮光滑、形状整齐、不抽薹、不糠心；不新鲜的蔬菜则会干缩萎蔫、脱水变老或抽薹发芽。

（2）嗅觉检验

嗅觉检验就是利用人的嗅觉器官鉴别原料的气味，进而判断其品质优劣的方法。新鲜原料本身都有正常的气味，而原料气味的变化恰恰是各种化学物质变化的结果。原料产生异味，往往与微生物的生长繁殖有关。如肉类有正常的肉香味，新鲜的蔬菜有正常的清香味。如果出现异味，则说明品质已发生变化。

（3）触觉检验

触觉检验就是通过手对原料的触摸来检验原料的重量、组织的粗细、弹性、硬度及干湿度等，以判断原料品质优劣的方法。例如，根据鱼体肌肉的硬度和弹性，可以判断鱼是否新鲜；根据蔬菜的柔韧性可以判断其老嫩；用手指按压肉品后，根据其凹陷恢复的程度和速度可以判断肉品的新鲜程度等。

（4）味觉检验

味觉检验就是利用人的味觉器官来检验原料的滋味，从而判断原料品质优劣的方法。味觉检验对于辨别原料品质的优劣很重要的，尤其是对调味品和水果。味觉检验不但能尝到原料的滋味，而且对于食品原料中极细微的变化也能敏感地察觉到。

（5）听觉检验

听觉检验就是利用人的听觉器官鉴别原料的振动声音来检验原料品质优劣的方法。原料内部结构的改变，可以通过其振动时发出的声音表现出来。如用手摇鸡蛋听蛋中是否有声音，来确定蛋的空头的大小和品质的好坏；挑西瓜时，用手敲击西瓜，听其发出的声音，来检验西瓜的成熟度等。

在以上五种感官检验方法中，以视觉检验和触觉检验应用较多，而且这五种方法也不是孤立的，根据需要可同时使用，这样检验出的结果将更准确、可靠。

感官鉴别的方法是烹饪行业常用的检验烹饪原料品质的方法，是人们在长期的实践中经验的积累。感官检验方法直观，手段简便，不需要借助特殊仪器设备、专用检验场所和专业人员，常能够察觉理化检验方法所无法鉴别的某些细微变化。但感官检验只是凭人的感觉对原料某些特点作粗略地判断，并不能完全反映其内部的本质变化，而且各人的感觉和经验有一定的差别，感官的敏锐程度也有差异，因此，检验的结果往往不如理化检验精确、可靠。所以，对于用感官检验难以作出结论的原料，应借助理化检验。

（四）烹饪原料自身新陈代谢引起的质量变化

烹饪原料的储存保鲜是指根据烹饪原料品质变化的规律，采用适当的方法延缓原料品质的变化，以保持其新鲜度的保管过程。

烹饪原料储存保鲜的任务就是要结合原料本身的新陈代谢，了解原料在储存保鲜过程中的变化规律，以及影响这些变化的外界因素，采取相应的措施，确定适宜的保管方法。防止原料发生霉烂、腐败、虫蛀等不良变化，尽可能地保持原料固有的品质特点，以保持原料的使用价

值和食用价值，延长原料的使用时间。

1. 植物性烹饪原料自身新陈代谢引起的质量变化的现象

植物性原料在储存保鲜中，由于各种因素的影响，会导致植物性原料发生萎蔫、老化、腐烂等现象。

（1）呼吸作用

呼吸作用是生鲜的果蔬常见的生理现象，是指果蔬原料在有氧和无氧的条件下植物体中分解酶分解有机物（即糖类）的过程。采摘后的生鲜植物性原料，仍保持着一定的生理活动。植物体内的分解酶具有较强的活性，可分解有机物产生能量以维持其生命活动。呼吸作用的过程消耗了原料体内的葡萄糖，降低了原料的品质，并且产生大量水分，导致植物性原料脱水、脱色变化，使植株或果实萎蔫而失去脆嫩特点；同时产生热量，温度上升而产生呼吸，更有利于微生物的生长与繁殖，加速原料腐烂，从而导致原料的浪费。

（2）后熟作用

后熟作用是指瓜果类原料采收后继续成熟的过程。瓜果在后熟过程中，细胞中的物质在酶的催化下发生一系列生理变化，能改善瓜果类原料的色、香、味及适口的硬脆度等感官指标。后熟作用能提高瓜果类原料的成熟度，当后熟作用达到最佳成熟度时，它们的风味最佳。后熟作用完成以后即开始衰老，食用品质开始下降，原料体内的有机成分大量分解，这时的原料极易腐烂也很难继续储存保鲜。

（3）发芽和抽薹

发芽和抽薹是两年或多年生植物打破休眠状态，开始新的生长时所发生的一种生理变化现象。如土豆、大蒜头、洋葱、萝卜等。休眠是蔬菜适应不利环境条件暂时停止生长的现象。当环境条件适宜时，蔬菜可解除休眠重新发芽生长，这种现象称为萌发。抽薹是根菜类、叶菜类蔬菜在花芽分化以后，花茎从叶丛中伸长生长的现象。植物在发芽、抽薹时消耗大量养分，组织变粗老，食用品质大大降低，有时还会产生毒素。延长休眠期、低温储存、射线处理等方法的采用，都可以抑制植物的发芽和抽薹，以保持原料的食用品质。

2. 动物性烹饪原料自身新陈代谢引起的质量变化的现象

动物性原料宰杀后，虽然失去了生命活动，但动物肉品中含有的各种分解酶仍具有较强的活性，加之微生物的作用，从而分解动物肉品中各种物质，导致肉品的变化。

（1）尸僵作用

尸僵作用又称僵直。动物性原料屠宰或死亡后的肉发生生物化学变化促使肌肉伸展性消失而呈僵直的状态，称为尸僵作用。尸僵阶段的肌肉组织紧密、挺硬，弹性差，无鲜肉的自然气味，烹调时不易煮烂，肉的食用品质较差。尸僵持续时间的长短与动物的种类、肉温有密切关系。躯体较大的动物，如牛、猪、羊的尸僵期较长，而鸡、鱼、虾蟹的尸僵期较短。温度越低，尸僵持续的时间越长。

处于尸僵时的肉类营养成分未分解，加之此时肉体的 pH 值低，可抑制微生物的生长与繁殖，能保持一定时间的新鲜度，所以，这时期的肉最适合储存保鲜。

（2）成熟作用

成熟作用也称后熟。动物性原料由于自身组织酶的活动，重新尸僵后变得柔软、恢复弹性的作用称为成熟作用。成熟阶段的肉外表面稍干燥，肌肉多汁、柔软而富有弹性，有大量的风味物质产生，气味芳香，口感鲜嫩，达到肉的最佳食用期。以这种肉品烹调的汤汁透明，肉品易煮烂消化，风味更佳。成熟作用与外界温度条件有很大的关系。外界温度低时，成熟作用缓慢；温度升高，成熟过程就加快。

成熟肉品不适宜储存，否则会严重影响肉品的新鲜度，导致大量的营养与风味物质的流失，肌肉组织老化松散，其食用品质和价值都明显下降。

（3）自溶作用

动物性原料由于自溶酶继续分解有机物质，使肉品柔嫩失去弹性，肉品外表湿润黏滑，肉品组织松散多汁、色泽暗红并带有令人不愉快的气味，这种作用称为自溶作用。自溶阶段的肉品，因含有大量的游离营养物质和水，微生物大量繁殖，使肉品带有腐败气味。

处于自溶阶段的肉品虽可食用，但其品质已大大下降。自溶阶段的肉品已丧失储藏性能，肉品是腐败的前奏。

（4）腐败作用

动物性原料中蛋白质经微生物分解引起的变化称为腐败作用，引起动物性原料腐败的微生物主要是细菌。腐败阶段的肉品表面发黏，肉色变暗后呈灰绿色，肉质变软，肉汁浑浊并有腐臭味，产生许多有毒物质，完全丧失食用价值，食用后会引起食物中毒。

（五）影响烹饪原料品质变化的外界因素

烹饪原料在储存保鲜中发生的质量变化，除了原料自身新陈代谢特别是组织分解酶的分解作用外，外界不良因素对原料质量也有很大影响。影响烹饪原料质量变化的外界因素较多，主要有物理因素、化学因素、生物学因素。

1. 物理因素

物理因素包括温度、湿度、日光等。

（1）温度的影响

温度是影响烹饪原料储存性能的重要因素。过低的温度造成原料的冻坏、变软，甚至腐烂崩解；而过高的温度会使原料的水分蒸发，引起干枯变质，促进生化作用的加速进行，也有利于害虫、细菌的生长和繁殖，使原料发生虫蛀、霉烂或腐败变化。

（2）湿度的影响

空气的湿度过大，会导致一些原料因吸湿发潮而发霉变质，有些原料还会结块、变色。如面粉遇潮结块现象等。

（3）日光的影响

日光的照射会加速原料的变化，促进原料中某些成分的水解、氧化，引起变色、变味和营养成分损失。

2. 化学因素

主要指一些重金属化学物质对原料的污染。原料盛装器皿混有如铅、铜、锌等金属元素，可起到催化剂促进酶的作用，加速原料的变质，而且会对人体健康产生危害。

3. 生物学因素

包括微生物和鼠虫等的作用，其中微生物的危害较大。影响烹饪原料品质的主要指霉菌、某些细菌和酵母菌。

微生物是所有形态微小的单细胞、个体结构较为简单的多细胞甚至没有细胞结构的低等生物的统称。微生物种类繁多，生长繁殖迅速，分布广泛，在空气、土壤、水中无处不在，代谢能力强，绝大多数为腐生或寄生的，需要从其他有生命的或无生命的有机体内获取营养。微生物一旦污染烹饪原料，就会大量地消耗原料中的营养物质，使原料发生变质，甚至失去食用价值。如花生米被黄曲霉毒素污染后因产生黄曲霉毒素而影响食用者的身体健康。

狭义的细菌为原核微生物的一类，是一类形状细短，结构简单，多以二次分裂方式进行繁殖的原核生物，是自然界分布最广、个体数量最多的有机体，是大自然物质循环的主要参与者。细菌适应性很强，能在高温、低温、盐溶液或无氧等环境中活动。细菌最适宜生活的温度是25～30℃。自然界中有很多细菌会使原料腐败变质。如牛奶感染了乳酸杆菌，会使其原有的糖分解而产生乳酸，使牛奶产生酸味。

酵母菌是单细胞真核微生物，会引起发酵，它普遍存在于自然界中。天然酵母菌可使一些原料或食物表面上生长白毛，有的酵母菌会使泡菜发红，有的还能使水果中的糖发酵，有的会使黄酒和啤酒浑浊发酸，最终导致质量下降。

（六）烹饪原料常用的储存保鲜原理及方法

微课：烹饪原料的储存保管

烹饪原料储存保鲜的方法较多，传统的方法有腌、晒、加热等。现代科学技术的发展，使之出现了气调储存保鲜法、辐射储存保鲜法、真空储存保鲜法等新方法。无论采用何种储存保鲜方法，其基本原理是造成不适于微生物生长繁殖的环境，以抑制及杀灭微生物；同时抑制和破坏原料中组织分解酶的活性，延长原料的储存保鲜时间，达到原料储存保鲜的目的。烹饪原料常用的储存保鲜方法主要有以下几种：

1．低温储存法

低温储存保鲜法是指利用低温（一般在15℃以下）环境中储存原料的方法。烹饪原料通过降低并维持原料的低温能有效抑制原料中酶的活性，减弱由于新陈代谢引起的各种变质现象，抑制微生物的生长繁殖，从而防止由于微生物污染而引起的食品腐败。低温还可延缓原料中所含各种化学成分之间发生的变化，降低原料中水分蒸发的速度，减少萎蔫现象。低温储存保鲜原料能最大限度地保持原料的新鲜度、营养价值和固有品质。

根据储存保鲜时采用的温度不同，低温储存保鲜原料的方法又可以分为冷却储存和冷冻储存两类。

（1）冷却储存

冷却储存又称冷藏，是指原料置于0～10℃尚不能结冰的环境中储存的方法。主要适合蔬菜、水果、鲜蛋、牛奶储存以及鲜肉、鲜鱼等的短时间储存。储存的原料一般不发生冻结的现象，因而能保持原料的风味品质。但在冷藏温度下，原料中酶的活性各种生理活动并没有完全停止，同时一些嗜冷性微生物仍能繁殖，所以原料的储存期较短。部分果蔬最适宜储存温度和储存期见表1-2-1所列。

表1-2-1　部分果蔬最适宜储存温度和储存期

种类	最适条件		储存期	冻结温度（℃）	种类	最适条件		储存期	冻结温度（℃）
	温度（℃）	相对湿度（%）				温度（℃）	相对湿度（%）		
番茄（熟）	12.8～21.1	85～90	4～7天	-0.6	胡萝卜	0	90～95	4～5个月	-1.4
茄子	70.2～10.0	90	1周	-0.5	青椒	7.2～10.0	90～95	2～3天	-0.7
白菜	0	90～95	2个月	1.1～0	菠菜	0	90～95	10～14天	-0.3

续表

种类	最适条件		储存期	冻结温度（℃）	种类	最适条件		储存期	冻结温度（℃）
	温度（℃）	相对湿度（%）				温度（℃）	相对湿度（%）		
洋葱	0	65～70	1～8 个月	-0.8	蒜	0	65～70	6～7 个月	-0.8
黄瓜	7.2～10.0	85～90	10～14 天	-0.5	西瓜	7.2～10.0	85～95	3～4 周天	-0.9
土豆（春收）	10.0	90	2～3 个月	-0.6	土豆（秋收）	3.2～4.4	90	5～8 个月	-0.6
橘子	0	85～90	8～12 周	-0.8	苹果	1.1～4.4	90	3～8 个月	-1.6
葡萄（欧洲系）	-1.1～0.6	90～95	3～6 个月	-1.8	南瓜	10.0～12.8	70～75	2～3 个月	-0.8
柠檬	14.4～15.6	85～90	1～6 周	1.1～0	菠萝	7.2	85～90	2～4 周	-0.9
香蕉（绿果）	4.0～10.0	80～85	2～3 周	-0.9	香蕉（黄果）	13.3～14.4	90～95	2～4 天	-0.8

（2）冷冻储存

冷冻储存又称冷结储存，是将原料置于冰点以下的低温中，使原料中大部分水冷结成冰后再以 0℃以下的低温进行储存的方法。适用于肉类、禽类、鱼类等原料的储存。冷冻储存的原料有较长的储存期。在原料冷冻储存时，采取低温快速冷冻的方法，可较好保持原料的品质。因为这种方法细胞膜受损极少。当原料解冻使用时，水分仍保留在细胞组织内，使原料中的营养物质损失机会较少。

冷冻储存的原料在烹饪加工前应先解冻，使其恢复原来的新鲜状态。烹饪中最常用的解冻方法是低温流水法解冻法。原料在水中解冻时表面层被浸胀，重量可增加 2%～3%，其营养素的损失较小，而且在水的浸洗下，还能将原料表面的污物和微生物洗掉，恢复原有的品质。

值得注意的是，低温储存法虽然可以较长时间储存原料，但经过长期储存后，原料的品质也会有一定的变化。其主要原因是冷藏还是冷冻，都会使原料失去部分水分，从而使其重量减小，表面粗糙，风味、色泽、营养成分和外观等发生变化，导致原料品质下降。因此，低温储存原料也有一定的保质期。在冷藏、冷冻原料时，在原料的表面用保鲜膜或食用塑料袋将原料包裹后进行储存，可延长原料储存期，并能较好地保持原料的品质。

2．高温储存法

高温储存原料是通过加热对原料进行储存的方法。高温储存法适用于大部分动植物性原料的储存。原料经过加热处理，其细胞中的酶被破坏失去活性，原料自身的新陈代谢终止，原料变质的速度减慢；另一方面，加热中绝大多数微生物被杀灭，从而有助于减慢腐败的速度和延长原料的保质期。原料经加热处理后还需及时冷却并密封，以防止温度过高后微生物的二次污染而造成原料变质。高温储存法常采用高温杀菌法和巴氏消毒法两种方法。

3．脱水储存法

脱水储存法又称干燥储存法，是通过一定的干燥手段，使原料降低含水量，从而抑制微生物生长繁殖达到储存原料目的的一种方法。此法适用于大部分动、植物性原料的储存。原料脱水后，由于水分减少，细胞原来所含的糖、酸、盐、蛋白质等内含物的升高，渗透压增大，使入侵的微生物正常的发育和繁殖受阻，微生物长期处于休眠状态；同时由于细胞内水分减少，水分活度降低，原料中酶的活性减弱，新陈代谢的速率下降，使原料变质的速度减慢。

脱水储存法根据其干燥方法的不同，又可分为自然干燥法和人工干燥法两类。自然干燥法是指利用自然界的能量除去原料中的水分,如利用日光或风力将原料晒干或风干。人工干燥法是指在人为控制下除去原料中的水分,如利用热风、蒸气、减压、冻结等方法脱去原料中的水分。自然干燥法在我国应用普遍,如谷物、干菜、干果、水产品及山珍的干制等均可采用此法。而奶粉、豆奶粉等的干制则采用人工干燥法。

脱水储存的原料在保管中应注意空气湿度不可过高,以防止原料回潮、变质发霉。水分较低的干制品要注意轻拿轻放,以免破损影响质量。

4. 腌渍储存法

利用较高浓度的食糖、食盐等物质对原料进行处理而延长保存期的保存方法,称为腌渍储存法。腌渍既是加工食品的一种方法,可增加食品的风味特色,又可达到较长时间储存的目的。

(1) 盐腌储存法

盐腌储存法主要是利用在盐腌原料过程中所产生的高渗透压使原料中的水分析出,同时使微生物细胞原生质水分渗出,蛋白质成分变性,从而杀死微生物或抑制其活力,储存原料的方法。多用于肉类、禽类、蛋、水产品及蔬菜的储存。由于此法简单易行,因此被广泛运用。

(2) 糖渍储存法

糖渍储存法其原理、方法同盐腌储存法相似,就是把原料浸入糖溶液中,利用糖溶液的渗透压抑制微生物的生长繁殖,达到储存原料目的的方法。这种方法适用于蜜饯、果脯、果酱等的制作。

(3) 酸渍储存法

酸渍储存法是利用提高储存环境中的氢离子浓度,从而抑制微生物的生长繁殖,储存原料的方法。此法多用于蔬菜的储存。酸渍储存法又可分为两种:一种是在原料中加入一定量的醋,利用其中的醋酸降低 pH 值,如醋黄瓜、醋大蒜等;另一种是利用乳酸菌的发酵而生成乳酸来降低 pH 值,如泡菜、酸菜等。

(4) 酒渍储存法

酒渍储存法是利用酒精所具有的杀菌能力而储存食品原料的方法。即利用酒或酒精浸渍原料,既可获得较长的储存时间,还能增强食品原料的特殊风味,如醉蟹、醉虾等。

5. 气调储存法

气调储存法是通过改变原料储存环境中的气体成分而储存原料的方法。此法多用于水果、蔬菜、粮食的储存,近年来也开始用于肉类、鱼类及鲜蛋等多种原料的储存。其基本原理是,在适宜的低温下,改变原料储存库或包装袋中正常空气的组成,降低氧气的含量,增加二氧化碳或氮气的含量,从而减弱鲜活原料中化学成分的变化,达到延长原料储存期和提高储存效果的目的。

气调储存法常用的方式有机械气调库、塑料帐幕、塑料薄膜袋、硅橡胶气调袋等。烹饪中运用最多的是用塑料薄膜袋对原料进行密封,利用原料的呼吸作用来自动调节袋中氧气和二氧化碳的比例。该法也称为"气调小包装"或"塑料小包装"。

6. 辐射储存法

辐射储存法是利用一定计量的放射线辐射照射原料而延长原料储存期的一种方法。这种储存方法适合于粮食、果蔬、畜、禽、鱼肉及调味品的储存。放射线照射原料后,可以杀灭原料上的微生物、害虫,抑制原料的发芽或成熟,而对原料本身的营养没有明显的影响。常用的射线有 α 射线和 γ 射线等。射线储存法具有许多优点,射线可以穿过包装和冻结层,杀死原料表面及内部的微生物及害虫，在辐射过程中，温度几乎没有升高，故该法有"冷杀菌"之称。此外，该法具有良好的保鲜效果，处理后的原料与新鲜原料在外观形态、组织结构及风味上很难区别。

7．保鲜剂储存法

保鲜剂储存法是在原料中添加具有保鲜作用的化学试剂来增加原料储存时间的方法。通常在肉制品和罐头制品中运用较多。保鲜剂有防腐剂、杀菌剂、抗氧化剂、脱氧剂等几类。

8．活养储存法

活养储存法是对一些动物性原料的特殊储存方法，主要包括水产品和野味等。这些原料在购进时是活的，可在一段时间内活养，在烹调时宰杀加工。这样可以保持其鲜活状态，又可除去其消化管及鳃部的污物和泥土，使味道更鲜美。

第三节　烹饪原料的发展

烹饪原料的出现和发展与人类社会的发展历史密切相关，特别是和社会生产力的发展有着密切的关系。真正意义上的烹饪原料的出现，始于烹饪的开始，即人类利用火，使食物由生变熟，由此诞生了烹饪技术，所用的食物也相应转变成了烹饪原料。人们对烹饪原料的不断认识，也促进了烹饪技术的发展。

旧石器时代，人类主要依靠采集、捕获的方式从自然界中获取食物，获取的食物主要是植物的果实、种子、块根、嫩的芽叶以及小型野生动物，用来生食。

进入新石器时代，由于生产工具的不断改进，原始农业和畜牧业开始出现。考古资料证明，人类在此时期已经饲养猪、牛、羊、马、犬、鸡等动物，种植粟、黍、稷、稻等粮食及白菜、芜菁、芥菜、芋、山药等蔬菜，并开始捕鱼和捕捞一些螺类、蚌、蛤等软体动物，同时开始用盐调味。

夏代以后，随着生产力进一步发展，生产工具不断地改进，人们的食物来源不断扩大。先秦时，已经出现了许多常用的烹饪原料，如粮食中的稻谷、菽、麦、黍、粟、粱、稷、菰、牟（大麦）等；蔬菜中的水芹、莼菜、黄瓜、瓠瓜、韭菜、荠菜、芥菜、萝卜、竹笋等；畜禽中的豚、牛、羊、马、犬、鸡、鸭、鹌鹑、鸽等。

秦汉以后，随着人们对自然规律的进一步认识和科学文化知识的丰富，人们开始采用多种多样的加工原料，如利用豆类加工制作豆腐、酱油，利用发酵技术制作面食点心等，并且加强了同国外的联系和沟通，引进了大量的烹饪原料，如葡萄、胡桃、无花果、胡豆、胡萝卜、胡葱、胡椒、胡瓜、西瓜、黄瓜等，极大地丰富了我国的烹饪原料，促进了我国烹饪技艺的发展。

近现代，随着人民生活水平的不断提高，科学技术的日益发达，国内外贸易的不断提升，人们对消费的要求也越来越高，在传统烹饪原料的基础上，又出现了许多新型食品，如强化食品、无土栽培食品等。这些新型原料的出现，为烹饪原料的发展提供了更广阔发展空间，烹饪原料的种类也越来越丰富。

同步练习————————————————————————————————

一、名词解释

1. 烹饪原料

_____

_____。

2. 理化鉴别

_____

_____。

3. 感官鉴定

_____

_____。

二、填空题

1. 烹饪原料要求是_____、_____、_____、_____的材料。

2. 烹饪原料中的水可分为_____和_____两大类。

3. 束缚水具有两个特点：其一是_____；其二是_____。

4. 烹饪原料品质感观鉴别的具体方法是_____、_____、_____、_____、_____等。

5. 烹饪原料按其性质可分为_____、_____、_____、_____四类。

6. 影响原料品质变化外界因素包括_____、_____和_____三个方面。

7. 烹饪原料按烹饪运用可分为_____、_____、_____。

三、选择题

1. 鉴定烹饪原料品质最重要、最基本的标准是_____。
   A. 原料纯度　　　　　　　　　　B. 原料固有的品质
   C. 原料的清洁卫生　　　　　　　D. 原料的新鲜度

2. 辐射保储存不适合于_____的保藏。
   A. 粮食　　　　　B. 水果　　　　　C. 蔬菜　　　　　D. 蛋奶

3. 气调储存法是目前一种先进的原料保藏方法，多用于_____。
   A. 各种烹饪原料的保藏　　　　　B. 动物性原料的保藏
   C. 粮食、新鲜蔬菜和水果的保藏　D. 蛋奶原料的保藏

4. 动物性原料冷却储存温度控制在_____。

A. 0℃以下　　　　　　　B. -18℃以下　　　　　　C. 0～4℃　　　　　　D. -4～4℃

5. 关于低温储存食物说法正确的是＿＿＿＿＿＿＿。

　　A. 低温抑制微生物生长　　　　　　　　B. 低温杀死微生物

　　C. 低温破坏了营养素　　　　　　　　　D. 低温使酶失去活性

6. 碳水化合物主要存于植物性原料中，以＿＿＿＿＿＿类最为丰富。

　　A. 谷类　　　　　　　B. 蔬菜　　　　　　　C. 水果　　　　　　　D. 肉类

四、判断题

1.（　　）高温储存法就是将原料放在 80℃以上的高温条件下保存。

2.（　　）原料新鲜度的变化，一般都会从形态、色泽、水分、重量、质地和气味的变化上反映出来。

3.（　　）盐腌储存法是利用食盐的渗透压作用杀灭微生物。

4.（　　）脱水储存法是利用原料经脱水后，微生物死亡及酶被破坏，以达到保藏的目的。

5.（　　）气调储存法是通过改变原料贮存环境中气体压力，以达到减缓原料品质变化的。

6.（　　）在进行原料保管时，要尽量减少原料中的束缚水含量，从而抑制微生物的生长繁殖。

7.（　　）糖渍储存法是利用糖的渗透压作用杀灭微生物。

五、问答题

1. 烹饪原料在储存保管中会引起哪些质量变化？

_____

_____。

2. 为什么要对烹饪原料进行分类？

_____

_____。

六、综合训练

烹饪中食品安全案例调查

（一）训练目标

了解烹饪中食品安全的重要性，熟悉生活中容易发生的烹饪食品安全事故。

（二）训练内容

1. 知识准备

食品安全指食品无毒、无害，符合应当有的营养要求，对人体健康不造成任何急性、亚急性或者慢性危害。烹饪中的食品安全主要是指在烹饪过程中的烹饪原料安全、烹饪调料安全、烹饪方法安全以及就餐安全等。

烹饪原料安全主要是指在烹饪中使用了有毒、有害的食品原料，或没有掌握正确的烹饪原料处理方式，从而危害就餐人员的身体健康；烹饪调料安全主要指在烹饪过程中，部分厨师误用有毒害调料或为了达到良好的烹饪效果滥用食品添加剂，导致烹调出的菜肴危害就餐人员的身体健康；烹饪方法安全指厨师在烹饪有毒害食材时，由于操作不当，导致所烹饪的菜肴毒素未能去除或去净，从而导致就餐人员食物中毒；就餐安全是指由于就餐环境卫生不达标，导致就餐人员食物中毒。

2. 案例调查

通过网络调查近些年发生的烹饪中食品安全案例，网站有中国食品安全网（http://www.cfsn.cn/）、国家卫生健康委员会（http://www.nhc.gov.cn/）、国家市场监督管理总局（http://www.samr.gov.cn/）、食品伙伴网（http://www.foodmate.net/）、食品论坛（http://bbs.foodmate.net/forum.php）等。

（三）训练要求

1. 学生分工完成"烹饪中食品安全案例调查表"样表。

表　烹饪中食品安全案例调查表

分工	类型	具体类型	案例内容	发生原因	解决方法
学生A		菌类			
学生B	烹饪原料安全	水产类			
………		………			
………		亚硝酸钠			
………	烹饪调料安全	食用色素			
………		………			
………	………	………			

2. 选择某一代表性案例，网络检索该案例的详细内容、发生原因、解决方法、案例类型，加工成介绍案例的文档，再依据文档，结合网络检索的图片、视频资源，设计幻灯片交流。

第二章 粮食原料

学习目标 【知识目标】

1. 了解粮食的分类、结构特点、营养组成与烹饪应用规律；
2. 掌握典型谷类及制品的烹饪应用、品质检验与保藏方法；
3. 掌握典型豆类及制品的烹饪应用、品质检验与保藏方法；
4. 掌握典型薯类及制品的烹饪应用、品质检验与保藏方法。

【能力目标】

1. 能识别和利用各种杂粮；
2. 能鉴别大米及面粉等常用粮食的品质。

微课：粮食
类原料基础

第一节 粮食原料概述

粮食是指粮食作物的种子、果实或块根、块茎及其加工产品的通称。联合国粮食及农业组织（FAO）的"粮食"主要指谷物类，包括稻谷、小麦、粗粮（即玉米、大麦、高粱等）三大类。因此，FAO 每年公布的"世界粮食总产量"实际上是世界谷物的总产量。根据中国国家统计局每年公布的粮食总产量指标显示，我国粮食的概念包括谷类、豆类和薯类三大类。

1. 谷类

谷类也称粮食，以收获成熟果实为目的，经去壳、碾磨等加工程序而成为人类基本食粮的一类作物原料。谷类是食物中热量的主要来源，且因易于种植、运输和贮存，是历史上最早驯化、当前栽培面积最大的作物。我国早在春秋战国时期已有"五谷（稻、黍、稷、麦、菽）为养"之说。稻谷结构图见图 2-1-1。

2. 豆类

豆类是指豆科植物中以收获成熟籽粒为目的可供食用的种类，我国是栽培豆类最丰富的国家之一。由于我国对豆类的食用习惯和在粮食流通体制中的位置，一般将大豆和花生归为油料作物，其他则统称为食用豆类。豆类结构图见图 2-2-2。

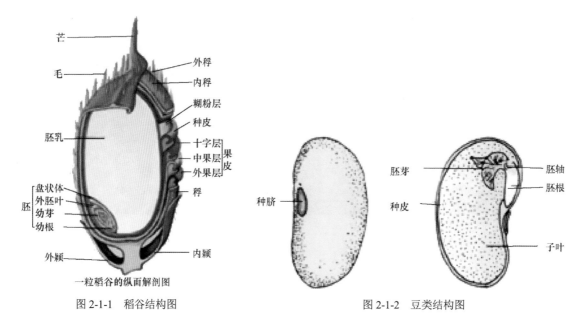

图 2-1-1　稻谷结构图　　　　　　　　图 2-1-2　豆类结构图

3. 薯类

薯类是以收获富含淀粉和其他多糖类物质的膨大块根、球茎或块茎为目的的一类作物原料。薯类在植物分类上隶属于不同的科，如茄科的马铃薯，旋花科的甘薯，大戟科的木薯，薯蓣科的山药、大薯，天南星科的芋、紫芋、魔芋，菊科的菊芋，豆科的豆薯，美人蕉科的蕉藕等。

4. 粮食制品

粮食制品是以谷、豆、薯类为原料经过进一步加工得到的成品或半成品。如谷制品：米线、锅巴、通心粉、面筋等；豆制品：豆腐、百页、腐竹等；薯类制品主要是淀粉及以淀粉为原料生产的粉丝、粉条等。

第二节　谷类原料

谷类粮食也叫谷类作物，它们大多来源于粮食作物的种子，是将成熟的粮食作物果实收获后去壳、碾磨等工序加工而成的食物。谷类又称五谷，指稻、黍、稷、麦、菽；也有八谷之称，指黍、稷、稻、粱、禾、麻、菽、麦。

稻谷碾制脱壳成大米，按米粒性质大米可分为籼米、粳米和糯米。一般是夏、秋两季收获。

一、大米

（一）大米的种类

1. 籼米（图 2-2-1）

产地和外形　我国的大米中以籼米产量为最多，四川、湖南、广东等省为主要产区。籼米粒形细长，色泽灰白，有透明或不透明的外观。

品质特点　籼米硬度较小，加工时容易碎。胀性大，出饭率高。但黏性小，口感干而粗糙。

烹饪运用　籼米通常用来制作干饭、稀粥。磨成粉可制作米糕、米粉等食品。

微课：大米

2．粳米（图 2-2-2）

产地和外形　粳米主要产于我国华北、东北和江苏等地。粳米粒形奖短圆，色泽蜡白，呈透明和半透明。

品质特点　粳米其质地硬而有韧性，加工不易破碎。煮时粘性大于籼米，柔软可口、香甜，但胀性较小，出饭率低于籼米。

烹饪运用　食味比籼米好，通常用于制作干饭和稀饭，也可磨成粉用于制作糕点。

3．糯米（图 2-2-3）

别名、产地和外形　糯米又称江米，糯米有籼糯和粳糯之分。以江苏南部及浙江出产最多。糯米粒形状多样，有呈圆形的，也有呈长形的。糯米呈乳白色，不透明，各地特色糯米见表 2-2-1 所列。

图 2-2-1　籼米

图 2-2-2　粳米

图 2-2-3　糯米

表 2-2-1　各地特色糯米

种类	特点	产地	图例
孝感糯米	孝感糯米谷粒大、扁长、饱满，颜色乳白鲜嫩，色似珍珠、柔和喜人，气味馥郁，鲜米芬芳，饭米香醇，口感甜绵，稠腻滑润，富含人体所需的硒、锌等微量元素	湖北省	
马店糯米	马店糯米米粒一般呈细长形，乳白色，不透明，少许半透明，气味清香，饭米香醇，口感甜绵，稠腻滑润，含糖量高，脂肪含量低，不含胆固醇，富含 20 余种氨基酸	安徽省	
朱湖糯米	朱湖糯米稻谷粒形大饱满，米粒颜色乳白光亮，形似珍珠。饭米油润光洁，粘糯性强，食感糍软，香甜可口，冷饭不回生变硬	湖北省	
应城糯米	应城糯米粒大、扁长、饱满、色白，蒸熟后香味四溢，沁人肺腑、口感甜绵	湖北省	
惠水黑糯米	惠水黑糯米营养丰富，蛋白质含量高，还含有花色苷、维生素 B_1、维生素 B_2、维生素 E 和锌、铁、镁等微量元素，被誉为"高原黑珍珠"	贵州省	

品质特点 糯米硬度低，煮熟后透明、黏性强、胀性小，出饭率低。

烹饪运用 一般不作主食，多用于糕点制作。可制作八宝饭、糯米团子等。

知识拓展：常见特色"大米"（表 2-2-2）

表 2-2-2 常见特色"大米"

种类	特点	产地	图例
菰米	我国菰米属于全谷物，具有很高的营养价值，含有丰富的蛋白质、必需氨基酸和脂肪酸、维生素以及各种微量元素。我国菰米还含有大量生物活性物质，如抗性淀粉、膳食纤维、黄酮、皂苷、花色苷、植物甾醇等	东北、华北、华中、华南、西南等地区	
皂角米	皂角米是豆科植物皂荚的种子。水中加热能膨胀，具有胶质半透明、香糯润口的特点，是调和人体脏腑功能的珍贵纯天然绿色滋补食材	云南、贵州等地区	
竹米	竹米也称竹香米，是竹子的种子。竹子极少开花，竹花过后，才结成竹米，竹林则成片死亡，这是竹子延续后代的方式。古代有凤凰"非梧桐不栖，非竹实不食"之说	四川、贵州、湖南、广西等地区	
岩米	岩米是一种古老的孑遗植物籽，生长在中国—尼泊尔交界的洛子峰上，在山崖涧谷的岩石缝隙内，四周云雾缭绕，故称岩米。岩米气味清香，色泽黄绿半透明，柔软可口有嚼劲	中国—尼泊尔交界的洛子峰上	

（二）大米的品质鉴别及储存保鲜

1．大米的品质鉴别

大米的品质是由多方面的因素决定的，鉴别时应以大米的粒形、腹白、硬度、新鲜度而判定。

（1）米的粒形

米的粒形均匀、整齐、重量大，以没有碎米和爆腰米的品质为好，相反品质较差。碎米指米的体积为整粒的三分之二以下，爆腰米为米粒上有裂纹的米，易碎。

（2）米的腹白

米的腹白是米粒上呈乳白色不透明的部分。腹白占米的面积大，质量差；否则相反。腹白较多的米硬度低，易碎，蛋白质含量低，品质较差。

（3）米的硬度

米的硬度是米抵抗机械压力的程度。硬度大，品质较好；硬度小，品质较差。

（4）米的新鲜度

新鲜的米有清香味和光泽，无米糠和夹杂物、无虫害、无霉味、无异味，卫生，用手摸时滑爽干燥无粉末。而陈米则颜色暗淡无光，有虫害痕迹，有异味。

2．大米的储存保鲜

大米是有生命的活体，它不断地进行新陈代谢，防止病虫害等的污染。一般来说，在储存保鲜中应注意调节温度、控制湿度、避免感染等几个问题，通常采用气调储存法。

二、面粉

（一）面粉的各类

小麦磨制去尽表皮而成的粉即为面粉（图2-2-4），也称小麦粉。面粉主要产于长江、黄河、淮河流域，华北平原。产季为夏季和秋季。近年面粉的花样翻新，分类越来越细。

1．传统的分类方法

传统的分类方法是将面粉按加工精度和用途分为等级粉和专用粉两大类。

（1）等级粉　　等级粉是以加工精度即面粉色泽和含麸量高低来确定的，通常分为特制粉、标准粉、普通粉三个等级。

（2）专用粉　　专用粉是利用特殊品种小麦磨制而成的，或在等级粉的基础上加入脂肪、糖、发粉、香料以及其他成分混合均匀而制成的面粉。按特点又分为面包粉、饼干、糕点粉、面条粉、自发粉、水饺粉等。

2．当代的分类方法

按蛋白质含量高低可以分为高筋粉、低筋粉、中筋粉，是目前比较认可和通用的分类方法。

图 2-2-4　面粉

（1）高筋粉（强筋粉、高蛋白质粉或面包粉）　　颜色较深，本身有活性且光滑，手抓不易成团状。高筋粉的蛋白质含量为12%～15%，面筋质（湿重）大于35%。高筋粉适宜制作面包，起酥糕点，泡夫和松酥饼等。

（2）低筋粉（弱筋粉，低蛋白质粉或饼干粉）　　颜色较白，用手抓易成团。低筋粉的蛋白质含量为 7%～9%，面筋质（湿重）小于 25%，因此筋性亦弱。低面筋适宜制作蛋糕、饼干、混酥类糕点等。

（3）中筋粉（通用粉，中蛋白质粉）　　颜色呈乳白色，半松散，是介于高筋粉与低筋粉之间的一类面粉。蛋白质含量为9%～11%，面筋质（湿重）在25%～35%之间。中筋粉适宜做水果蛋糕，也可以用来制作面包。

（二）面粉的烹饪运用

面粉在烹饪中的应用极为广泛，是我国北方大部分地区的主食，也是制作各式点心的主要原料。

（1）制作各种馒头、包子、饺子、面条、馄饨、饼等，因而面点制品成为我国最重要的日常食品之一。

（2）在某些创新菜式中，锅盔（烧饼）、馒头、北方烙饼、麻花等也在菜肴的制作中作为配料使用，如锅盔回锅肉、酸辣豆花、金黄韭菜肉丸等。

（3）在某些油炸食品中用面粉调制面糊作为包裹料加以应用。

（三）面粉的品质鉴别及储存保鲜

面粉的不同品种，其品质区别较大，但水分、颜色、面筋质和新鲜度是鉴别面粉质量的依据。

水分 面粉水分含量应在 12%～13% 之间，含水量正常的面粉用手捏有滑爽的感觉。一般捏而有形不散，则含水量过多，不易保管，易发霉变质。

颜色 面粉的颜色随加工精度的不同而不同。面粉颜色白，加工精度高，维生素含量低；否则相反。如果保管时间长或保管条件比较潮湿，面粉的颜色就会加深，面粉的品质降低。

面筋质 面粉中的面筋质主要由麦醇溶蛋白和麦谷蛋白这两种蛋白质构成，其特点是不溶于水，但遇水后膨胀成为富有粘性和弹性的面筋质。面筋质是决定面粉品质的重要指标，面筋质可使面粉制品体积增大、增加劲力。由此面筋质含量的多少应视其品种而有区别，如面条粉则应以面筋质含量多为佳，而包子粉则应以面筋质含量少为佳。

新鲜度 新鲜面粉有正常的气味，颜色较淡。凡带有异味，发色发深的，则已陈旧。面粉的新鲜度是鉴别面粉品质最基本的标准。

面粉的储存保鲜原理与大米相同，其储存保鲜方法也是以气调储存法为主。

烹饪中常用的其他谷物粮食的种类主要有玉米、高粱等。由于地区差异，各地运用的情况也不相同。但它们的储存保鲜通常采用气调储存法，并要注意防虫、防霉变。

三、其他谷类粮食

1．玉米（图 2-2-5）

别名、产地、产季 玉米又称玉蜀黍，俗称苞谷、苞米、棒子等。全国各地均有栽培，主要产区集中在华北、东北和西南。产季为秋季。

外形及种类 玉米的种类很多，按颜色不同可分为白玉米、黄玉米和杂色玉米；按粒质的不同可分为硬粒型、马齿型、半马齿型、粉质型、糯质型、甜质型、爆裂型、有稃型等。近年来，又出现了一些新的品种，主要有水果玉米（又称甜玉米）、黏玉米和爆裂玉米等，其他常见品种玉米见表 2-2-3。

品质特点 玉米色泽鲜艳，香味浓郁。除含有大量的淀粉和部分的蛋白质外，还含有胡萝卜素和维生素 B。玉米胚中含有大量的无机盐和蛋白质，还富含脂肪。

品质鉴别 以颗粒齐整、形态饱满、有光泽为好。

图 2-2-5 玉米

烹饪运用 玉米经提炼可制成食用油，磨粉后可制作窝头等，与面粉掺和制作点心等。

注意事项 玉米发霉后会产生致癌物，故发霉的玉米绝对不能食用。

表 2-2-3　常见品种玉米

种类	特点	产地	图例
高油玉米	胚芽大，含油量高；蛋白质、赖氨酸和维生素 A 含量高；秸秆以及种子能够作为优质饲料，提高附加值	东北、河南、河北、山东、江苏等地区	
紫玉米	紫玉米富含多种氨基酸，并含有人体所必需的 21 种微量元素和多维生素以及天然色素，特别富含抗癌元素硒，而且口感极佳，既软又嫩，皮薄滑溜稍粘，还有一种特殊的清香，适合加工成营养保健食品	东北、华北、华南等地区	
黑玉米	黑玉米营养价值高，其中赖氨酸、钾、铁、锌、钙、磷以及维生素 C 和黑色素的含量都远高于其他食物	辽宁、安徽、广东、四川、新疆等地区	
甜玉米	甜玉米又称为"蔬菜玉米"和"水果玉米"；甜玉米比普通玉米营养丰富，种皮薄，口感鲜糯，香甜，适于蒸食、烤食、做菜（玉米粥、玉米羹、汤料等），还可加工制成罐头	湖南、湖北、河北、广东等地区	
糯玉米	糯玉米煮熟口感柔软细腻、甜黏清香、皮薄无渣。糯玉米蛋白质、脂肪、维生素含量优于稻米；由于其淀粉分子量比普通玉米小 10 多倍，所以糯玉米比普通玉米高更容易消化	东北、内蒙古、河南、陕西、云南、四川等地区	
白玉米	白玉米中镁、硒等元素以及谷氨酸含量均高于其他玉米	东北，华北，西南等地区	

2．小米（图 2-2-6）

别名、产地、产季　小米由谷子（即粟）碾制去皮而成，是我国最古老的粮食品种之一。小米亦称粟、粟米、粟谷、黄米、黄梁等，通称谷子。我国华北、西北和东北地区均有栽种，著名的品种有山东金乡的金米，章丘县龙山小米，山西沁县的沁州黄等。秋季收获。

外形及种类　小米其籽实为卵圆形，滑硬、色黄。小米按颜色可分为黄色、白色、褐色等，以白色和黄色为最普遍；按籽粒黏性可分为糯粟和粳粟两种。

品质特点　由于小米在碾制过程中只碾去外壳，可以保留较多的维生素，因此小米中维生素 B1 和核黄素的含量很丰富，比大米和面粉多好几倍。此外，小米中还含有少量的胡萝卜素。

图 2-2-6　小米

品质鉴别 以谷壳色浅皮薄，出米率高为佳。

烹饪运用 主要作为主食原料，可以制成小米饭、小米粥；磨成粉后可以制作窝头、丝糕等；与面粉掺和后可制各式发酵食品。

3．高粱（图 2-2-7）

别名、产地、产季 高粱又称蜀黍、芦粟、荻草等。高粱脱壳后即为高粱米。我国的东北地区是高粱的主要产区，产季为秋季。

外形及种类 高粱籽粒呈椭圆形、倒卵形或圆形，大小不一。按粒色可分为白、黄、黑、红等品种，白高粱的重量为最好。按其性质可分为粳、糯两种。

品质特点 高粱中的脂肪及铁的含量高于大米。高粱中的淀粉由于细胞膜较硬，不易被人体消化吸收。高粱的皮层中还含有单宁酸，有涩味，故加工粗糙的高粱，食用时涩口难吃，且极易引起便秘。

图 2-2-7 高粱

品质鉴别 以大小均匀，颗粒完整，无碎粒，无杂质者为佳。

烹饪运用 能做成花样繁多、群众喜爱的食品。高粱除直接用于酿酒做醋，还可以加工制成粉条、粉面。

表 2-2-4 常见特色高粱

种类	特点	产地	图例
泸州糯红高粱	泸州糯红高粱富含单宁、花青素等成分，用其作为原料酿出的白酒具有特有的芳香，出酒率高	四川	
宜宾糯红高粱	宜宾糯红高粱产区位于四川盆地南部，由北向南依次为浅丘、中低山地貌。土质多以紫色母岩发育而成，矿质养分较为丰富；宜宾糯红高粱穗型中散，穗大而籽粒丰硕，粒卵圆形，皮薄红润、颗粒饱满	四川	
汾阳酿酒高粱	汾阳酿酒高粱籽粒呈卵圆形，微扁，质粘或不粘。可用来食用、酿酒（高粱酒）或制饴糖	山西	

4．大麦（图 2-2-8）

产地、产季 大麦是我国古老粮食作物之一，已有几千年的历史。我国主要产于北方地区及云南、四川西北部、西藏和青海等地。产季为秋季。

外形及种类 大麦植株似小麦，籽实扁平，中间宽，两端较尖，与稃紧密粘合，不能分离的称皮麦与稃大麦；能分离的称元麦、青稞。

品质特点 大麦营养成分与小麦接近，但纤维含量高，品

图 2-2-8 大麦

质不如小麦。大麦具有坚果香味。碳水化合物含量较高，蛋白质、钙、磷含量中等，含少量 B 族维生素。因为大麦含谷蛋白（一种有弹性的蛋白质）量少，所以不能做多孔面包，可做不发酵食物。

品质鉴别 以色泽清晰，皮呈淡褐色、麦肉呈粉白色，有光泽、无虫蛀、无霉烂、有正常麦片香味为佳。

烹饪运用 磨成粉后，可以制作饼、馍、糊糊等；去麸皮后压成片，可以用于制作饭粥等。此外大麦还是酿造啤酒、制取麦芽糖的原料。

图 2-2-9 荞麦

5. 荞麦（图 2-2-9）

别名、产地、产季 荞麦又称乌麦、三角麦。荞麦生长期短，我国以北方地区种植为多。产季为夏秋季。

外形及种类 荞麦籽粒为三棱形瘦果，棱角有明显光泽，外被革质皮壳，呈黑褐色或灰色，内部种仁为白色。主要有甜荞、苦荞、翅荞等品种。

品质特点 荞麦富含蛋白质、维生素 B1、核黄素、铁等。荞麦中的某些黄酮成分还具有抗菌、消炎、止咳、平喘、祛痰的作用。因此，荞麦还有"消炎粮食"的美称。

品质鉴别 以粒形完整，杂质较少，含水量低，色泽正常，无异味者为佳，其中以甜荞品质为最佳。

烹饪运用 磨成粉可作主食，也可以包馅、蒸馒头、烙饼，还能用荞麦粉制成风味小吃。

6. 燕麦（图 2-2-10）

别名、产地、产季 燕麦又称雀麦、野麦、皮燕麦。主要产于西北、内蒙古、东北一带，为秋收作物。

外形及种类 燕麦籽粒长椭圆形，表面有绒毛。

品质特点 燕麦是谷物中唯一含有皂苷素的作物，它可以调节人体的肠胃功能，降低胆固醇，但多食容易引起腹胀。

品质鉴别 以粒形完整，杂质较少，含水量低，色泽正常，无异味者为佳。

图 2-2-10 燕麦

烹饪运用 燕麦必须蒸熟（不宜煮）后磨粉食用，或制作小吃、点心、面条等。

表 2-2-5 各地特色燕麦

种类	特点	产地	图例
武川燕麦	武川燕麦的蛋白质和钙、磷、铁、核黄素等营养物质含量较高，且氨基酸比例平衡，赖氨酸的含量较高；这些特质使武川燕麦口感好且味香，口感润滑，汤汁浓白，麦香浓郁，软糯 Q 弹	内蒙古	

续表

种类	特点	产地	图例
白城燕麦	白城燕麦蛋白质含量为 17.5%；可溶性膳食纤维（β-葡聚糖）含量为 5.5%；脂肪含量为 7.5%；籽粒大、种皮薄、腹沟浅、表面光洁，着壳率低，易蒸煮熟化	吉林	
固阳燕麦	固阳燕麦除含蛋白质和脂肪量外，还含有磷、铁、钙和维生素等多种营养成分。固阳当地人们称燕麦为蒙古军粮、风铃草；当地农民以传统方式耕作，不施化肥，不打农药，纯净天然、风味独特、营养丰富	内蒙古	
湟中燕麦	湟中燕麦富含膳食纤维、维生素 B、蛋白质和钙、铁等微量元素，具有很高的营养价值。除了食用，燕麦还可以用来酿造啤酒和制作皮革等工艺品	青海	

7. 莜麦（图 2-2-11）

别名、产地、产季 莜麦是原产中国的燕麦品种，又称为裸燕麦。在华北称之为"油麦"，在西北称之为"玉麦"，在东北称之为"铃铛麦"。我国西北、东北、西南、内蒙古等地多有栽种。根据播种期早晚分为夏秋两季成熟。

外形 莜麦籽粒瘦长，有腹沟，表面生有茸毛，尤以顶部显著。形状为筒形或纺锤形。莜麦籽粒质软皮薄。

品质特点 莜麦是营养丰富的粮食作物，其碳水化合物含量少、蛋白多，适宜糖尿病患者食用。又因脂肪中含有较多的亚油酸，是老年人常用的疗效食品。

品质鉴别 以粒形完整，杂质较少，含水量低，色泽正常，无异味者为佳。选购时要注意与燕麦的区别，燕麦成熟时，内外稃紧抱子粒，不易分离；莜麦成熟时子粒与外稃自行分离。燕麦不易脱皮，称为皮燕麦；莜麦其能自行脱皮，称为裸燕麦。

图 2-2-11　莜麦

烹饪运用 食用方法灵活多变，搓、推、擀、卷，花样翻新。可辅以新鲜蔬菜及酸辣汤冷调凉拌食用；也可用热羊肉汤、熟土豆伴餐。并可按酸、辣、咸、甜自行调制，故善食者口味常新。

注意事项 莜麦加工前应经过"三熟"。即加工时要炒熟，和面时要烫熟，制坯后要蒸熟，否则不易消化。

8. 黍稷（图 2-2-12）

别名、产地、产季 黍稷，粳者古称稷、穄，现称穄子、糜子；糯者古称黍，现称黍子、粘糜子或黄粟。黍稷中国起源，主要分布在西北、华北、东北地区，南方只有零星种植。秋季成熟。

外形及种类　黍稷子粒为带壳颖果，呈红、黄、白、褐、灰等色，而以白色种子的出米率较高。黍稷根据子粒的糯性和粳性分为黍和稷，根据穗形和生态特性分为侧穗形、散穗形和密穗形。

品质特点　稷籽粒营养比较丰富，蛋白质、脂肪、碳水化合物等的含量都比较高。黍米和黍面做饭易熟有香味，制成的食品是我国人民逢年过节用以待客、赠友。

品质鉴别　以粒形完整，杂质较少，含水量低，色泽正常，无异味者为佳。

图 2-2-12　黍稷

烹饪运用　黍米是我国北方的主要粮食，也是酿造黄酒的原料。用子粒加工而成的炒米，是蒙古族人民喜爱的食品。

9．青稞（图 2-2-13）

别名、产地、产季　青稞也称裸大麦、裸粒大麦、元麦等。主要产于云南西北部、四川西北部、西藏、青海等高寒地区，西藏盛产。秋收作物。

外形及种类　种子似大麦，但与大麦重要的区别是成熟后子粒与内外稃分离。青稞子粒的皮色有黑、白、花紫、黄等各种颜色。

品质特点　青稞富含蛋白质、脂肪、碳水化合物、粗纤维以及多种维生素和矿物质。

品质鉴别　以粒形完整，杂质较少，含水量低，色泽正常，无异味者为佳。

图 2-2-13　青稞

烹饪运用　青稞为主产区居民的主食原料之一，加工成粉可作馍、饼、面条等，藏族多以制糌粑，也可舂去皮制成小吃甜醅，并可酿造制成青稞酒。

四、谷类粮食制品

粮食制品是将原粮经加工后制成的烹饪原料，主要包括谷类粮食制品、豆类粮食制品、淀粉制品和其他粮食制品。粮食制品在我国烹饪原料中占有很大的比重，是烹饪原料重要的组成部分。它们大都采用冷藏储存保鲜、气调储存保鲜为主的储存保鲜方法。

谷类粮食制品是以大米、面粉为原料加工而成的粮食制品。谷类粮食制品主要分为米制品、面粉制品两大类。

1．米粉（图 2-2-14）

品种及其烹饪应用　米粉指大米经加工磨碎而成的粉末状原料，分生米粉和熟米粉两种。全国各地均有出产。根据加工方法的不同，可制成不同食品，如年糕、粉点等。

图 2-2-14　米粉

2．米线（图 2-2-15）

品种及其烹饪应用　米线是以大米为原料，经过多道加工程序制成的线状原料。米线又称米粉丝、米粉、粉干等。全国各地均有出产。米线的食用方法很多，可以炒、煮、烩等，凉热皆宜。云南的"过桥米线"、广东的"炒河粉"、广西的"桂林马肉米粉"、贵州"遵义牛肉米粉"等，都是我国著名的以米线为原料的食品。

图 2-2-15　米线

3．面筋

面筋是将小麦粉加水和成面团后，在水中揉洗，除去淀粉、麸皮等后得到的浅灰色、柔软而有弹性的胶状物。

别名、产地、产季　面筋又称面根，全国各地一年四季都有出产。

种类及品质特点　刚洗出的面筋叫"生面筋"，它容易发酵变质，不耐储存，常进一步加工成水面筋、素肠、烤麸、油面筋等不同的品种。

水面筋（图 2-2-16）　将生面筋加工成块状或条状，用水煮熟。色泽呈灰白，有弹性。

素肠（图 2-2-17）　将生面筋加工成条状，缠绕在筷子上，煮熟后抽掉筷子，成为管状的面筋，其质地和色泽与水面筋相同。

烤麸（图 2-2-18）　大块生面筋发酵后，蒸成饼状。质地多孔，呈海绵状，松软而有弹性。

油面筋（图 2-2-19）　又称为面筋泡、生根、生筋，将生面筋加工成小块，油炸而成。色泽金黄，中间多孔，质地酥脆。

图 2-2-16　水面筋

图 2-2-17　素肠

图 2-2-18　烤麸

图 2-2-19　油面筋

品质鉴别　面筋以清洗干净，面筋质含量高，无杂质者为佳。

烹饪运用　在烹饪中，既可以单独使用，也可以与其他原料配合，最宜与鲜美的动物性原料合烹。适用于炒、烩、烧、蒸、填馅、做汤等多种烹调方法。

知识拓展：谷朊粉

谷朊粉又称活性面筋粉，用生面筋经干燥粉碎可制得谷朊粉，有黏性、弹性、延伸性、薄膜成型性和吸脂性，是一种优良的面团改良剂。广泛用于面包、面条、方便面，也可用于肉类制品中作为保水剂。目前国内还把谷朊粉作为一种高效的绿色面粉增筋剂，将其用于高筋粉、面包专用粉的生产，添加量不受限制。谷朊粉可增加食品中植物蛋白质的含量。

图 2-2-20　谷朊粉

4．澄粉（图 2-2-21）

别名、产地、产季　澄粉又称澄面、小粉等，全国各地一年四季均有出产。

外形及品质特点　澄粉指用面粉加工洗去面筋，然后将洗过面筋的水粉再经过沉淀、滤干水分，最后把沉淀的粉晒干后研细的粉料。其色洁白、面细滑，无筋力、不粘手、杂质少。

图 2-2-21　澄粉

烹饪运用　可用于面点的制馅及工艺面点的造型，如"山药饼""莲蓉馅""玉兔饺""金鱼饺"等。

第三节　豆类原料

一、豆类粮食

豆类粮食原料在中国种植范围广泛，按营养成分可将豆类分成两大类：一类是高蛋白质豆类、中等脂肪和高碳水化合物，如大豆、四棱豆等；另一类是高碳水化合物、中等蛋白质和少量脂肪，如蚕豆、豌豆、绿豆、赤豆、扁豆和刀豆等。大豆中的完全蛋白质都是优质蛋白，是最好的植物性蛋白质，含有丰富的赖氨酸，是一般谷类食物所不能比拟的。

豆类粮食以气调储存法为好，注意防虫、防潮。

1．大豆（图 2-3-1）

别名、产地、产季　大豆又名黄豆，古称菽。大豆原产我国，全国各地均有栽培，其中以东北大豆质量最优。秋季收获。

微课：大豆

外形及种类　大豆的品种很多，按种皮的颜色可分为黄豆、青豆、黑豆。种子的形态有圆形、椭圆形、长椭圆形、扁圆形等。

品质特点　大豆鲜嫩时可作为蔬菜，即毛豆，秋季收干豆。大豆富含铁、钙、磷等无机盐，不仅量多，且容易被人体吸收。大豆含有的植物性雌激素能有效地抑制人体内雌激素的产生，而雌激素过高乃是引发乳腺癌的主要原因之一。因为大豆不含淀粉，所以适于糖尿病患者食用。大豆是

图 2-3-1　大豆

豆类中食物中营养价值最高的一种，享有"植物肉"之称。

品质鉴别　以粒大饱满、无油、无霉、无虫蛀为佳。

烹饪运用　大豆是重要的烹饪原料。既可以整粒运用制作菜肴、休闲食品或作粥品的辅料；也可以磨粉使用，制作主食和各种面点。

2．赤豆（图 2-3-2）

别名、产地、产季　红豆又称赤豆、红小豆、小豆等，因皮色赤红而得名。华北、东北、黄河流域、长江流域等地区均有栽培。夏季、秋季收获。

外形及种类　赤豆的成熟豆荚光滑，子粒短圆或呈圆柱形；种皮颜色多为赤褐色，也有茶色、淡绿、淡黄、白、褐等色。

品质特点　种子富含淀粉、蛋白质和 B 族维生素等，可作为粮食和副食品，也可药用，是进补之品。中医认为赤豆具有下水肿、排痈肿脓血，疗寒热热中消渴、止泄通气、健脾胃等功痢、利小便、消热毒、散恶备、除烦恼等功效。

品质鉴别　粒大饱满、皮薄、红紫、有光泽、脐上有白纹者为佳。

图 2-3-2　赤豆

烹饪运用　赤豆多用于制作羹汤、粥品；煮烂退皮后可加工制成赤豆泥、豆沙等，是制作糕点甜馅的主要原料；与面粉掺和后可做各式糕点；在菜肴中可作为甜味夹酿菜的馅料，如"夹沙肉""龙眼烧白""高丽肉""酿枇杷"等。

3. 绿豆（图 2-3-3）

别名、产地、产季　绿豆又称青小豆、占豆、绿小豆、吉豆等。全国各地均有栽培，秋季收获。

外形及种类　绿豆种子呈短矩形，种皮的颜色分为青绿、黄绿、黑绿三大类。

品质特点　绿豆性凉味甘，有清热解毒、止渴消暑、利尿润肤的功效。

品质鉴别　以色浓绿而富有光泽，粒大整齐，形圆，煮制易酥者品质最好。

烹饪运用　绿豆可单独或与大米等原料混合，制作饭、粥等；也常制成绿豆沙，在面点中作为馅心使用。此外，绿豆还是制取优质淀粉的原料，可用于粉丝、粉皮的制作。

图 2-3-3　绿豆

4. 蚕豆（图 2-3-4）

别名、产地、产季　蚕豆又名胡豆、罗汉豆、佛豆、马料豆、倭豆等。2000 年前从西域传入我国。现以长江以南各省，西北高寒地带栽培较多。春季收获。

外形及种类　蚕豆种子扁平，略呈矩圆形，微有凹凸，像人的拇指指甲。按照子粒的大小，蚕豆分为大粒、中粒、小粒蚕豆三种。按照种皮颜色的不同，又可以分为青皮蚕豆、白皮蚕豆、红皮蚕豆。

品质特点　蚕豆肉质软糯，鲜美微甜。蚕豆中含有大脑和神经组织的重要组成成分磷脂，并含有丰富的胆碱，有增强记忆力的作用。

品质鉴别　以颗粒肥大饱满，无虫蛀，无损伤者为最佳。

图 2-3-4　蚕豆

烹饪运用　嫩蚕豆多制作多种菜肴，如做"酸菜蚕豆""春芽蚕豆""鸡米蚕豆"等。老蚕豆多用于点心、小吃等面点。蚕豆不仅可作为粮食，也是粉、酱、油的良好原料。

5．豌豆（图2-3-5）

别名、产地、产季 豌豆又名麦豆、寒豆、毕豆、国豆等。起源于亚洲西部、地中海地区和埃塞俄比亚、小亚细亚西部，现在我国的四川、河南、湖北、江苏、青海等地均有栽培。

外形及种类 豌豆种子的形状大多呈圆球形，也有椭圆形、扁圆等形状；颜色有黄、褐、绿、玫瑰等多种。豌豆按株形分为软荚、谷实、矮生三个变种。

图 2-3-5　豌豆

品质特点 豌豆主要营养成分为蛋白质、脂肪、糖类等，适宜糖尿病人，腹胀、下肢浮肿、有脚气病之人食用。干豆质坚硬。

品质鉴别 以身干粒大，颗粒饱满者为佳。

烹饪运用 嫩豌豆大多整粒使用，一般用于制作菜肴，如"腊肉焖豌豆""清炒豌豆"等。老豌豆常磨粉后食用，可以制作糕点和馅心；用豌豆制取的淀粉可制作粉丝、凉粉等食品。

二、豆类粮食制品

豆制品是以大豆、小豆、绿豆、豌豆、蚕豆等豆类为主要原料，经加工而成的食品。大多数豆制品是由大豆的豆浆凝固而成的豆腐及其再制品。豆制品的营养主要体现其丰富蛋白质含量。豆制品所含人体必需氨基酸与动物蛋白相似，同样也含有钙、磷、铁等人体需要的矿物质，含有维生素 B_1、维生素 B_2 和纤维素。

豆制品的以低温储存保鲜、气调储存为好。

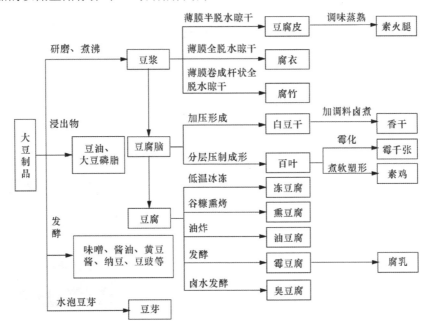

图 2-3-6　大豆制品

1．豆腐（图2-3-7）

产地、产季 豆腐是以大豆为原料，经过浸泡、磨浆、过滤、煮浆、点卤等程序，使豆浆中的蛋白质凝固后压制成形的产品。全国各地一年四季均有出产。

微课：豆腐

种类 豆腐按凝固剂的不同，可分为南豆腐、北豆腐、内脂豆腐等。

品质特点 豆腐因种类的不同，其品质也不同。南豆腐又称嫩豆腐、石膏豆腐，多用石膏（硫酸钙）点制，含水量多，色泽洁白，质地细嫩，适于拌、烩、烧、制作汤羹等。北豆腐又称老豆腐、盐卤豆腐、多用盐卤（氯化镁）点制，含水量较少，色泽白中略偏黄，质地比较粗老，适合煎、炸、酿以及制馅等。

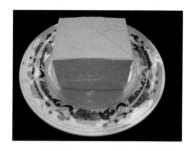

图 2-3-7　豆腐

品质鉴别 豆腐以表面光滑，白洁细嫩，成块不碎，气味清香，柔嫩适口，无涩味、无酸味者为佳。

烹饪运用 在烹饪中应用十分广泛，适于各种方法，制作的菜肴多达上百种。著名的菜肴有"麻婆豆腐""生煎豆腐""泥鳅钻豆腐""锅贴豆腐""沙锅豆腐"等。

2．豆腐干（图 2-3-8）

别名、产地、产季 豆腐干又称豆干。是将豆腐脑用布包成小方块或盛入模具，压去大部分水分制成的半干性制品。全国各地一年四季均有出产。

外形及种类 豆腐干一般为小方块，分为白豆腐干、五香干、茶干、臭干等。

品质特点 豆腐干是豆腐的再加工制品，咸香爽口，硬中带韧，久放不坏。豆腐干营养丰富，含有大量蛋白质、脂肪、碳水化合物，还含有钙、磷、铁等多种人体所需的矿物质。豆

图 2-3-8　豆腐干

腐干在制作过程中添加食盐、茴香、花椒、大料、干姜等调料，既香又鲜，久吃不厌，被誉为"素火腿"。

品质鉴别 以呈乳白色或浅黄色，有光泽，质地细腻，边角整齐，有一定的弹性，无杂质，有清香气味，无异味者为佳。

烹饪运用 在烹饪上应用较广，可作为多种冷菜或热菜的主料、辅料。

3．百叶（图 2-3-9）

别名、产地、产季 百叶又称千张、豆皮等。全国各地一年四季均有出产。

外形及品质特点 是将豆腐脑按规定分量舀到布上，分批折叠，压制而成的片状制品。其品质特点与豆腐干基本相同。

品质鉴别 以薄而均匀，质地细腻，色淡黄者为佳。

烹饪运用 百叶的烹饪运用与豆腐干基本相同，但百叶韧而不硬、嫩而不糯。

图 2-3-9　百叶

4．腐皮和腐竹（图 2-3-10，2-3-11）

腐皮又称豆腐皮、豆腐衣、挑皮、油皮等。腐衣和腐竹都是大豆磨浆烧煮后，将蛋白质上浮凝结而成的薄皮挑出后干制而成的豆制品。腐衣是片张平摊晾干制成的，色泽奶黄，薄而透明，也叫豆腐皮、油皮。腐竹则是湿片张卷成杆状烘干而成的制品，又叫支柱、甜竹。它们的

产地、产季、品质特点、储存保鲜与豆腐干基本相同。

图 2-3-10　腐衣

图 2-3-11　腐竹

品质鉴别　腐皮以皮薄透明，半圆而不碎，金黄有光泽，柔软不粘，表面光滑者为佳。腐竹以颜色浅金黄，有光泽，竹中不夹心，外形粗细均匀者为佳。

烹饪运用　腐衣和腐竹在烹饪运用前要先用温水将其泡软。腐衣和腐竹可单独烹调，也可与其他原料相配，适合多种烹调方法。如烧、制汤、煎炒、凉拌等。此外，腐衣和腐竹还是制作仿荤菜肴的重要原料，可以制作素鸡、素鸭、素鹅以及素火腿、素香肠等，有名的菜肴如干炸响铃、烧素鹅等。

5. 油豆腐（图 2-3-12）

别名、产地、产季　全国各地一年四季均有出产。

外形　油豆腐是黄豆经磨浆、压坯、油炸等多道工序制作而成。油豆腐的外形呈四方形、长方形或近圆球形。色泽金黄，外皮光滑，内如丝网，细软绵实，富有弹性，一捏成团，放开还原。

图 2-3-12　油豆腐

品质特点　油豆腐富含优质蛋白、多种氨基酸、不饱和脂肪酸及磷脂等，铁、钙的含量也很高。

品质鉴别　以色泽橙黄鲜亮，内囊少而分布均匀，用手轻捏油豆腐能复原为优质。

烹饪运用　油豆腐有很多种烹调方法，既可作蒸、炒、炖之主菜，又可做多种肉食的配料，是荤宴素席兼用的佳品。灌肉馅清蒸是宴席的名菜；切块作烧汤、炖肉配料，汤味清香，久炖不烂；切丝配肉丝、豆芽、粉条混炒或凉拌，其味更鲜。

6. 绿豆芽（图 2-3-13）

别名　绿豆芽是干绿豆经水泡发而成的芽，又名银芽、掐菜、豆莛、雀菜等。

图 2-3-13　绿豆芽

品质特点　绿豆芽脆嫩，无异味，清淡爽口。

品质鉴别　以豆瓣淡黄色，不绽开，不带幼苗，梗粗肥壮，主根短、无须根、不烂，洁白脆嫩者为佳。

烹饪运用　在烹调时以原形使用。作主料时适于拌、炒、炝等旺火速成的烹调方法，可制作"鸡丝拌银芽""烹雀菜""炝豆芽"等菜肴。

7. 黄豆芽（图 2-3-14）

别名　黄豆芽是干黄豆经水泡发而成的芽。又名黄豆瓣等。

品质特点　黄豆芽子叶黄色，胚根较粗。

品质鉴别　以豆瓣黄色，梗白，无须根，胚根挺直，豆瓣不散开者为佳。

烹饪运用　黄豆芽适宜于炒、烧、氽等烹调方法。

图 2-3-14　黄豆芽

8. 豆苗（图 2-3-15）

别名　豆苗是豌豆的嫩茎和嫩叶，俗称豌豆苗、豌豆藤等。

品质特点　豌豆苗的供食部位是嫩梢和嫩叶，营养丰富，含有多种人体必须的氨基酸。其叶清香、质柔嫩、滑润爽口，色、香、味俱佳。

品质鉴别　以颜色鲜明，质地脆嫩者为佳。

烹饪运用　因豆苗的独特气味，无论作为主菜或配菜，都是十分美味可口的，如"鲜菇扒豆苗""蟹肉扒豆苗""清炒豆苗"等均是佳肴。

下面介绍淀粉制品，淀粉制品是以从粮食中加工提炼出的淀粉为原料，再经加工而成的制品，如粉丝、粉条、粉皮、凉粉、西米等。

图 2-3-15　豆苗

9. 粉丝（图 2-3-16）

别名、产地、产季　粉丝又称粉条，粉条、线粉等，全国各地一年四季均有出产。

外形及种类　粉丝是豆类、薯类等淀粉含量高的原料，经过多道工序，利用淀粉糊化和老化的原理，加工成丝线状的制品。按照原料的不同，粉丝主要有豆粉丝、薯粉丝、混合粉丝等。

豆粉丝　以各种豆类为原料制成，其中，以绿豆制作的粉丝质量为佳。呈半透明状，弹性和韧性好，为粉丝中的上品，如山东龙口粉丝。

薯粉丝　一般以甘薯、马铃薯等为原料加工而成，不透明、色泽暗。

混合粉丝　是以一般以豆类原料为主，兼以薯类、玉米、高粱等混合制作而成，品质优于薯粉丝。

图 2-3-16　粉丝

品质鉴别　粉丝以粗细均匀，丝线长，洁白光亮，韧性强者为佳。

烹饪运用　粉丝广泛用于烹调中，既可以作为菜肴主料、配料，用于拌、炒、烧、作汤，也可以制作面点的馅心。"蚂蚁爬树""五色龙须"等菜肴，都是以粉丝为主料制作出的著名菜肴。

10. 粉皮（图 2-3-17）

别名、产地、产季　粉皮又称拉皮。全国各地一年四季均有出产。

外形及种类　粉皮一般以绿豆、蚕豆、豌豆及薯类淀粉为原料加工而成的片状制品。有圆形和方形。有干、湿两种。湿品为乳白色,方形或圆片状,柔软光亮,有一定的弹性。干品由湿品干燥而成。如干燥前先切成条状再经干制,则为粉条。

品质特点　粉皮主要营养成分为碳水化合物,还含有少量的蛋白质、维生素及矿物质,具有柔润嫩滑、口感筋道的特点。

品质鉴别　以片薄平整,色泽亮中透绿,质地干硬,久煮形不变者为佳。

图 2-3-17　粉皮

烹饪运用　烹饪中粉皮和粉条常作为凉拌菜的原料,也可与肉类、鱼头、食用菌类等一同配菜、配汤,或经油炸后制作拔丝粉皮、火腿蛋粉皮等。

11．西谷米（图 2-3-18）

别名、产地、产季　西谷米又称西米,也叫做沙谷米、沙弧米。产于南洋群岛一带,一年四季均有出产。

外形及种类　西谷米是以淀粉为原料经机器或手工制成的白色、圆珠形颗粒。按照粒形的大小分为大西米和小西米两种。

品质特点　西谷米有健脾,补肺,化痰的功效,有治脾胃虚弱和消化不良的作用;西米还有使皮肤恢复天然润泽的功能,所以西米羹很受人们尤其是女士的喜爱。

图 2-3-18　西谷米

品质鉴别　以色泽白净、颗粒均匀而坚实、硬而不碎、表面光滑圆润、煮熟后透明度高而不黏糊、口感有韧性为佳。

烹饪运用　西谷米最适合甜羹、甜菜、工艺点心的制作,如白果西米羹、银耳西米羹、酒酿桂圆西米羹、珍珠圆子等;也可单独煮熟后加糖食用。

第四节　薯类原料

薯类原料也叫薯类粮食是指以富含糖类的植物地下茎与根供食用的粮食。薯类所含的营养成分相似,含淀粉较多,含蛋白质、脂肪很少。

1．甘薯（图 2-4-1）

别名、产地、产季　甘薯又称番薯、红薯、红苕、山芋、白薯、地瓜等。原产于美洲,我国各地均有栽培,品种多样,秋季收获。

外形及种类　甘薯以肥大的块根供食用,其形状有纺锤形、圆形、圆筒形、梨形等。按照皮色不同,主要有红色和白

图 2-4-1　甘薯

色两大类。甘薯的薯肉颜色有白、黄、杏黄、橘红等。近年又出现了一些新的品种,如黄金薯（皮色黄褐、肉色杏黄）、苏薯八号（黄皮）等。

品质特点　甘薯属偏碱性食品,对维持人体酸碱平衡、保持健康具有重要意义。甘薯中含有的多糖物质可降低胆固醇,防止心脑血管病。甘薯含有丰富的膳食纤维,可促进肠胃蠕动,

减少食物在消化道的停留时间，吸收毒素，排毒养颜，预防结肠癌。

品质鉴别 以个大且粗圆、外形完整，无霉烂、无虫蛀者为佳。

烹饪运用 除直接煮、蒸、烤食用外，还可以在煮熟后捣制成泥，与米粉、面粉等混合，制成各种点心和小吃，如"红薯饼""苕梨"等；晒干磨成粉后，与小麦粉等掺和，可做馒头、面条、饺子等；可作为甜菜用料或蒸类菜肴的垫底，如"拔丝红薯""粉蒸牛肉"等；可作为雕刻的用料；可提取淀粉制作红薯粉条、红薯粉等。此外，甘薯的嫩茎和叶可作为鲜蔬食用，如"清炒红薯苗"等。

储存保鲜 以气调储存法为好。

2．木薯（图2-4-2）

图2-4-2　木薯

别名、产地、产季 木薯又称树薯。木薯起源于热带和部分亚热带地区。中国于19世纪20年代引种栽培，现已广泛分布于华南地区，广东和广西的栽培面积最大，福建和台湾次之，云南、贵州、四川、湖南、江西等省亦有少量栽培。秋冬收获。

外形及种类 木薯块根呈圆锥形、圆柱形或纺锤形。木薯主要有两种：苦木薯（专门用作生产木薯粉）和甜木薯（食用方法类似马铃薯）两个品种类型。

品质特点 木薯是世界三大薯类之一，是仅次于水稻、甘薯、甘蔗和玉米的第五大作物。木薯富含淀粉，但木薯的各部位均含氰苷，有毒。鲜薯的肉质部分须经水泡、干燥等去毒加工处理后才可食用。由于鲜薯易腐烂变质，一般在收获后尽快加工成淀粉、干片、干薯粒等。

品质鉴别 外形完整，无病虫害、无破损者为佳。

烹饪运用 木薯烹制前应注意去毒，即浸水、切片干燥、剥皮蒸煮、研磨制淀粉等。甜品种其块根可直接熟煮食用，可制作罐头或保鲜供应市场，亦可制作糕点、饼干、粉丝、虾片等食品。苦品种类型去毒处理后主要用于加工淀粉。

储存保鲜及注意事项 木薯块根收获后，一般不作鲜薯长期贮藏，应马上加工制取淀粉，以保证出粉率。贮藏期间应预防害虫与腐烂，低温并防热及防湿。

3．马铃薯（图2-4-3）

图2-4-3　马铃薯

别名、产地、产季 马铃薯又名土豆、地蛋、洋芋、土芋、山药蛋等。明代传入我国，现全国各地均有栽培。夏季、秋季为上市季节。

外形、种类及品质特点 马铃薯块茎呈圆形、卵圆形、椭圆形等，茎皮红色、黄色、白色或紫色，马铃薯的品种较多。马铃薯富含淀粉，能供给人体大量热量，土豆含有多酚酶类的单宁物质，切后在氧化酶的作用下会变成褐色，故切后应放入水中，并及时烹调。

品质鉴别 以体大形正，整齐均匀，皮薄而光滑，肉质细密者为佳。

烹饪运用及注意事项 可代粮作主食、入菜、制作小吃、提取淀粉等，还常用于冷盘的拼摆及雕花。适于各种烹调方法，适于各种调味，荤素皆宜，如"拔丝土豆""醋熘土豆丝""土豆烧肉""土豆丸子""炸薯条""土豆泥"等。注意发芽的土豆含有对人体有毒的龙葵素，不能食用，常见的有毒薯类食物见表2-4-1所列。

表 2-4-1　常见有毒的薯类食物

名称	有毒物质	中毒表现	食用方法	图例
木薯	木薯的根、茎、叶中都含有一种名为氰苷的有毒物质，其与水结合可能会产生游离的氢氰酸，氢氰酸可分解出氰根，其是一种剧毒物质，能够使人体内的组织细胞丧失传递氧的能力，从而导致细胞缺氧，诱发患者出现中毒的表现	中毒后表现为恶心、呕吐、腹泻等，严重时，其可能还会出现意识障碍、休克等症状	食用前需要将其先浸泡在水里，然后去皮，将其蒸熟或煮熟后方可食用	
马铃薯	马铃薯发芽后会产生有毒成分龙葵素。龙葵素具有腐蚀性及溶血性，长期或大量食用后，可能会对运动中枢、呼吸中枢产生麻痹作用，对于自身健康也会产生伤害	中毒后表现为恶心、呕吐、腹痛、腹泻等症状	马铃薯发芽或没有成熟时尽量不要食用。购买马铃薯后建议及时食用，避免存放过长时间，可放置在低温、干燥环境储存	
芋类	魔芋、野生芋头类食物大多含有大量生物碱，其毒性较大，生食会引起中毒	中毒后表现为口舌麻木、头痛、恶心、呕吐、腹痛、腹泻等症状，有的还会出现身体浮肿、呼吸困难	煮熟后食用	

同步练习————

一、填空题

1. 谷粒一般由_____、_____、_____和_____四部分组成。
2. 大米按性质可分为_____、_____、_____三类。
3. 面粉按加工的标度和用途不同，可分为_____和_____两大类。
4. 等级粉按加工精度不同分为_____、_____、_____三个等级。
5. 谷物类原料在保管中应注意_____、_____、_____等几个问题。
6. 用感官检验的方法对面粉进行鉴定，主要从_____、_____、_____、_____等几个方面进行品质鉴定。
7. 面筋又称_____和_____，品种有_____、_____、_____等。
8. 大米的品质用感官检验的方法可检验大类的_____、_____、_____、_____。

二、选择题

1. 下列稻米中，胀性（出饭率）最大的是_____。
　　A. 籼米　　　　B. 粳米　　　　C. 糯米　　　　D. 鸭血糯
2. 面粉按含水量和面筋质的含量不同可分为三等，其中普通粉的标准为_____。
　　A. <12.5　>26　　B. <14.5　>26　　C. <14　>24　　D. <12.5　>22

3. 有一种面粉，其灰分含量不超过 1.25%，面筋质不低于 24%，水分含量不超过 14%，则该面粉属于：_____。

  A. 特制粉   B. 标准粉   C. 普通粉   D. 专用粉

4. 特制粉中，要求面筋质的含量不低于_____。

  A. 28%   B. 26%   C. 24%   D. 22%

5. 属于杂粮的是_____。

  A. 苞米   B. 鸭血糯   C. 香米   D. 药米

6. 属杂粮制品的是_____。

  A. 粉皮   B. 米粉   C. 烤麸   D. 腐竹

三、判断题

1. 用精制粉调制的面团比用普通粉调制的面团筋力弱，主要原因在于面筋质含量的高低不同。（　　　）

2. 籼米米粒细长，色泽蜡白，硬度中等，粘性大，吃水率高。（　　　）

3. 碎米是指不足整米 1/3 的米。（　　　）

4. 面粉水分含量应在 11%～14% 之间。（　　　）

5. 凡腹白多的米，硬度低，易碎，品质差。（　　　）

6. 面粉中的面筋质是由淀粉构成，它是决定面粉品质的重要指标。（　　　）

7. 面粉中的面筋质能增强面粉的筋力，所以面筋质越多越好。（　　　）

8. 面粉色越白，加工精度越高，维生素含量越低。（　　　）

四、问答题

1. 试述大米的品种、特点及烹饪运用方法。

2. 试述面粉的品种、特点及烹饪运用方法。

3. 粮食保管中应注意哪几个问题？

五、综合训练

不同产区的地理标志粮食产品原料调查

（一）训练目标

了解地理标志产品的概念、意义，掌握不同产区的地理标志粮食产品原料。

（二）训练内容

1. 知识准备

所谓"地理标志产品"，是指产自特定地域，所具有的质量、声誉或其他特性，本质上取决于该产地的自然和人文因素，经审核批准以地理名称进行命名的产品。地理标志产品包括：①来自本地区的种植、养殖产品；②原材料全部来自本地区或部分来自其他地区，并在本地区按照特定工艺生产和加工的产品。

2. 网络调查

通过网络调查本省、本市地理标志粮食产品原料，网站有：中国地理标志网（国家知识产权局）（http://www.cgi.gov.cn）、中国地理标志网（http://www.zgdlbz.com）、国家地理标志网（http://www.cpgi.org.cn）、全国农产品地理标志信息查询系统（http://www.anluyun.com）。

（三）训练要求

1. 学生分工完成"不同产区的地理标志粮食产品原料调查表"，样表如下。

表　xx 省（市）地理标志产品原料情况调查表

分工	类型	产地	种类特征	特点
学生 A		黑龙江		
学生 B	大米	江苏		
……		……		
……		山东		
……	小麦	河南		
……		……		
……	……	……		

2. 选择某一种地理标志产品原料，网络检索该原料的种类特征、烹饪应用、营养特点、品质鉴别、贮藏保鲜和生产流通内容，加工成介绍原料的文档。再依据文档，结合网络检索的图片、视频资源，设计幻灯片交流。

第三章 蔬果原料

第一节 蔬果原料概述

一、蔬菜原料认知

(一)蔬菜的概念

蔬菜是以植物的根、茎、叶、花及果实等可食部位供食用的一类烹饪原料。包括人工栽培的和野生的,也包括可食用的大型真菌类。

我国的蔬菜品种繁多,营养成分比较全面。蔬菜中的营养成分主要有水、矿物质、维生素、碳水化合物、有机酸、挥发油、色素、少量的蛋白质等。蔬菜中的营养成分是构成人体各种组织的重要组成部分；是调节人体生理机能，提高人体免疫力，保持人体健康所不可缺少的物质；并有刺激食欲、杀菌、帮助消化的功效，在维持人体的酸碱平衡等方面都起到相当重要的作用。

1. 水

蔬菜中含量最多的是水，它是蔬菜的重要组成成分，大多数蔬菜含有 65%～90%的水分。正常的含水量是检验蔬菜质量的重要指标。所以在储存保鲜时要注意温度对水分的影响。

2. 矿物质

蔬菜中含有钙、磷、铁、钾、钠、镁等多种无机盐。其中钾的含量最多。含矿物质较多的蔬菜有芫荽、芹菜、香椿芽、白菜、大白菜、菠菜、雪里蕻、苋菜、韭菜、冬笋、辣椒等品种。

3. 维生素

蔬菜中含有较丰富的维生素 C 和维生素 A 原（胡萝卜素），含有少量的 B 族维生素，如维生素 B_1（硫胺素）、维生素 B_2（核黄素）、维生素 B_5（尼克酸）等。含维生素 C 较多的蔬菜有辣椒、苦瓜、韭菜、青蒜、小白菜、大白菜、番茄等，含维生素 A 较多的蔬菜有胡萝卜、芫荽、小白菜、韭菜、南瓜等。

4. 碳水化合物

蔬菜中的碳水化合物是蔬菜的主要营养成分，包括糖、淀粉、纤维素、果胶等。

蔬菜中的糖类，可分为带甜味的糖和不带甜味的淀粉及纤维素。含糖量较多的蔬菜有胡萝卜、南瓜、洋葱等。淀粉含量最多的蔬菜是土豆、芋头、山药、慈姑和豆类。

纤维素是构成动植物细胞壁的主要成分，多存在于蔬菜的梗中。纤维素有较高的稳定性，能起到保护蔬菜的作用，所以表皮厚的蔬菜易贮藏。但纤维素含量高的蔬菜，肉质粗糙，皮厚筋多；反之，则细嫩多汁。

果胶物质分布在植物的果实、直根、块根和块茎等器官的细胞壁的胶层中，起黏合细胞的作用。

5. 有机酸

除番茄和少数几种蔬菜含有较多的有机酸外，其他蔬菜的有机酸含量较少。如菠菜、茭白、竹笋中含有较多的草酸和鞣酸，能影响人体对钙的吸收。因此，这几种蔬菜在制作成菜肴的过程中，须焯水，以除去草酸及鞣酸。

6. 挥发油

挥发油是形成蔬菜特殊滋味的物质。挥发油能刺激食欲，帮助消化，具有杀菌、解腥的作用。挥发油含量较多的蔬菜有大蒜、葱、姜、萝卜、芹菜等。

7. 色素

蔬菜中的各种颜色是由色素构成的。蔬菜中的色素主要有叶绿素、类胡萝卜素、花青素等，通过这些色素物质的变化可以鉴定原料的新鲜度。在烹饪过程中，色素常发生变化，从而与成菜效果有关。

叶绿素：是使蔬菜显示绿色的物质。叶绿素是不稳定的物质，不溶于水而溶于酒精，很容易氧化和被酸、热破坏，变成暗绿色或黄绿色。

类胡萝卜素：可使蔬菜呈现出红色、黄色、橙红、橙黄，类胡萝卜含量较高的蔬菜有胡萝卜、番茄、红辣椒等。

花青素：可使蔬菜表现为蓝、紫、红等颜色，如茄子的紫色。

（二）蔬菜类原料的品质要求

蔬菜的品质主要从感官指标来判别。根据国家标准，蔬菜的质量取决于色泽、质地、含水量及病虫害等情况。此外，蔬菜的品质还与存放的时间有很大的关系。

1. 色泽

正常的蔬菜都有其固有的色泽。优质的蔬菜色彩鲜艳，有光泽，如叶菜类通常都是翠绿色，成熟的番茄为红色等；次质的蔬菜虽有一定的光泽，但其色泽较优质的暗淡；劣质的蔬菜则色泽较暗，无光泽。

2. 质地

质地是检验蔬菜品质的重要指标。优质的蔬菜质地鲜嫩、挺拔，发育充分，无黄叶，无刀伤；次质的蔬菜则梗硬，叶子较老且枯萎；劣质的蔬菜黄叶多，梗粗老，有刀伤，萎缩严重。

3. 含水量

蔬菜是水分含量较多的原料。优质的蔬菜保持正常的水分，表面有润泽的光亮，刀口断面会有汁液流出；劣质的蔬菜则外形干瘪，失去光泽。

4. 病虫害

病虫害是指昆虫和微生物侵染蔬菜的情况。优质的蔬菜无霉烂及病虫害的情况，植株饱满完整；次质的蔬菜有少量的霉斑或病虫害，经挑选后仍可食用；劣质的蔬菜严重霉烂，有很重的霉味或虫蛀、空心现象，基本失去食用价值。

（三）蔬菜的储存保鲜

1. 蔬菜在储存保鲜中质量变化的主要原因

一方面是蔬菜自身原因，因为蔬菜在收获后仍有呼吸现象，加之酶的作用，蔬菜质量上会不断发生变化；另一方面由于蔬菜含有较多的水分及糖类，这是微生物繁殖生长的最好环境。只要温度、湿度适宜，微生物很容易从损伤处侵入引起腐烂变质。另外昆虫类也是引起蔬菜变质的原因之一。

2. 蔬菜的储存保鲜

针对影响蔬菜质量变化的原因，在蔬菜的储存保鲜上，为控制或阻止其呼吸现象、微生物的生长、虫类的蛀咬，一般采用低温保藏法。一般蔬菜最适宜在 0～1℃储存，不能过低，以防止冰冻现象。这样既能使其处于休眠状态降低了呼吸现象、防止发芽，又能保持水分，保证营养不大量损失，防止微生物生长及害虫发生，以保证蔬菜的储存质量。另一方面要控制储存时的湿度，以防止过于潮湿而引起腐烂，或过于干燥引起水分的损失。

（四）蔬菜类原料的分类方法

我国的蔬菜品种繁多，常用的蔬菜有 200 多种。烹饪专业中最常用的是按蔬菜的组织构造和可食部位进行分类。

1. 根菜类

根菜类蔬菜指以植物变态的肥大的根部作为食用对象的蔬菜，包括萝卜、胡萝卜、山药等。

2. 茎菜类

茎菜类蔬菜指以植物的嫩茎或变态茎为食用对象的蔬菜。根据生长环境的不同分为地下茎菜类和地上类两类。主要品种有土豆、芋头、姜、荸荠、大蒜、洋葱、莴苣、茭白、芦笋、竹笋等。

3. 叶菜类

叶菜类蔬菜指以植物肥嫩的叶及叶柄作为食用对象的蔬菜。根据叶菜形状的不同分为结球叶菜类、普通叶菜类和香辛叶菜类三类。主要品种有大白菜、甘蓝、小白菜、芥菜、菠菜、生菜、苋菜、油菜、葱、韭菜、芹菜、芫荽等。

4. 花菜类

花菜类蔬菜指以植物的花蕾器官作为食用对象的蔬菜，包括黄花菜、花椰菜、韭菜花等。

5. 果菜类

果菜类蔬菜指以植物的果实或种子作为食用对象的蔬菜，分为瓜类、豆类、茄果类三类。主要有黄瓜、南瓜、冬瓜、丝瓜、四季豆、长豇豆、扁豆、番茄、茄子、辣椒等品种。

6. 食用菌藻类

食用菌藻类指可供食用的真菌、藻类和地衣类等，包括蘑菇、黑木耳、白木耳等。

7. 蔬菜制品

蔬菜制品指以新鲜的蔬菜为原料经干制、腌制、酱制、渍制、浸泡等方法加工后的加工制品，如玉兰片、干菜等。

二、果品原料认知

（一）果品的概念

果品是鲜果、干果和果品制品的统称。一般指木本果树和部分草本植物所产的可以直接生食的果实，如苹果、西瓜等；也常包括种子植物所产的种仁，如银杏果、松子、莲子、花生等。

（二）果品的品质鉴别

果品的品质主要从果形、色泽和大小、成熟度及损伤与病虫害情况等方面来鉴别。

1. 果形

果形是果品品质的一个重要特征。凡是具有各类果品形状的、个大的，说明其生长正常，发育充分，质量就较好。那些因缺乏某种肥料造成的缩果和病虫害引起的畸形果实，质量就差。

2. 色泽和大小

果品的色泽能反映果实的成熟度和新鲜度。新鲜水果色泽鲜艳，当色泽改变时，其新鲜度就降低，品质也随之下降。果品的大小在一定程度上也反映了果实的成熟度和质量。同一品种中，个大的一般比个小的发育充分，质量好。

3. 成熟度

成熟度对于果品的风味质量和耐贮性质有很大影响。一般是成熟度好的果品，食用价值高，且耐储存，未成熟或过于成熟的果品则质量与耐贮性均较差。

4. 损伤与病虫害

果品在采收、运输、销售过程中，都可能造成摔、碰、压伤及各种刺伤，这些损伤都会破坏果品的完整性，同时也容易引起微生物的感染，从而降低果品的质量。果品在生长期间也容易遭到病害和虫害的侵袭，影响果品的外观和耐贮性，降低果品的品质。

（三）果品原料的分类

1. 按商品学分类

按商品学分类，果品分为鲜果、干果、果品制品。

鲜果是指新鲜的、未经加工的、肉质柔软多汁的植物果实，也是人们所说的水果，是果品中最多和最重要的一类，如苹果、桃、李、西瓜等。

干果是指自然干燥的和将鲜果经过人工干燥而成的果干，如核桃、板栗、葡萄干等。

果品制品是指鲜果经过加工后的再制品，如果酱、蜜饯等。

2. 按果实的自身特点分类

按果实的构造可将果品分为仁果类、核果类、浆果类、柑橘类、坚果类、复果类、瓜果类等。

（四）果品的储存保鲜

低温储存法是保管新鲜水果最适宜的方法，采用的具体方法有冷窖藏、冰窖藏、冷库藏等。还有一些通风储存法、气调储存法等，在储存保鲜中应注意以下几个方面。

（1）切忌在仓库内放有盐、碱、酒等原料，以免刺激果品果色变黄。

（2）应通风透气，合理堆码，按类存放，并及时检查。

（五）果品类原料的用途

1. 可作为主料制作出香甜可口的菜肴

果品类原料作为主料在菜肴中出现，主要是用拔丝和蜜汁等烹调方法来制作甜菜，如"拔丝苹果""拔丝香蕉""挂霜花生""蜜汁梨"等。用果品类原料为主料作咸味的菜肴虽然比较少，但也不是绝无仅有，如杭州名菜"蟹酿橙"等。

2. 可作为辅料，增加菜肴的风味特色

果品作为辅料在菜肴中出现是非常普遍的，既可以配家畜、家禽、水产品，也可以配蔬菜、粮食等素食。果品类原料与蔬菜搭配在一起，不仅可以丰富菜肴的种类，也可以增加菜肴的营养价值和独特的风味。如"栗子鸡""桃仁鸡丁""腰果西芹"等。

3. 可作为菜肴的装饰物，起着美化菜肴的作用

果品类原料作为菜肴的装饰物，以鲜果多见。它们以点缀、围边的形式出现在菜肴中，起着美化菜肴的作用，如樱桃、柠檬、橘子等。制作造型菜肴时也可用果品类原料，如椰子、菠萝等。用于雕刻的，如"西瓜盅"等。

4. 可作为面点馅心，改善面点的风味，增进食欲

果品类原料在面点中的应用，主要是果干占了很大的比例，如月饼中的各种馅心，有五仁馅、枣泥馅、栗子馅等；有些糕团也少不了松子、枣泥作馅心，如苏州的糕团、上海的栓糕等。

5. 可作为面点的装饰物美化外观，增加色彩美的感官享受

在面点制品的表面，有的粘上一层果仁或芝麻，有的撒上色彩各异的果脯丁，还有的装饰一些图案，使点心美观，增加色彩美的感观享受。

第二节　常见蔬菜原料

一、新鲜蔬菜

（一）根菜类

根菜类为植物的贮藏器官，含有大量的水分，富含糖类以及一定的维生素和矿物质、少量的蛋白质。

1. 萝卜

别名、产地、产季　萝卜又称莱菔、芦菔、土酥等。全国各地都有栽培，因品种不同，一年四季均产。

外形、种类及品质特点　萝卜根部膨大为肉质根，汁多，脆嫩。其形状有长、圆、扁圆、卵圆、纺锤、圆锥等。按上市期分为秋萝卜、夏萝卜、春萝卜和四季萝卜，其中以秋萝卜为最多。萝卜肉脆，味甜，微辣，稍带苦味。

品质鉴别　以个体大小均匀，无病虫害、无糠心、无黑心、无抽薹，新鲜、脆嫩，无苦味者为最佳。

烹饪运用及注意事项　萝卜易于刀工成形，有去牛羊膻味的作用，是食品雕刻的上乘原料。

（1）圆萝卜（图3-2-1、3-2-2）　圆萝卜近圆球形，全部入土，皮色有白、红、紫、青等，肉质细嫩，不易老化，主根细短，像老鼠尾。秋冬季上市。

图 3-2-1　白皮圆萝卜　　　　图 3-2-2　红皮圆萝卜

（2）长白萝卜（象牙白萝卜）（图3-2-3）　长白萝卜是用石白萝卜与日本萝卜杂交的后代，11月下旬至12下旬采收。肉质根，长圆筒形，尾部尖，有二分之一露出地面，皮肉均为白色，表皮光滑，质地脆嫩微甜，辣味小。

（3）心里美萝卜（图3-2-4）　心里美萝卜是北京郊区的一个地方萝卜品种。二分之一以上露出地面，上部淡绿色，下部为白色。肉为鲜艳的紫红色，艳丽如花，极惹人喜爱，为我国著名的水果萝卜品种，其皮薄肉脆、多汁。10月上旬开始上市。

（4）青萝卜（图3-2-5）　我国栽培的萝卜，在明代时已遍及全国。冬季、春季供应的主要蔬菜之一，其中潍坊青萝卜是地方优良品种之一。青萝卜皮翠绿色，细长圆筒形，尾端玉白色。

图 3-2-3　长白萝卜（象牙萝卜）

图 3-2-4　心里美萝卜

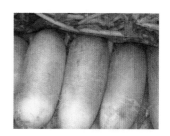
图 3-2-5　青萝卜

知识拓展：樱桃萝卜

樱桃萝卜是一种小型萝卜，是中国的四季萝卜中的一种，因其外貌与樱桃相似，故取名为樱桃萝卜。樱桃萝卜口感细嫩，生长迅速，色泽美观，肉质根圆形，根皮红色，瓤肉白色，生长期30～40天，适应性强，喜温和气候条件，不耐炎热。

樱桃萝卜含各种矿物质元素、维生素、淀粉酶、芥子油等多种成分，口感脆嫩、味甘甜，辣味较大型萝卜轻，适宜生吃，有促进胃肠蠕动、增进食欲、帮助消化等作用。

图 3-2-6　樱桃萝卜

烹饪中樱桃萝卜常用来凉拌、做沙拉、炒菜或雕刻成形状用来装饰。

2．胡萝卜（图 3-2-7）

别名、产地、产季　胡萝卜又称为红萝卜、黄萝卜、丁香萝卜等。全国各地都有栽培。一年四季均产。以秋末冬初所产品质最佳。

外形、品质特点　胡萝卜肉质根为圆锥形或圆柱形，呈紫、红、橙黄、黄、淡黄、黄白等颜色。胡萝卜质细、脆嫩、多汁、味甜，具特殊芳香气味。

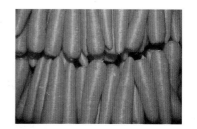
图 3-2-7　胡萝卜

品质鉴别　以表皮光亮，完整无损，心柱小，肉厚，无裂口，无病虫害者为佳。

烹饪运用　可生食、凉拌、炒、烧、炖、煮等，也可制成面食，还可腌制，加工蜜饯、果酱、菜泥和饮料等。此外，也作为配色、雕刻的原料。

（二）地上茎菜类

茎菜类蔬菜营养价值高，用途广，含纤维素较少，质地脆嫩。茎菜类蔬菜按其生长的环境可分为地上茎菜类蔬菜和地下茎菜类蔬菜两大类。由于茎菜类蔬菜茎上具芽，所以茎菜类一般适于短期储存，并需防止发芽、冒苔等现象。

1．茎用莴苣（图 3-2-8）

别名、产地、产季　茎用莴笋又称为莴笋、青笋、白笋、生笋等。原产亚洲西部及地中海沿岸，目前我国各地普遍栽培。秋冬春季均产，以初春所产为最好。

外形、种类及品质特点　莴苣茎直立，呈棍棒形，肥大如笋。茎叶因品种而异，有长椭圆形、舌形和披针形三种，色泽有绿、灰绿、紫红等。主要分为尖叶莴苣和圆叶莴苣两类。莴苣质地脆嫩，清香鲜美。

品质鉴别　以粗短条顺，不弯曲，皮薄质脆，水分充足，不空心，不抽薹，表面无黄斑，无老叶和黄叶者为最佳。

图 3-2-8　茎用莴苣

烹饪运用　适宜多种烹调方法。生、熟均可食用，如"炝莴笋""海米炝莴笋"等。另外还可以做汤菜、配料和食品雕刻的原料。

2. 竹笋（图 3-2-9、3-2-10、3-2-11）

别名、产地、产季　竹笋即竹的嫩茎，简称笋，又称竹萌、竹芽、竹胎等。南方各地都有栽种。春季、夏季、冬季出产，以冬季所产品质最佳。

外形、种类及品质特点　竹笋呈锥形或圆筒棒形，外有箨叶紧密包裹，呈赤褐、青绿、淡黄等色，品种繁多。按照采收季节的不同，竹笋可分为冬笋、春笋、鞭笋。竹笋的肉质脆嫩，因含有大量的氨基酸、胆碱、嘌呤等而具有非常鲜美的风味。

微课：竹笋

图 3-2-9　冬笋　　　　图 3-2-10　春笋　　　　图 3-2-11　鞭笋

品质鉴别　以新鲜质嫩，肉厚，节间短，肉质呈乳白色或淡黄色，无霉烂、无病虫害者为佳。

烹饪运用及注意事项　鲜竹笋在烹制中可采用拌、炒、烧、煸、焖等方法制作多种菜肴，如"油焖笋""笋子拌鸡丝""干煸冬笋""竹笋烧牛肉"等；或干制加工成玉兰片、笋丝；或制作腌渍品、罐制品等，并在菜肴制作中具有提鲜、增香、配色、配形的作用。但有的品种因草酸含量较高，或含有酪氨酸生成的类龙胆酸，从而具有苦味或苦涩味。因此，鲜竹笋在食用之前，一般均需用水煮及清水漂洗，以除去苦味，突出鲜香，并有利于钙质吸收。

3. 芦笋（图 3-2-12）

别名、产地、产季　芦笋，学名石刁柏，又名龙须菜、露笋等。山东、浙江、天津、河南、福建等地栽培较多。夏季上市。

外形、种类及品质特点　芦笋是世界十大名菜之一，在国际市场上享有"蔬菜之王"的美称。芦笋嫩茎圆柱状，入土部分为白色，出土后为绿色。芦笋有绿、白、紫三色之分，以紫芦笋为最佳。芦笋肉质洁白，细嫩，口味鲜脆，富含维生素。含有多种有益的氨基酸，能增进食欲，帮助消化，有预防高血压、心脏病等效果。

图 3-2-12　芦笋

品质鉴别　以鲜嫩条直，体形完整，尖端紧密，无空心、无开裂者为佳。

微课：芦笋

烹饪运用及注意事项 可炒食、红烧、做汤、凉拌，如"虾仁炒芦笋""凉拌芦笋""鸡蓉芦笋"等。芦笋略有苦味，可在烹饪时先切成段，用水浸20～30分钟，浸出苦味。芦笋在制作菜肴时不宜加热过度，以免造成维生素的损失。

4．茭白（图3-2-13）

别名、产地、产季 茭白又名高笋、茭瓜、茭笋、菰笋等，主要产于南方，每年6—10月上市。

外形、品质特点 茭白有肥大的嫩茎，肥嫩似笋，呈纺锤形或棒形，皮青白色、光滑；茎肉白色。茭白质地细嫩，味干香，口感柔滑。

品质鉴别 以茎嫩肥大，多肉，新鲜柔嫩，肉色洁白，无黑心，带甜味者为佳。

图3-2-13 茭白

烹饪运用及注意事项 可切成丝、片、块、丁，凉拌、爆炒、烧烩、蒸炖、入汤羹，做成各种佳肴，如"茭白肉片""八珍茭白"等；也可以作馅心食用；嫩时亦可生食。茭白含有草酸，影响人体对钙的吸收，烹饪前应先焯水。

5．芥蓝（图3-2-14）

别名、产地、产季 芥蓝又名白花芥蓝，主要产地是广东、广西、福建和台湾等省区，上市时间为每年的11月至第二年的5月。

外形、品质特点 芥蓝是我国的特产蔬菜之一。茎直立，光滑，无毛而具粉霜，分枝。叶片卵形，具不规则细齿。以花苔为产品，茎与叶均可食用。芥蓝肉质脆嫩、清香，味鲜美，风味别致，营养丰富。

图3-2-14 芥蓝

品质鉴别 以秆身适中、主花苔的高度与叶片高度相同，花蕾欲开而未开的，苔茎较粗嫩，节间较疏，苔叶细嫩而少，无病虫斑者为好，过粗即太老。

烹饪运用及注意事项 可炒食、汤食，或作配菜，如"蒜蓉芥蓝"，但不能生食。烹饪中不宜过度加热，否则会失去鲜嫩的特点。芥蓝有苦涩味，炒时加入少量糖和酒，可以改善口感。

（三）地下茎菜类

1．山药（图3-2-15）

别名、产地、产季 山药别名薯蓣、淮山药、山芋、野山豆等。全国各地均有栽培，以河南的"怀山药"最为有名。秋季上市。

外形、种类及品质特点 山药外皮呈黄褐色、赤褐色或紫褐色；块茎形状有长形棒状、扁形掌状、块状三种。周皮褐色，密生细毛，肉色洁白，质地细嫩，含有丰富的淀粉。山药是一种药食同源的蔬菜。

微课：山药

图3-2-15 山药

品质鉴别 山药以身干，坚实，粉性足，色洁白，无损伤者为佳。

烹饪运用 薯蓣常作为宴席甜菜用料，如"蜜汁山药泥""拔丝山药""虎皮山药"等；也可作为咸味蒸制菜肴的垫底；还可拌、烧、烩、焖、炸，或煮粥、做糕点，如"山药粥""薯蓣糕"等。

知识拓展：山药汁液沾到手上发痒怎么办?

在给山药去皮时，如果不小心将山药的汁液弄到手背上就会非常痒，用水清洗也不能去除，应该怎么处理呢？

山药汁液接触到皮肤导致发痒，是由于山药含有的皂角素、植物碱等成分刺激皮肤或是过敏，可以通过以下几种方法止痒：

首先应该用足量的清水来清洗手部，把手部沾染的致痒物质清洗干净，避免加重。清洗之后，如果仍然很瘙痒，可以在手上涂抹一些食用醋后反复揉搓，或者将手泡在稀释的醋酸溶液里面，利用酸碱中和的原理，使醋酸与生物碱发生中和反应，这样也能降低手部致痒物质的浓度，减轻瘙痒；也可以将手泡在热水里面，利用高温使生物碱分解，减轻手部瘙痒；如果情况比较严重，可以在医生指导下口服止痒药物或是局部外擦药膏来减轻瘙痒。

2. 芋艿（图 3-2-16）

别名、产地、产季　芋艿又称为芋头、芋魁、芋根、毛芋头等。全国各地均有栽培。著名的优良品种有广西荔浦槟榔芋、台湾槟榔芋和竹节芋等，秋季上市。

外形、种类及品质特点　外形为圆、卵圆、椭圆或长形。皮薄粗糙，呈褐色或黄褐色。芋艿品种繁多，主要分水芋和旱芋两类。芋艿肉质细嫩，多为白色或白色带紫色花纹，熟制后芳香软糯。

图 3-2-16　芋艿

品质鉴别　以淀粉含量高，肉质松软，香味浓郁，耐储存者为最佳。

烹饪运用及注意事项　制作菜肴时芋艿宜煨、烧、烩，成菜口味咸甜皆可，且荤素皆宜，如"拔丝芋头""双菇芋艿"等；也可以制作小吃、糕点，或用于淀粉的提取及制浆。

3. 荸荠（图 3-2-17）

别名、产地、产季　荸荠又称南菜、马蹄、地栗等。长江以南各省都有栽培。每年冬春季上市。

外形、种类及品质特点　荸荠球茎呈扁圆形，表面平滑，外皮深栗色或枣红色，有环 3～4 圈。按淀粉含量分为水马蹄型和红马蹄型。荸荠质地细嫩，肉白色，富含水分、淀粉，味甜。

图 3-2-17　荸荠

品质鉴别　以个大、新鲜，皮薄、肉细，味甜、质脆，无渣者为最佳。

烹饪运用　可生食代果或制成甜菜；也可采用炒、烧、炖、煮的方法烹制菜肴，常配荤料；还可提取淀粉，称为马蹄粉；也是制罐的原料，如糖水荸荠。

4．魔芋（图 3-2-18）

别名、产地、产季　魔芋又称为蒟蒻、花杆莲。中国和日本是世界上两大魔芋主产国，中国为原产地之一，四川、湖北、云南、贵州、陕西、广东、广西、台湾等省区均有分布。11 月份是魔芋收获的最佳季节。

外形、种类及品质特点　魔芋为扁球形或圆柱形，个大，外皮色如芋艿。魔芋种类很多，据统计全世界有 260 多个品种，中国有记载的为 19 种，其中 8 种为中国特有。魔芋口感柔韧，富有弹性。

图 3-2-18　魔芋

品质鉴别　以肉质松脆，香味浓郁，耐储存者为最佳。

烹饪运用及注意事项　魔芋因含有毒的生物碱，需加工成魔芋粉后，再经石灰水或碱水进一步处理去毒后，加工成魔芋豆腐、魔芋粉条、素鸡胗、素肚花、雪魔芋等制品，再用烧、烩等方法制作菜肴。魔芋也是雕刻的上好原料。

5．洋葱（图 3-2-19）

别名、产地、产季　洋葱又称为葱头、球葱、胡葱、圆葱等。全国各地均有栽培。产季为春季、夏季。

外形、种类及品质特点　洋葱呈球形、扁球形或椭圆形。皮多数为红白色，层层紧裹。洋葱品种繁多，按生长习性可分为普通洋葱、分蘖洋葱和顶生洋葱。其中，普通洋葱按鳞茎的皮色又分为黄皮洋葱、紫皮洋葱和白皮洋葱。洋葱肉质脆嫩，味辛辣而微甜。

图 3-2-19　洋葱

品质鉴别　以葱头肥大体圆，外皮有光泽、无损伤，鳞片紧密，不抽薹，具有辛辣味者为最佳。

烹饪运用　一般多作荤菜配料。西餐中应用较多。

知识拓展：红葱头

红葱头又名红葱、圆葱、细香葱、香葱，香味浓郁，兼具去腥、提香的功效，但辣味较淡，适合做味碟和汤类菜肴。泰国菜、中餐的粤菜、客家菜、台菜里都能够经常见到红葱头的身影，如将红葱头剁碎后用油爆香，即卤肉饭里常用到的红葱头酥。

常见的红葱头菜式有红葱头蒸鸡、红葱头焗排骨等，香味悠长，用来爆炒肉类或者制作羹汤，非常诱人。

图 3-2-20　红葱头

6．蒜（图 3-2-21）

别名、产地、产季　蒜又称为大蒜、蒜头、胡蒜、独蒜等，全国各地均有栽培，产季为春末夏初。

外形、种类及品质特点　蒜有圆球形或短圆锥形，外皮呈灰白或紫红色。按蒜瓣外皮颜色的不同，分为紫皮蒜、白皮蒜两类，蒜肉均呈乳白色；按蒜瓣大

图 3-2-21　蒜

小不同，分为大瓣种和小瓣种两类；按分瓣与否，分为瓣蒜、独蒜。蒜与葱、姜、辣椒合称为调味四辣。

品质鉴别 以瓣大，辛辣味浓，无油、无虫蛀者为佳。

烹饪运用 大蒜是烹调中重要的调味蔬菜，富含维生素、矿物质和挥发油。大蒜生用是某些面食的佐餐原料。

7. 百合（图 3-2-22）

别名、产地、产季 百合又称为野百合、白花百合、白百合、蒜脑薯、蒜瓣薯、中逢花等，分布于我国东北、西北等地，产季为秋季。

外形、种类及品质特点 百合近球形、扁球形，由片状鳞片层层抱和而成，呈白色。百合的种类很多，主要有龙芽百合、川百合和卷丹百合三类。百合味甜香爽口，芳香中略带苦味。

图 3-2-22 百合

品质鉴别 以鳞茎完整，色味醇正，无泥土，无损伤者为佳。

烹饪运用 百合在烹饪中主要作甜菜的用料，还可以煮粥或提取淀粉制作糕点。

8. 藕（图 3-2-23）

别名、产地、产季 藕又称为莲、莲藕、莲菜、菜藕、果藕等。全国各地均有栽培，我国湖南湘潭、福建建宁所产的莲藕质量最好，分别称为"湘莲""建莲"。每年的秋、冬、春初均可采挖上市。

微课：藕

外形、种类及品质特点 藕长而肥大，由多段藕节组成，内有孔道，皮色黄白。藕的品种较多，按上市季节可分为果藕、鲜藕和老藕；按花的颜色可分为白花莲藕、红花莲藕；按用途可分为花用种、籽用种和藕用种。藕含淀粉多，味甜、多汁。

品质鉴别 藕的品质以藕身肥大，肉质脆嫩，水分多而甜，带有清香味者为佳。

烹饪运用 藕可加工成丝、片、块等形状，适宜于炸、炒、拌、炝、蒸、蜜汁等烹调方法。如"炝藕""糖醋藕""蜜汁藕"等。

图 3-2-23 藕

9. 姜（图 3-2-24）

别名、产地、产季 姜又称为生姜、鲜姜、黄姜等，我国中部和南部普遍栽培，秋季收获上市，四季均有供应。

外形、种类及品质特点 生姜的地下茎肥大，呈扁平不规则的块状，横生分枝，枝顶有茎痕或芽。表面灰白或黄色，灰白色为大白姜，黄色为小黄姜。根据姜的生长期的不同，分为老姜和嫩姜。生姜质脆，芳香、辛辣，可矫正和去除腥膻异味。

品质鉴别 以不带泥、毛根，块大、根茎长而丰满，味浓，不烂、无虫伤、不干瘪者为佳。

图 3-2-24 姜

烹饪运用及注意事项 在烹饪制作中，嫩姜适于炒、拌、泡，蔬食及增香，如"子姜牛肉丝""姜爆鸭丝"等；老姜主要用于调味，去腥除异增香。此外，还可用来干制、酱制、糖制、醋渍及加工成姜汁、姜粉、干姜、姜油等。要注意，腐烂的生姜会产生毒性很强的黄樟素，它能使肝细胞变性，因此，腐烂的生姜切不可食用。

▌知识拓展：洋姜

洋姜，学名菊芋，形似生姜，该物种是一种块茎状的地生植物，主要生长在温带生物群落中，被联合国粮农组织称为"21世纪人畜共用作物"。原产于现今的美国至加拿大中部和东部，17世纪传入欧洲，后传入中国。其地下块茎富含淀粉、菊糖等果糖多聚物，是优良的多汁饲料，新鲜的茎、叶作青贮饲料，营养价值比向日葵高。洋姜块茎可以食用，煮食或熬粥，腌制咸菜并可加工制成酱菜，晒制菊芋干。另外还可制菊糖及酒精，菊糖在临床上又是治疗糖尿病的良药，也是一种有价值的工业原料。宅舍附近种植兼有美化作用。

图 3-2-25　洋姜

（四）结球叶菜类蔬菜

叶菜类蔬菜品种多，形态各异，供食用的均是植物的叶或叶的某一部分，品质特点和营养成分相近，都含有丰富的矿物质、维生素和粗纤维。其品质检验一般采用感官鉴别方法，鉴别时以叶菜的鲜嫩清洁，叶片形状端正肥厚，无烂叶、黄叶、老梗、大小均匀，无损伤及病虫害及无泥土者为好。

1. 大白菜（图 3-2-26）

别名、产地、产季　大白菜又叫结球白菜、黄芽菜、牙菜、菘菜等，主要产于山东、河北、河南等省，一般在 9～11 月上市。

外形、种类及品质特点　生于短茎上，叶片薄而大，长圆形或椭圆形，叶片互相紧抱，肉叶呈黄白色或乳白色。品种很多，如按生态可分为直筒型、卵圆型及平头型；依耐贮性的不同又分为贩白菜、窖白菜等。大白菜味带甘甜，柔嫩适口。

品质鉴别　以包心坚实，外形整齐，无老帮、无黄叶和烂叶，不带泥土，无病虫害和机械损伤者为佳。

烹饪运用　大白菜在烹饪中的应用极为广泛。常用于炒、拌、扒、熘、煮等以及馅心的制作；亦可腌、泡制成冬菜、泡菜、酸菜或制干菜。筵席上作主辅料时，常选用菜心，如"金边白菜""炒冬菇白菜"等。此外，还常作为包卷料使用，如"菜包鸡""白菜腐乳"等；并是食品雕刻的原料之一，如用于凤凰尾部的装饰。

图 3-2-26　大白菜

2. 结球甘蓝（图 3-2-27、3-2-28）

别名、产地、产季　结球甘蓝又名卷心菜、包心菜、圆白菜、洋白菜、莲花白、圆白菜等，主要产地为东北、西北、华北等，是春、夏、秋季的主要蔬菜。

图 3-2-27　青结球甘蓝

图 3-2-28　紫结球甘蓝

外形、种类及品质特点　结球甘蓝叶片厚，卵圆形，叶柄短。心叶抱合成团，呈蓝白色。结球甘蓝按叶球的形状可分为尖头型、圆头型、平头型三种类型。结球甘蓝按颜色可分为青卷心菜、白卷心菜，紫卷心菜。质脆嫩、味甘甜。

品质鉴别　以新鲜清洁，叶片肥大，结球结实，无烂叶，无病虫害和机械损伤者为佳。

烹饪运用　适于炒、烩、煮、拌，如"莲白卷""烩莲白"，也可干制、腌制、渍制等。

3．孢子甘蓝（图 3-2-29）

别名、产地、产季　孢子甘蓝又称芽甘蓝、子持甘蓝等。原产于地中海沿岸，是 19 世纪以来欧洲、北美洲国家的重要蔬菜之一，中国台湾省有少量种植。中国于 20 世纪末开始引进并种植孢子甘蓝，使之成为时兴的蔬菜。一般在秋季上市。

外形、种类及品质特点　孢子甘蓝叶稍狭、叶柄长、叶片勺子形，有皱纹。茎直立，顶芽开展，腋芽能形成许多小叶球。品种分高、矮两种类型。

品质鉴别　以外形整齐，大小均匀，新鲜洁净，无病虫害者为佳。

图 3-2-29　孢子甘蓝

烹饪运用　适于清炒、凉拌、腌渍、火锅配菜、煮汤等烹调方法，如"奶汤小包菜""蚝油小甘蓝"，在西餐中应用广泛。

（五）普通叶菜类蔬菜

1．小白菜（图 3-2-30）

别名、产地、产季　小白菜又称青菜、白菜、小油菜等，全国各地均有栽培，常在春秋两季蔬菜较少时上市。

外形及品质特点　小白菜植株矮小，叶张开，叶片呈卵圆形或长椭圆形，有浅绿、深绿色。叶柄扁宽，质脆嫩，味清香。

品质鉴别　以色绿、质嫩、无黄叶、无烂叶、不带根，无虫蛀者为佳。

图 3-2-30　小白菜

烹饪运用　适合于炒及制汤等烹调方法,也可作辅料,醋熘、制汤及作馅,如"炒小白菜""鸡油小白菜"等。

2.油菜(图3-2-31)

别名、产地、产季　油菜又称瓢儿菜,南方栽培较多,冬季、春季上市的品质较好。

外形、种类及品质特点　油菜互生叶,分基生叶和茎生叶两种。叶片肥厚,有光泽,呈深绿色;叶柄浅绿色。油菜的主要品种有青帮油菜、白帮油菜、青白帮油菜。油菜质脆嫩,清香味浓厚。

图3-2-31　油菜

品质鉴别　以叶片紧抱,无黄叶、不抽薹的鲜嫩者为佳。

烹饪运用　适宜于炒、扒、烧、腌等。如"扒油菜""海米烧油菜"等。

3.菠菜(图3-2-32)

别名、产地、产季　菠菜又名菠棱菜、赤根菜、鹦鹉菜等。菠菜原产古代波斯,现全国各地均有栽培。春、秋、冬季均有上市。

种类、外形及品质特点　菠菜主根细长,赤色。叶片光滑,呈椭圆或箭形,浓绿色;叶柄长而多肉。菠菜的品种可分为尖叶菠菜和圆叶菠菜两大类,味甜;

图3-2-32　菠菜

品质鉴别　以色泽浓绿,茎叶不老,根红色,无抽薹开花,不带黄叶和烂叶,无虫眼者为最佳。

烹饪运用及注意事项　菠菜软嫩翠绿,在烹调中应用广泛,适用于锅塌、冷拌、炒、制汤等烹调方法。如"八宝菠菜""清炒菠菜"等;还可以作辅料制作菠菜松,或用于垫底或围边装饰。菠菜含多种维生素和矿物质,并含有较多的草酸,烹调前应先焯水。

4.苋菜(图3-2-33)

别名、产地、产季　苋菜又称人苋菜等,全国各地均有栽培,从春季到秋季均有上市。

外形、种类及品质特点　苋菜茎肥大,叶卵形或菱形。根据苋菜颜色的不同,可分为绿苋菜、紫苋菜、白苋菜。苋菜色美,质地柔嫩。

图3-2-33　苋菜

品质鉴别　以质地柔嫩,色泽鲜艳,无虫蛀的幼苗梗和嫩叶者为最佳。

烹饪运用及注意事项　在烹调中宜炒、凉拌、作汤等,如"凉拌苋菜""蒜蓉苋菜"等,烹调时间不宜过长。

知识拓展:马齿苋

马齿苋虽然也带有一个"苋"字,但是与苋菜却是两个完全不同的品种。

马齿苋生存力极强,常生于菜园、农田、路旁,为田间常见杂草,因其叶片像马的牙齿故名马齿苋。马齿苋的所有部分都可食用,生食、烹食均可,吃法像菠菜,略带酸味。马齿苋茎顶部的叶子很柔软,可以像豆瓣菜一样烹食,可用来做汤或用于做沙司、蛋黄酱和炖菜。马齿苋可与碎萝卜或马铃薯泥一起做，也可以和洋葱或番茄一起烹饪，其茎和叶也可用醋腌泡食用。

图 3-2-34 马齿苋

5. 乌塌菜（图 3-2-35）

别名、产地、产季 乌塌菜又名塌菜、塌棵菜、塌地松、太古菜、乌菜、黑菜等，主要分布在长江流域，春节前后上市。

外形、种类及品质特点 乌塌菜植株矮小，基生叶密生成莲座状，浓墨绿色，叶呈椭圆形或倒卵形，叶面平滑或皱缩，叶尖反卷。分塌地型和半塌地型两种，质地柔嫩，味甜而具清香，冬季食用味最佳。

品质鉴别 乌塌菜以叶色深绿，外形整洁，质嫩清香者为佳。

图 3-2-35 乌塌菜

烹饪运用及注意事项 适宜烧、煮、焖、炖、熬等烹调方法，亦可做汤。乌塌菜烹调时宜长时间加热，忌用酱油调味。

6. 木耳菜（图 3-2-36）

别名、产地、产季 木耳菜又名落葵，紫角叶、胭脂菜等，我国南方各地均有栽培，夏秋季上市。

外形、品质特点 木耳菜茎淡紫色至粉红色、绿色、淡绿色。叶片呈长卵圆披针形、卵圆形或呈叶片长与宽近乎相等的圆形，叶片基部心脏形。木耳菜柔嫩爽滑、清香多汁。

品质鉴别 以茎粗短的幼苗或嫩叶、嫩梢为佳。其中叶片上无紫红点者为佳。

图 3-2-36 木耳菜

烹饪运用 多用来煮汤或爆炒成菜。

7. 蕹菜（图 3-2-37）

别名、产地、产季 蕹菜又名空心菜、瓮菜、竹叶菜、藤藤菜等。蕹菜原产于中国热带地区，目前我国的西南和华南地区栽培较多，为夏秋高温季节的蔬菜。

外形、种类及品质特点 蕹菜茎中空，圆形。叶互生，叶柄长，叶片为长卵形，基部心脏形。有大蕹菜和小蕹菜之分。蕹菜质地脆嫩、清香。可分为白花种、紫花种和小叶种三类。

品质鉴别 大蕹菜叶密，质地脆嫩，质量最好；小蕹菜茎

图 3-2-37 蕹菜

长、叶疏，质脆嫩而略带黏液，质稍次。

烹饪运用 多用以炒、拌及汤菜。筵席上多取其适令季节的嫩茎叶作随饭小菜，如"姜汁蕹菜""素炒蕹菜"等。

8. 生菜（图3-2-38）

别名、产地、产季 生菜又名叶用莴苣、莴菜、千金菜、千层剥等。广东、广西、北京、上海、东北中部地区有栽种。春末、夏季上市。

外形、种类及品质特点 生菜植株矮小，叶呈扁圆形、卵圆形或狭长形，绿色或黄绿色，内叶有结球和直立形。有长叶、皱叶、结球三个变种。生菜质地脆嫩、清香，有的略带苦味。

图3-2-38 生菜

品质鉴别 以质地柔嫩，色泽鲜艳，无虫蛀的幼苗梗和嫩叶者为最佳。

烹饪运用及注意事项 在烹调中宜炒、凉拌、作汤等，烹调时间不宜过长。生菜宜凉拌、蘸酱、拼盘或包上已烹调好的菜饭一同进食，或炒食、做汤。

9. 荠菜（图3-2-39）

别名、产地、产季 荠菜别名荠、净肠草、血压草、苃苃菜、护生草、菱角菜、清明草等，全国各地均产，春季上市。

外形、种类及品质特点 荠菜叶片为羽状分裂，或少数浅裂，叶面微有绒毛。荠菜可分为板叶和散叶两种。荠菜的嫩叶尤其是嫩根味鲜，具特殊的清香味。

图3-2-39 荠菜

品质鉴别 以叶片肥大而厚，不抽薹，香气浓，味鲜者为佳。

烹饪运用 用于炒、拌或做馅心。如"肉丝炒荠菜""凉拌荠菜"等。

10. 叶用芥菜（图3-2-40）

别名、产地、产季 叶用芥菜又称为芥菜、主园菜、梨叶、辣菜等。全国各地均有栽培。冬末春初上市。

外形、种类及品质特点 叶用芥菜植株较大，叶绿色，叶柄宽大，具有瘤状凸起，心叶结球或不结球。叶用芥菜可分为花叶芥、大叶芥、瘤芥、包心芥、分蘖芥、长柄芥、卷心芥等。叶用芥菜质脆硬、细密，具特殊香辣味。

品质鉴别 以叶柄厚实，色深绿，质脆嫩，不抽薹者为佳。

烹饪运用 嫩株可炒食、腌制或腌后晒干久贮，名产较多，如福建的永定菜干、云南的芥菜酢鲜、浙江的梅干菜以及腌雪里蕻等。

（六）香辛叶菜类蔬菜

1. 芹菜（图3-2-41）

别名、产地、产季 芹菜又称旱芹、药芹、胡芹、香芹等，全国各地均有栽培。一年四季均有出产，以秋末、冬季所产品质最佳。

图3-2-40 叶用芥菜

外形、种类及品质特点　芹菜叶柄细长，中空或实心。根据叶柄的色泽分为青芹或白芹。芹菜质地脆嫩，香味浓。

品质鉴别　以叶柄充实肥嫩，无老根和黄叶，色泽鲜绿或洁白，清香味浓厚，无花薹者为最佳。

烹饪运用　烹饪中常用来炒、拌烩等烹调方法，如"西芹炒腰果""芹菜炒粉条""杏仁烩芹菜"等。或做馅心或用于调味、菜肴的装饰。

2. 西芹（图 3-2-42）

别名、产地、产季　西芹又称西洋芹、美芹等。是从欧洲引进的芹菜品种，现我国各地均有栽培，秋冬上市。

图 3-2-41　芹菜　　　　　　　　图 3-2-42　西芹

外形、种类及品质特点　西芹植株紧凑粗大，叶柄宽厚，实心。分为黄色种、绿色种和杂色种群三种。西芹质地脆嫩，有芳香气味。

品质鉴别　以叶柄厚实，质脆嫩者为佳。

烹饪运用　同芹菜。

3. 芫荽（图 3-2-43）

别名、产地、产季　芫荽又名香菜、胡荽、香荽等，全国各地均有栽培，春季、秋季、冬季均产。

图 3-2-43　芫荽

外形及品质特点　芫荽茎叶多枝，柄细长疏散，色绿，含有挥发性油，芳香味特别浓厚。

品质鉴别　以色泽青绿，香气浓郁，无烂叶，无黄叶，不抽薹者为佳。

烹饪运用及注意事项　在烹调中可作冷拌，也可在热菜中切末撒在成熟的菜肴上，在烹调中的作用是调味。一般在成熟时加入，或用于火锅类菜肴的调味以及菜肴的装饰、点缀。在烹调热菜时，一般在菜肴成熟时加入，过早加入会失去脆嫩感和翠绿色。

4. 茼蒿（图 3-2-44）

别名、产地、产季　茼蒿又称同蒿、蓬蒿、春菊等。茼蒿原产于地中海沿岸，我国各地广为栽种，冬季、春季上市。

外形、种类及品质特点　茼蒿茎直立，分多枝，柔软无毛，叶长圆形，具有深裂或波状裂，有不明显的白绒毛，色淡绿，茼蒿分为大叶种（叶大、香味浓、品质佳）、小叶种（叶小、多分枝、耐寒）和花叶种三类。茼蒿叶厚肉多，嫩茎叶和侧枝柔嫩多汁，有特殊香气。

图 3-2-44　茼蒿

品质鉴别　以茎叶嫩肥，色绿，有特殊香气者为佳。

烹饪运用　可用于煮、炒、凉拌或做汤，代表菜式如"蒜蓉炒茼蒿""凉拌茼蒿菜"等。

5. 椿芽（图3-2-45）

别名、产地、产季　椿芽又称香椿、香椿芽、香椿头、香椿尖等，我国南方较为多见，清明前后上市。

外形、品质特点　椿芽是香椿树的嫩芽为蔬菜的品种。其叶片相对而生，叶片紫红，有光泽、质柔嫩、纤维少、味鲜美，具独特清香气味。

图 3-2-45　椿芽

品质鉴别　以枝肥质嫩，梗内无筋，芳香味浓，色泽红艳者为最佳。

烹饪运用及注意事项　适宜于蒸、炒、拌等多种烹调方法。如"香椿芽炒鸡蛋""椿芽炒肉丝"等。需要注意的是，吃香椿前要用开水烫一下，以去除亚硝酸盐并且烹调加热时间不宜过长。

6. 茴香菜（图3-2-46）

别名、产地、产季　茴香菜又称小茴香、小丝菜、香丝菜，亦称山茴香等，我国北方地区较常见，夏季上市。

外形、种类及品质特点　茴香菜茎挺直，梗叶细小，有分枝，叶色浓绿。有大茴香、小茴香两个品种之分。茴香菜全株被有粉霜和强烈香辛气，含有较多的维生素A和矿物质。

图 3-2-46　茴香菜

品质鉴别　以色绿、味香，体密者为佳。

烹饪运用　烹饪中用以调味、拌食、炒或做馅心。

7. 葱（图3-2-47）

别名、产地、产季　又称香葱等。我国各地都有栽培。产季为春、秋季。

外形、种类及品质特点　葱茎为黄白色，质地脆嫩；葱叶为圆筒形，前端尖、中空，油绿色。葱的品种较多，常分为普通大葱、分葱、香葱、楼葱等几种。葱含有挥发性油，具有辛辣和香气，有杀菌和促进食欲的作用。与姜、蒜、干辣椒合称为"四辣"。

品质鉴别　以茎粗长，质细嫩，叶茎包裹层次分明者为佳。

烹饪运用　葱是调味的重要原料，在烹调中可起到去腥解腻，调和多种食味的作用。

图 3-2-47　葱

知识拓展：章丘大葱

章丘大葱产自于山东省济南市章丘区，该地属暖温带半湿润性季风气候，气候温和，四季分明，适宜种植大葱。章丘大葱又称菜伯、和事草等。不同于其他大葱，章丘大葱辣味稍淡，微露清甜，脆嫩可口，葱白很大，适宜久藏。其品质特点可以用四个字概括，即：高、长、脆、甜。高指的是章丘大葱的植株高大，有"葱王"之称号；长指的是章丘大葱的葱白长而直，一般白长50～60厘米（最长80厘米左右）、径粗3～4厘米、单株重1000克左右，重者可达1.5千克以上；脆指的是章丘大葱质地脆嫩；甜指的是章丘大葱的葱白，甘芳可口，很少辛辣，最宜生食，熟食也佳。章丘大葱中含有较多的蛋白质、多种维生素、氨基酸和矿物质，特别是含有维生素 A、维生素 C 和具有强大的杀菌能力的蒜素。

图 3-2-48　章丘大葱

8. 韭菜（图 3-2-49）

别名、产地、产季　韭菜又称草钟乳、长生韭、扁菜、懒人菜、起阳草等。全国各地都有栽种，四季均有上市，以春季产的品质最好。

外形、种类及品质特点　茎粗、色白；叶细长、扁平、柔软，表面光滑，叶色深绿。韭菜依食用部分的不同，分为根韭、叶韭、花韭和花叶兼用韭。韭菜除含一定的维生素、矿物质外，还含有挥发油和硫化物等成分，这种香气具有兴奋和杀菌的功能。

图 3-2-49　韭菜

品质鉴别　以植株粗壮鲜嫩，叶肉肥厚，无烂叶和黄叶，中心不抽薹者为最佳。

烹饪运用　韭菜适宜于炒、拌等烹调方法，如"韭菜炒鸡蛋""三鲜馅饺子"等。并且是很多面点馅心的上乘原料。

9. 蒜苗（图 3-2-50）

别名、产地、产季　又称青蒜，全国各地都有栽种，秋末冬初上市。

外形、品质特点　蒜苗茎呈圆柱形，青白色；叶实心扁平，绿色或灰绿色，有独特的香辣味。

品质鉴别　能以抽薹的大蒜长成的青蒜苗为佳，其中香味浓郁、株条整齐均匀、无烂叶和黄叶、根须不带泥者为佳。

图 3-2-50　蒜苗

烹饪运用　适宜炒、烧等烹调方法。作为椿芽的配料，可起调味的作用。

10. 莼菜（3-2-51）

别名、产地、产季　莼菜又名水葵、淳菜、湖菜、水荷叶等。以太湖、西湖所产为佳，以浙江萧山湘湖产量最大。春夏两季采嫩叶作蔬菜。

外形、品质特点　莼菜叶椭圆形，深绿色，浮于水面，嫩茎和叶背有胶状透明物质，叶面亮绿，有长叶柄。按色泽分为红花品种和绿花品种两种。莼菜具有色绿、脆嫩、清香的特点。

品质鉴别　以色绿、滑软细嫩者为佳。

图 3-2-51　莼菜

烹饪运用　多制高级汤菜。也可以炒、煽、拌等烹调方法，如"清汤莼菜""鸡丝莼菜汤"等。烹调时不宜加热过度,可先用开水焯熟后最放入汤中或菜中,不宜烧煮,否则会破坏其风味。

(七)花菜类蔬菜

花菜类蔬菜质地柔嫩或脆嫩,具特殊的清香或辛香气味。一般要求用新鲜的原料,如果没有用完,也是以低温储存保鲜和气调储存保鲜方法为主进行储存保鲜。

1. 花椰菜(图 3-2-52)

别名、产地、产季 花椰菜又称花菜、菜花等。全国各地均有栽培。每年冬季、春季大量上市。

外形、品质特点 花椰菜叶片呈长卵圆形,前端稍尖,叶柄稍长;茎前端形成白色肥大花球,为原始的花轴和花蕾,整个呈半圆球形。花椰菜细嫩清香,味鲜美,食后极易消化。

品质鉴别 以花球色泽洁白,肉厚而细嫩、坚实,花柱细,不腐烂者为佳。

烹饪运用及注意事项 花椰菜在烹调中可作主料或配料,且最宜与动物原料合烹,如"花菜焖肉""菜花炒肉""金钩花菜"等。

图 3-2-52 花椰菜

2. 青花菜(图 3-2-53)

别名、产地、产季 青花菜通称茎椰菜、绿菜花、西兰花等。青花菜原产意大利,现全国均有栽培。冬季上市。

外形、种类及品质特点 青花菜茎前端形成绿色或紫色的肥大花球,表面小花蕾松散,花茎较长。质地脆嫩清香,色泽深绿,味鲜美。

品质鉴别 以色泽深绿,质地脆嫩密实,叶球松散,无腐烂,无虫害者为佳。

烹饪运用 可烫后拌食,或炒,如"炝西兰花""奶汤西兰花"等。亦可用于配色、围边。

图 3-2-53 青花菜

3. 黄花菜(图 3-2-54)

别名、产地、产季 黄花菜又称金针菜、萱菜、黄花儿、忘忧菜等。全国各地均有栽培。以山西大同所产质量最好,湖南产量最多。夏季采摘。

外形、种类及品质特点 黄花菜根簇生,肉质,根端膨大成纺锤形。菜叶狭长带状,下端重叠,向上渐平展,以幼嫩花蕾供食。常见品种有黄花菜、北黄花菜、红萱等。新黄花菜质地柔嫩,具特殊清香味。

品质鉴别 以鲜嫩色黄,不干不蔫,花未开放,无杂质洁净者为佳。

烹饪运用及注意事项 适宜于炒、煮、熘等烹调方法。多用于菜肴配料。因鲜品的花蕊中含较多的秋水仙碱故需摘除或煮熟后供食。

图 3-2-54 黄花菜

（八）瓜类蔬菜

果菜类蔬菜指以植物的果实或种子作为食用对象的蔬菜。分为瓜类（瓠果类、瓜果类）、豆类（荚果类）、茄果类（浆果类）三类。果菜类蔬菜也是以低温储存保鲜为主的一类烹饪原料。

1. 黄瓜（图 3-2-55、3-2-56、3-2-57）

别名、产地、产季 黄瓜又称王瓜、胡瓜、刺瓜、青瓜等。有些地方把青皮的称为青瓜，黄皮的才称为黄瓜。黄瓜原产于印度，为汉朝张骞出使西域时带回，现我国各地均有栽培。夏季、秋季为盛产期。

外形、种类及品质特点 黄瓜果实表面疏生短刺，并有明显的瘤状突起；也有的表面光滑。按果形可分为刺黄瓜、鞭黄瓜、短黄瓜、小黄瓜四种。黄瓜汁多，脆嫩清香。

品质鉴别 以长短适中，粗细适度，皮薄肉厚，子瓤少、质脆嫩、味清香者为最佳。

图 3-2-55 青瓜　　　　　　图 3-2-56 黄瓜　　　　　　图 3-2-57 小青瓜

烹饪运用 黄瓜可凉拌生食，也可炒食、作馅、作汤，如"炝瓜条""木樨瓜片"。在烹调中多作冷菜和菜肴的围边，也可以腌渍、酱浸。

2. 冬瓜（图 3-2-58）

别名、产地、产季 又称白瓜、枕瓜、白冬瓜等，原产于我国和印度，现全国各地均有栽培，是夏秋的重要蔬菜品种之一。

外形、种类及品质特点 冬瓜呈圆、扁圆或长圆筒形。多数品种的成熟果实表面被有绒毛及白粉。按果实的大小分为小果形和大果形两类。冬瓜果肉厚，白色，疏松多汁，味淡。富含维生素 C，钾高钠低，具清热、利尿、消暑作用，尤适于肾病病人。冬瓜在营养上的最大特点是不含脂肪，而含有防止人体发胖的物质。

品质鉴别 以体大肉厚，心室小，皮色青绿，形状端正，外表无斑点和外伤，皮不软者为佳。

图 3-2-58 冬瓜

烹饪运用 冬瓜在烹饪中可单独烹制或配荤素料，适于烧、烩、蒸、炖，常作为夏季的汤菜料。筵席上常选形优的进行雕刻后作酿制品种，如"冬瓜盅"。亦可制蜜饯，如冬瓜糖。代表菜式如"干贝烧冬瓜""酸菜冬瓜汤"等，用冬瓜制作菜肴时不宜加酱油。

3. 西葫芦（图 3-2-59）

别名、产地、产季 西葫芦又名美洲南瓜、美国南瓜、番瓜、搅瓜等。原产北美洲南部，目前我国各地均有栽种。春季、夏季大量上市。

外形、品质特点 西葫芦多为长圆筒形，椭圆形和长圆柱形等。果面平滑，皮色墨绿、黄白或绿白色，可有纹状花纹。果肉厚而多汁，质地脆嫩清爽，味清香。

品质鉴别 西葫芦以皮薄肉厚，子瓤少、质脆嫩、味清香者为最佳。

烹饪运用 可供炒、烧、烩、熘，如"肉炒角瓜""醋熘角瓜"等。或作为荤素菜肴的配料及制汤、作馅。

图 3-2-59　西葫芦

4. 南瓜（图 3-2-60、3-2-61、3-2-62）

别名、产地、产季 南瓜又称中国南瓜、番瓜、倭瓜、窝瓜、饭瓜等。全国各地均有栽种。春季、夏季上市。

外形、种类及品质特点 南瓜呈长筒形、圆球形、扁球形、狭颈形等。按形状分为圆南瓜和长南瓜两个变种；根据南瓜的成熟度又可分为嫩南瓜和老南瓜。嫩南瓜皮薄鲜嫩，清香微甜；老南瓜皮厚色横，醇香甘甜。近年来又有新的不同皮色的南瓜新品种出现，如彩色南瓜。

品质鉴别 以形状端正，肉厚体大，肉质结实，无外伤者为佳。

　　图 3-2-60　嫩南瓜　　　　　　　图 3-2-61　老南瓜　　　　　　　图 3-2-62　彩色南瓜

烹饪运用 嫩南瓜通常炒食或酿馅，如"酿南瓜""醋熘南瓜丝"等。老南瓜质沙味甜，是菜粮相兼的传统食物，适宜烧、焖、蒸或作主食、小吃、馅心等，代表菜点如"铁扒南瓜""南瓜蒸肉""南瓜饼"等。南瓜也是雕刻大型作品如龙、凤、寿星等的常用原料。

> **知识拓展：贝贝南瓜**

贝贝南瓜于 1998 年在日本育成，后被引入中国，因其个头小巧可爱，吃起来口感佳，有南瓜的甜香，又有板栗的粉糯，这几年已经成为"网红南瓜"。

贝贝南瓜茎、枝稍粗壮，植株长势较强，易产生侧枝，连续开花结果能力强，开花后 38～40 天即可收获。贝贝南瓜早熟、耐寒、坐果率高、抗性强、栽培管理简单，且后期不易早衰，收获期长，产量高，单棵植株可以收获 10 个以上；所以贝贝南瓜能够给种植户带来较大的经济收益。

图 3-2-63　贝贝南瓜

贝贝南瓜淀粉含量高，饱腹感十足，热量较米饭更低。此外，贝贝南瓜还含有丰富的维生素 C、维生素 B$_6$、矿物质和胡萝卜素，其中胡萝卜素是普通南瓜的 3 倍以上。贝贝南瓜还含有丰富的果胶且其中果胶有很好的吸附性，能黏结和消除体内细菌毒素和其他有害物质。

5. 丝瓜（图 3-2-64）

别名、产地、产季　丝瓜又称天罗、绵瓜、天络丝、絮瓜、布瓜、天络瓜等，全国各地均有栽种，夏季、秋季为盛产期。

外形、种类及品质特点　丝瓜分为普通丝瓜和棱角丝瓜两大类。普通丝瓜呈细长圆筒形，有密绒毛，表面粗糙，无棱，有纵向浅槽，肉厚质柔软。棱角丝瓜呈短棒形，无绒毛，有棱角，表面硬，瓜肉稍脆。

图 3-2-64　棱角丝瓜

品质鉴别　以瓜条粗细均匀，皮色翠绿，味清鲜微甜的丝瓜为最佳。

烹饪运用　适于炒、烧、扒、烩，或作菜肴配料，最宜做汤。

6. 苦瓜（图 3-2-65）

别名、产地、产季　苦瓜又称凉瓜、红姑娘、癞瓜等，我国以广东、广西等地栽培较多，夏季大量上市。

外形、种类及品质特点　苦瓜以味得名，苦字不好听，粤人又唤作凉瓜。苦瓜呈纺锤形或圆筒形，表面有许多不规则凸起的瘤状物，嫩果绿白色或白色。苦瓜依外形可分为短圆锥形、长圆锥形和长条形三类。苦瓜果肉有苦味，但清香可口，但有特殊风味。

图 3-2-65　苦瓜

品质鉴别　以瓜条粗细均匀，果面瘤状凸起，色青绿，子瓤少而小的嫩瓜为最佳。

烹饪运用及注意事项　常用拌、炒、烧等烹调方法，如"凉瓜炒田鸡""凉瓜排骨"等。烹调时若嫌其苦，可提前多浸泡一会，或用盐稍腌，苦味即可减轻。

7. 瓠瓜（图 3-2-66、3-2-67）

别名、产地、产季　瓠瓜又称葫芦、瓠子等，原产于印度和非洲，现我国各地均有栽培。夏季、秋季为盛产期。

图 3-2-66　瓠瓜（一）　　　图 3-2-67　瓠瓜（二）

外形、种类及品质特点　瓠瓜的果实呈长圆筒形或腰鼓形；皮色绿白，且幼嫩时密生白色绒毛，其后渐消失。按果形分为四个变种，即瓠子、大葫芦瓜、长颈葫芦和细腰葫芦。瓠瓜的果肉白色，厚实，松软。

品质鉴别　以果皮淡绿，肉质厚嫩，呈白色者为佳。

烹饪运用及注意事项 瓠瓜可单独或配荤素料炒、烧、烩、瓤，且最宜做汤。但有的瓠瓜有苦味，是因为含有过量的葫芦甙等有毒物质，食后易呕吐、腹泻，应注意选用。

（九）豆类蔬菜

1. 四季豆（图 3-2-68）

别名、产地、产季 四季豆又称菜豆、豆角、芸豆、梅豆等，全国各地均有栽种，夏至到立秋为四季豆的上市季节。

微课：四季豆

图 3-2-68 四季豆

外形、品质特点 四季豆豆荚呈弓形、马刀形或圆柱形。大多为绿色，亦有黄、紫色或具斑纹。四季豆质地脆嫩，味鲜清香。

品质鉴别 以新鲜肥厚，折之易断，色泽鲜艳，无虫蛀，无斑点者为佳。

烹饪运用及注意事项 烹调中四季豆既可作主料，也可作配料。是老百姓餐桌上十分常见的蔬菜之一，以烧、炒、煮、炖、焖等吃法较多，如"炒菜豆""菜豆焖肉""烧豆角"等。生的四季豆不能食用。因为生的四季豆含有皂素，食后会引起中毒的现象。

2. 豇豆（图 3-2-69）

别名、产地、产季 豇豆又称腰豆、豆角、长角豆、长豇豆、长豆、浆豆、带豆、浆豆等。全国各地均有栽种，夏季上市。

外形、种类及品质特点 为长圆条形，呈墨绿色、青绿色、浅青白色或紫红色。长豇豆依据其荚果的颜色可分为青荚、白荚、红荚三种类型，长豇豆肉质肥厚脆嫩。

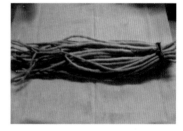
图 3-2-69 豇豆

品质鉴别 豆荚肥大，浅绿或绿白色，无虫害，根条均匀者为佳。

烹饪运用 豇豆荤素搭配皆宜，以酱烧、烧肉为主，也可拌食、炒食；还可以干制、腌制。代表菜式如"蒜泥豇豆""姜汁豇豆""烂肉豇豆""干豇豆烧肉"等。

3. 扁豆（图 3-2-70）

别名、产地、产季 扁豆又称鹊豆、峨眉豆等，我国南方栽种较多，一般为秋季收获。

外形、品质特点 扁豆外形微弯扁平，宽而短，倒卵状长椭圆形，呈淡绿、红或紫色，每荚有种子 3～5 粒。扁豆肉厚，质脆嫩。

品质鉴别 以色泽浅白色，豆荚肥厚，折之易断，豆筋少，无虫蛀者为佳。

烹饪运用及注意事项 烹饪中常炒、烧、焖、煮成菜，如"酱烧扁豆""扁豆烧肉""扁豆烧百页"等；也可作馅，或腌渍和干制，干制后的豆荚烧肉，风味独特。因嫩豆荚含有毒蛋白、菜豆凝集素及可引发溶血症的皂素，所以需长时加热后方可食用。

图 3-2-70 扁豆

4. 蚕豆（图 3-2-71）

别名、产地、产季　蚕豆又称胡豆、马齿豆等，长江各省及西北高寒地带栽种，春季上市。

图 3-2-71　蚕豆

外形、种类及品质特点　蚕豆嫩时翠绿色，稍老时为黄绿色。依豆粒的大小可分为大粒种、中粒种和小粒种。大粒种壳薄粒大，入口香糯，品质极佳，多为蔬食或粮用。肉质柔糯，鲜美微甜。

品质鉴别　以色绿，颗粒肥大饱满，无虫蛀，无损伤者为佳。

烹饪运用　主适于烧、烩、炒、拌、熘等制作方法，如"蚕豆虾仁""蚕豆泥""蚕豆春笋""蛋黄蚕豆""火腿蚕豆"等。

5. 四棱豆（图 3-2-72）

别名、产地、产季　四棱豆别名扬桃豆、翼豆、翅豆、四角豆、皇帝豆、香龙豆、去宵豆等。原产于热带非洲和东南亚，素有"热带大豆"之称。我国主要产地在云南、广西、广东、海南等省。具有 1 次种植多年收获的特点，春季播种 3 个月可收获。干豆在开花后 45 天成熟，其嫩叶和花随时采收，块根在秋季拉秧时收获。

图 3-2-72　四棱豆

外形、种类及品质特点　四棱豆球状，有光泽。种子分白色、黄褐色、黄白色、黑色等。四棱豆全株都是宝，既是营养丰富的蔬菜，也是一种蛋白质粮食新资源。其嫩荚、鲜豆、嫩叶和花也有很高的营养价值。但四棱豆种子含硫氨基酸，影响其蛋白质价值，同时种子又含植物性血凝集素和胰朊酶抑制剂，故必须煮过方可食用。有人称四棱豆为 21 世纪健康食品、奇迹植物。

品质鉴别　以粒大，颗粒饱满者为佳。

烹饪运用　四棱豆的嫩荚和嫩叶用作蔬菜，地下块根用作粮食。四棱豆既可炒食，也可热水焯透后凉拌。四棱豆含有毒物质，所以不宜生食，以免中毒。

（十）茄果类蔬菜

1. 辣椒（图 3-2-73、3-2-74、3-2-75、3-2-76、3-2-77、3-2-78）

别名、产地、产季　辣椒又称大椒、番椒、香椒、辣子等。全国各地都有栽种，四川、湖南等地最为普遍，夏秋季大量上市。

图 3-2-73　长角椒

图 3-2-74　簇生椒

图 3-2-75　黄彩椒

图 3-2-76　青椒

图 3-2-77　紫彩椒

图 3-2-78　红彩椒

微课：辣椒

外形、种类及品质特点　辣椒呈卵圆形，茄果未熟为绿色，成熟后为红色或黄色。辣椒按果形可分为：樱桃椒类、圆锥椒类、簇生椒类、长角椒类、灯笼椒类等；根据辣味的有无，通常将蔬食的辣椒分为辣椒和甜椒两大类。甜椒果形较大，色红、绿、紫、黄、橙黄等，果肉厚，味略甜，无辣味或略带辣味。甜椒按果型大小可分为大甜椒、大柿子椒和小圆椒三种，辣椒果形较小，常为绿色，偶见红色、黄色，果肉较薄，味辛辣。红椒的色素成分是胡萝卜素和辣椒红素，辣椒中的辣椒碱等成分是辣味的主要来源。辣椒含有丰富的维生素 C，并含有糖、蛋白质、钙、磷、辣椒碱、辣椒红素等物质，味辛、热性，具有增食健胃、帮助消化等的作用。

品质鉴别　以肉厚，体完整，无外伤，无虫蛀者为佳。

烹饪运用　烹饪中辣椒的嫩果可酿、拌、泡、炒、煎或调味、制酱等，代表菜式如"酿青椒""虎皮青椒""青椒肉丝"等。

知识拓展：各地特色辣椒

大方辣椒：贵州省大方县产的辣椒。该县盛产辣椒，农户每家必种，品种有泡通椒和皱椒两种。泡通椒个体肥大，肉厚，辣味较低，鲜辣椒略带甜味。皱椒又名鸡爪辣、线辣，是大方县传统特产，其中又以大方鸡场乡的鸡爪辣最为出名。鸡场乡大部分的土壤、土质非常适合皱椒生产，而且农户有种植习惯和长期积累的经验，鸡爪辣维生素 C 含量高，颜色鲜红，体长多皱，肉质厚实，具有香味浓、辣味适度的优点，是佐餐调味的佳品，贵阳老干妈品牌辣椒系列选用的就是大方鸡爪辣。历来深受东南亚各国欢迎，在国际市场上颇具竞争力。

余干枫树辣：当地又称丰收辣、余干小辣椒，是江西余干县的地方名优特产，由于余干县洪家嘴乡双港村枫树自然村所产的辣椒品质最好，最为有名，因而得名"枫树辣"。该村自然条件独特，土壤含沙量达 70%，土层深厚疏松肥沃，非常适合辣椒生长。余干辣椒有 600 多年的种植历史，曾经是"朝中贡品"，为人们盘中的珍品。余干辣椒果实较小，皮薄，肉质细嫩，口感鲜、香，辣味适中，吃后略带甜味，炒食。

甘谷辣椒："秋到甘谷沟，满地辣椒油"。这句话说的是甘谷辣椒收获时的景象。甘谷被称做"辣椒之乡"，这里盛产辣椒尤其是线辣椒更是久负盛名。甘谷出产的线辣椒形似牛角，长约 18～20 厘米，直径 1 厘米左右。这里出产的辣椒以"色红，角长，质肥肉厚，油多，芳香浓郁，辣度适中，美味可口"而雄踞同类产品之首。甘谷辣椒是对本地区出产的辣椒统称。而甘谷辣椒是由采摘果角加工而成的，内含营养保健成分，并在加工过程中最大限度地予以保留。

陵水黄灯笼辣椒：又名黄帝椒、黄辣椒、中国辣椒，是茄科茄亚族辣椒属的植物，是辣椒的 5 个栽培种之一，原产于古巴、巴西、秘鲁、玻利维亚、巴拉圭等国，由于在中国海南省栽培品种颜色为金黄色而得名。黄灯笼椒富含辣椒素类物质，辣度高，一般不作为鲜食，在海南省主要做成黄灯笼辣椒酱。黄灯笼椒主要是在海南省的文昌、琼海、万宁、陵水等地方大面积栽培。

"二荆条"辣椒：四川辣椒品种繁多，成都及周围各县培育的"二荆条"辣椒，以油亮鲜红、香辣回甜等优点居全省之冠。全县山区和平坝均种植海椒。其中牧马山所产二荆条海椒最为有名。它色泽红亮、椒角细长，椒尖有"j"形弯钩，香味与辣味俱佳，干椒远销海外。四川历来是全国辣椒的主要产区之一。这种辣椒采用温床育苗，晒干后鲜红发亮，久不变色，已成为正宗川菜，各种名小吃和四川榨菜用以增香、添色、调味的必备辅料。

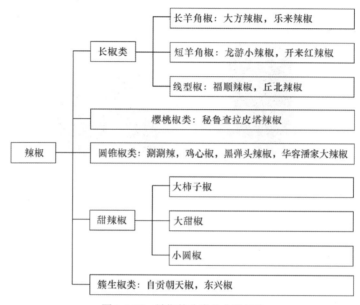

图 3-2-79　辣椒的分类及典型品种

2. 番茄（图 3-2-80、3-2-81、3-2-82）

别名、产地、产季　番茄又称西红柿、洋柿子、洋茄子等，全国各地都有栽种，夏秋季大量上市。

图 3-2-80　番茄

图 3-2-81　彩色番茄

图 3-2-82　樱桃番茄

外形、种类及品质特点　番茄外形呈圆、扁圆或樱桃形，颜色有红、粉红、黄三种。品种繁多，大小差异较大。番茄表面平滑，肉质多汁，味酸甜兼具。

品质鉴别　以果形端正，无裂口、无虫咬，色泽鲜艳、柔软多汁、甜酸适度者为佳。

烹饪运用及注意事项　适于拌、炒、烩、酿、氽汤，还可制番茄酱。代表菜式如"酿番茄"

"番茄烩鸭腰""番茄鱼片""番茄炒蛋"等。番茄烹调时不要久煮，烧煮时稍加些醋，就能破坏其中的有害物质番茄碱。吃西红柿的时候，最好不要去皮，因为西红柿的皮中也含有维生素、矿物质和膳食纤维。此外，生吃西红柿时要注意洗净。

3．茄子（图 3-2-83、3-2-84）

别名、产地、产季　茄子又称茄瓜、落苏等，全国各地都有栽种，是夏秋季的主要蔬菜。

外形、种类及品质特点　茄子形状较多，有球形、扁球形、长条形、长卵形等，色泽有黑紫、紫、绿白或绿白色，果皮蜡质。由于品种较多，性质略有不同，但一般果肉都为白色，质地软嫩。

图 3-2-83　茄子（一）　　　　图 3-2-84　茄子（二）

品质鉴别　以果形端正，有光泽，无裂口，皮薄子少，肉厚细嫩者为佳。

烹饪运用及注意事项　常用以红烧、油焖、蒸、烩、炸、拌，或腌渍、干制。茄子适用于多种调味，并常配以大蒜烹制，代表菜式如"鱼香茄子""软炸茄饼""酱烧茄条""琉璃茄子"等。用茄子制作菜肴以熟烂为好，并且喜重油。

（十一）食用菌类

食用菌藻类指那些可供食用的真菌、藻类和地衣类等。除少数鲜品外，烹饪中实际使用的常常是这些原料的干制品。因此本项目的学习任务主要是既认识食用菌藻类的鲜品，同时也认识它们的干制品。菌藻类干制品使用前经水发，洗净泥沙后即可烹制食用，其品质与鲜品一样。

菌藻类原料含有丰富的蛋白质、脂肪、菌糖、多种维生素、生物活性物质，以及铁、钾、钙、磷等多种矿物质，是一类高蛋白、低脂肪的食物，被誉为 21 世纪的绿色保健食品。

食用菌藻类原料的鲜品以低温及气调方法为主储存保鲜；食用菌藻类原料的干制品通常是将原料放于通风、阴凉、干燥处进行储存保鲜，并注意虫蛀。

食用菌类是指以大型真菌的子实体作为食用部位的原料，通称食用菌菇。子实体常为伞状，包括菌盖、菌柄两个基本组成部分，有些种类尚有菌膜、菌环等。

1．香菇（图 3-2-85）

别名、产地、产季　香菇又称香菌、冬菇、香信、香蕈等。是世界著名的四大栽培食用菌（香菇、平菇、蘑菇、草菇）之一，有"蘑菇皇后"之美誉；也是素菜中重要的"三菇"之一（香菇、蘑菇、草菇）。我国的香菇主要分布在安徽、江苏、上海、浙江、江西、湖南、福建、台湾、广东、广西、云南、贵州、四

图 3-2-85　鲜香菇

微课：香菇

川等地，人工栽培几乎遍及全国。春季、秋季、冬季都有上市。

外形、种类及品质特点　香菇子实体伞形；菌盖半肉质；菌肉白色，较厚，表面浅褐色或棕褐色，有的着生絮状鳞片；菌杆纤维质。香菇按外形和质量可分为花菇、厚菇、薄菇、菇丁四类，花菇质量最好。按成长季节分为春菇、秋菇和冬菇三类。冬菇质量最好。香菇质地肥大，嫩滑可口，味道特别鲜美。花菇的菇盖有菊花瓣形状的白色微黄的裂纹，边缘内卷、肥厚，菌柄短，菌褶色白干净，质鲜嫩，香气足。厚菇的菌盖比花菇大，背部隆起，边缘下卷，菌盖呈紫褐色，菌褶密，色白微黄，香气浓。薄菇的肉质较老，大小不匀，边缘不内卷，菌褶粗疏，色较深。菌盖直径小于 2.5 厘米的小香菇。香菇有鲜品与干货制品之分，干香菇味醇厚香美，比鲜品好。

品质鉴别　以香味浓，肉厚实，面平滑，大小均匀，菌褶紧密细白，柄短而粗壮，干香菇面有白霜者为最佳。

烹饪运用　香菇可作主料，也可作配料。可炒、炖、煮、烧、拌、作汤、制馅及拼制冷盘，并常用于配色。代表菜式如"香菇炖鸡""葱油香菇""香菇菜心"等。

图 3-2-86　平菇

2. 平菇（图 3-2-86）

别名、产地、产季　平菇又称侧耳、糙皮侧耳、鲍菇、蚝菌、冻菌、北风菌等，全国各地均有栽培，夏季、秋季采收。

外形、种类及品质特点　平菇菌盖呈贝壳形，近半圆形至长形；菌肉白色；菌柄侧生。种类较多，常见品种有糙皮侧耳、美味侧耳、环柄侧耳、榆皇蘑、凤尾菇、鲍鱼菇等，以鲍鱼菇质量为最佳。平菇肉厚肥大，质地鲜滑，滋味鲜美。

品质鉴别　以色白、肉厚、质嫩，菌盖肥厚，形态完整者为佳。

烹饪运用　可采用炒、炖、蒸、拌、烧、煮等方法成菜、制汤。代表菜式如"平菇炒菜心""凉拌北风菌""椒盐平菇"等。

图 3-2-87　金针菇

3. 金针菇（图 3-2-87）

别名、产地、产季　金针菇又称金菇、朴菇、构菌、毛柄金钱菌等，全国各地均有栽培。夏季上市。

外形、品质特点　金针菇子实体状似金针菜，菌盖小巧细腻，黄褐色或淡黄色，菌柄形如金针。金针菇滋味鲜甜，质地脆嫩黏滑，有特殊清香。

品质鉴别　以菌柄根条粗细均匀，干净整齐，菌盖小而巧，色黄褐或淡黄者为佳。

烹饪运用　可凉拌、炒、扒、炖、煮汤及制馅等，代表菜式如"金针菇炒腰花""金针菇扒鸡肫"等。

4. 蘑菇（图 3-2-88）

别名、产地、产季　蘑菇又称洋蘑菇、白蘑菇、二孢蘑菇等，全国各地均有栽培，多在冬季、春季上市。

外形、种类及品质特点　蘑菇的菌盖为扁半球形，较平展，颜色为白色或淡黄色，菌褶幼小时紫色，后变褐色。菌柄与菌盖同色，为近圆柱形有菌环。蘑菇品种繁多，常见的有双环蘑菇、双孢蘑菇、四孢蘑菇。蘑菇质地致密，鲜嫩可口。

图 3-2-88　蘑菇

品质鉴别 以菇形完整、菌伞不开、肥厚结实、质地干爽、有特殊的清香味者为佳品。

烹饪运用 多适于凉拌、炒、烧、氽汤；或作菜肴配料及面点的臊子、馅心用料等。代表菜式如"蘑菇烧鸡""软炸蘑菇""香油蘑菇""蘑菇小包"等。

5. 草菇（图 3-2-89）

别名、产地、产季 草菇又称苞脚菇、兰花菇等。我国以广东、广西、湖南、福建、江西等地栽种较多，夏季较多出产。

外形及品质特点 草菇菌盖鼠灰色，中部深，周围浅，边缘灰白色。菌盖钟形，菌肉白色，菌褶红色，菌柄白色，近圆柱形，基部有菌托，呈环状态。草菇肉质滑爽，味鲜美，带甜味，香气浓郁。

图 3-2-89 草菇

品质鉴别 以个大均匀，质嫩肉厚，菌伞未开，清香无异味者为佳。

烹饪运用及注意事项 可炒、炸、烧、炖、煮、蒸或作汤料，也可干制、盐渍或罐藏。代表菜式如"草菇蒸鸡""面筋扒草菇""鼎湖上素"均为名菜。由于草菇在低温条件下易出现黄褐色黏液，并很快变质，所以不宜冷藏。

6. 口蘑（图 3-2-90）

别名、产地、产季 口蘑又称白蘑、虎皮香蕈等。口蘑是若干生长在草原上的食用菌的统称，旧时以河北张家口为其集散地，故称"口蘑"。主要产于内蒙古和河北西部，野生口蘑一般秋季采摘。

外形、种类及品质特点 口蘑外形菌盖扁圆，色白，边缘稍向内卷，菌肉白色或淡黄色，菌柄杆状。口蘑品种较多，常分为白蘑、青蘑、黑蘑和杂蘑四大类。以白蘑质量为佳。口蘑肉质厚实而细腻，香味浓郁，以味鲜美而著称。

图 3-2-90 口蘑

品质鉴别 以个体均匀，体轻、肉厚，菌盖伞状，边缘完整紧卷，菌柄短壮，干燥坚实，香味浓者为上品。

烹饪运用 口蘑适宜于多种烹调方法，作汤尤为醇香浓郁。代表菜式如"口蘑汤""口蘑鸭子""口蘑锅巴"等。

7. 猴头菌（图 3-2-91、3-2-92）

别名、产地、产季 猴头菌又称猴头菇、猴头、猴菇、阴阳菇、刺猬菌等。我国大多数省份均产，以东北大、小兴安岭所产最著名。每年 7～8 月份为收摘旺季。

图 3-2-91 鲜猴头菌

图 3-2-92 干猴头菌

外形、品质特点 猴头菌因其子实体形似猴头，故名。子实体肉质，块状，除基部外，均密生肉质、针状的刺，整体形似猴头。肉质柔软，嫩滑鲜美，微带酸味，柄蒂部略带苦味。

品质鉴别　以菌身体大，绒刺紧密，黄白色，完整者为佳。

烹饪运用　可作为主料，也可作配料。适宜于烧、扒、烩等烹调方法，如"白扒猴头蘑""砂锅凤脯猴头"等。

8．木耳（图 3-2-93、3-2-94）

别名、产地、产季　木耳又称黑木耳、黑菜、云耳等。全国各地均产，以四川和贵州产的最为有名。木耳产季较长，3～5 月为春耳，6～8 月为伏耳，9～10 月为秋耳。

图 3-2-93　鲜木耳　　　　　　图 3-2-94　干木耳　　　　　　　微课：木耳

外形、种类及品质特点　木耳有"素中之荤"之美誉，在世界上被称之为"中餐中的黑色瑰宝"。木耳子实体耳状或杯形，渐成叶状，胶质半透明，干燥后深褐色至近黑色。常见的品种有细木耳和粗木耳两类。细木耳的耳瓣薄、体质轻、质地细腻、入口鲜糯，质优，成菜甜、咸均可；粗木耳即毛木耳，朵大而厚、质粗体重、入口脆硬，品质较差，一般用于咸味菜肴。

品质鉴别　市场上以干制品为多。一般以朵面乌黑，背面略呈灰白色，朵面均匀，肉厚，整形不碎，无杂质，无泥沙者为佳品。

烹饪运用及注意事项　木耳既可作主料，也可作配料。可与多种原料搭配，适于炒、烩、拌、炖、烧等，并常用来作菜肴的装饰料。鲜木耳含有毒素不可食用，黑木耳有抗凝的作用，有出血性疾病的人不宜食用，孕妇不宜多吃。

9．银耳（图 3-2-95、3-2-96）

别名、产地、产季　银耳又称白木耳、雪耳等。野生的主要产于四川、福建、贵州、湖北等山林地区。以福建所产的"漳州银耳"最负盛名。每年 4～9 月采收，8～9 月为盛产期。

图 3-2-95　鲜银耳　　　　　　图 3-2-96　干银耳

外形及品质特点　银耳子实体由许多瓣片组成，状似菊花或鸡冠，白色、胶质、半透明，多皱褶。有"菌中之冠"的美称。质硬而脆，煮后胶质浓厚，润滑可口。

品质鉴别 以色泽白，略有淡黄，有光泽，肥厚，朵形整，无脚耳，底板小，无碎渣，无杂质，胶质重者为佳。

烹饪运用及注意事项 烹饪中银耳常与冰糖、枸杞等共煮后作滋补饮料；也可采用炒、熘等方法与鸡、鸭、虾仁等配制成佳肴。代表菜式如"珍珠银耳""雪塔银耳""银耳虾仁"等。银耳霉变后含有毒素，不可食用。

10. 竹荪（图3-2-97、3-2-98）

别名、产地、产季 竹荪又称竹笙、网纱菌、僧笠蕈、长裙竹荪等。分布范围很广，黑龙江、吉林、河北、陕西、江苏、浙江、安徽、湖南、湖北、江西、福建、四川、云南、贵州、西藏、广东、广西及台湾等省区都有采集到竹荪的报道，但各地的竹荪品种不完全相同，其中以西南各省分布较广，食用品种质量也较优，夏季出产。

图3-2-97 鲜竹荪　　　　　　　　图3-2-98 干竹荪

外形、种类及品质特点 竹荪子实体幼时呈卵球形，成熟时包被开裂，伸出笔状菌体，顶部有具显著网格的钟状菌盖，菌盖上有微臭、暗绿色的产孢体；菌盖下有白色网状菌幕，下垂如裙。被人们称为"雪裙仙子""山珍之花""真菌之花""菌中皇后"。依菌裙长短，可分为长裙竹荪和短裙竹荪。竹荪肉质细腻，脆嫩爽口，味鲜美。竹荪有防止菜肴馊变的作用，可用来延长菜肴的存放时间。

品质鉴别 以色泽浅黄，体壮肉厚，长短均匀，质地细腻，无碎断，气味清香，干燥，无虫蛀者为佳。

烹饪运用及注意事项 常用烧、炒、扒、焖的方法，尤适于制清汤菜肴，并常利用其特殊的菌裙制作工艺菜。代表菜式如"推纱望月""白扒竹荪"等，黄裙竹荪有毒不可食用。

11. 鸡枞（图3-2-99）

别名、产地、产季 又称鸡土枞、蚁枞、鸡松菌、伞把菇、鸡宗、鸡松等。切片肉质酷似鸡白肉，且有鸡肉的清香，故而得名鸡枞。是西南地区的著名食用菌之一。以云南产量最大，质量最好。每年6～9月为盛产旺季。

外形、品质特点 鸡枞雨季多生于山野的白蚂蚁窝上，刚出土时菌盖呈圆锥形，色黑褐或微黄，菌褶呈白色，老熟时微黄，有独朵生，大者可达几两，也有成片生。菌盖常呈辐射状开裂，菌肉厚。鸡枞质地细嫩，气味纯香，味如鸡肉，极鲜美。

图3-2-99 鸡枞

品质鉴别 以体形大，大小均匀，色泽黄或深黄，无霉蛀者为佳。

烹饪运用 可拌、炒、浇、烩、制汤等，常用于筵席中。代表菜式如"生蒸鸡枞""红烧鸡枞"等。

12．松茸（图 3-2-100、3-2-101）

别名、产地、产季　松茸学名松口蘑，别名大花菌、松蘑、松蕈、山鸡枞、剥皮菌等。主要分布吉林、辽宁、安徽、台湾、四川、贵州、云南、西藏等地，秋季的 8 月上旬到 10 月中旬采集。

图 3-2-100　鲜松茸

图 21-101　干松茸

微课：羊肚菌

外形、品质特点　松茸菌盖初为半球形，后呈馒头形至伞状，表面覆盖有纤维状鳞片，黄褐色至栗褐色，老熟时呈黑褐色。质地肥厚致密，口感鲜嫩，甜润甘滑，香气尤为浓郁，食后满口余香，其风味和香味在食用菌中居于首位，被誉为"蘑菇之王"，无论是在我国还是在海外，均被视为食用菌中的珍品。

品质鉴别　以菌肉白色，质地细嫩，菌香浓郁，口感滑嫩，富有弹性者为佳。

烹饪运用　烹饪中可用于烧、炒、做汤；或与肉合烹；也可干制或腌渍，但风味不及鲜品。此外，还可制取菌油，用于菜肴的增香。

13．茶树菇（图 3-2-102、3-2-103）

别名、产地、产季　茶树菇又名柱状田头菇、杨树菇、茶薪菇、柱状环锈伞、柳松茸等。为江西广昌境内的高山密林地区茶树蔸部生长的一种野生蕈菌。生长季节主要集中在春夏之交及中秋前后。

图 3-2-102　鲜茶树菇

图 3-2-103　干茶树菇

微课：杏鲍菇

外形及品质特点　茶树菇菌盖褐色，边缘较淡。菌肉白色、肥厚。菌褶与菌柄成直生或不明显隔生，浅褐色。菌柄中实，淡黄褐色。菌环白色。孢子卵形至椭圆形。茶树菇味美，盖嫩柄脆，味纯清香，口感极佳，民间称之为"神菇""菇中之王"。

品质鉴别　茶树菇的粗细、大小一致，柄质脆嫩，气味清香者为佳。

烹饪运用　可作荤素菜肴的配料。

微课：牛肝菌

知识拓展：世界三大珍肴之——松露

松露也称块菌、土茯苓（四川）、猪拱菌（云南），是一类只能与松树、橡树等乔木共生的外生菌根真菌，属于子囊菌门、块菌科、块菌属的真菌种类。和其他菌菇不同，松露始终藏身地下，它们散发的气味吸引松鼠、兔子和鹿等动物觅食，于是孢子就随动物的粪便散布四方。因此至今人们仍然训练犬、猪，靠它们帮忙采集松露，或找出"松露苍蝇"出没之处，这种昆虫在松露生长地带的上空盘旋，把卵产在地面，幼虫就可以向下钻穴，吃地下的真菌。松露对生长环境的要求极其苛刻，加上其具有的独特香味，造成了它的珍贵、备受欢迎。

（1）种类特征　全球范围内报道的块菌属已超过 200 种，且多分布于意大利、法国、西班牙等欧洲地区，产自我国的块菌属有 25 种左右。云南、四川等地是国内块菌的主要产地，攀枝花市有"中国块菌之乡"称号。具有很高的商业价值的只是少数几种，如黑孢块菌、白块菌、夏块菌等。

松露多在乔木树的根部着丝生长，散布于树底 120～150 厘米方圆，块状主体藏于地下 5～40 厘米。典型松露是布满疙瘩的致密团块，尺寸从胡桃到拳头或更大都有，呈球形、椭圆形、棕色或褐色。幼时内部初为白色，质地均匀，成熟后变成深黑色，经切片便露出内部构造：细致脉理网络在长孢子的细胞团块之间交错，类似大理石状纹理，并散发出森林般潮湿气味，带有干果香气。它不像一般的菌菇柔软多汁，反而质地较坚硬。松露偏好碱性土壤，高品质的松露主要出产于石灰质地形区内。

白松露　　　　　　　　　　　黑松露

图 3-2-104　松露

（2）烹饪应用　松露因为价格高，而且味道浓烈，西餐常只用一点点作配料，便会使整道菜浓香四溢。在法国和意大利，松露经常是不经过烹调就食用的，为的就是保留其独特的香味。

黑松露、白松露风味迥异。法国佩里戈尔的黑松露被认为是最香的，而意大利的白松露被认为是香气最好的，夏块菌的香味比黑松露和白松露稍逊一筹。白松露一般是削成纸张般的薄片上桌生食，或磨碎后撒在意大利面或煎蛋上。白松露容易变味，所以最好在享用前片刻再加工。黑松露的风味比较细致，混有十几种醇和醛类的味道，还有些二甲基硫。一般认为黑松露经文火烹煮可以提味，可以切成薄片加在肉里一同烤制，或用来烤鹅肝。有些奶酪中也可以添加松露，还可用来做松露盐或松露蜂蜜。过去松露要去皮，现在多采用研磨避免浪费。

（3）营养价值　研究数据显示，松露子实体中含有丰富的蛋白质、氨基酸、碳水化合物、麦角固醇、甾醇等营养物质和芳香成分。与其他食用菌相比，松露的蛋白质含量普遍较高，可谓素中之荤。同时含有 Si、K、Na、Ca、Mg、Mn、Fe、P、S、Cu 和 Zn 等多种矿质元素。铁、锌含量是一般水果的 8～10 倍。此外，块菌还含有抗衰老的微量元素硒。

松露除了具有优良的营养价值、独特的香气和风味，还含有甾醇、鞘脂、脂肪酸、雄性酮等生物活性成分，从而具有增强免疫力、抗氧化、抗病毒、抑菌、保肝、抗突变和消炎等功效。

（5）贮藏保鲜　新鲜松露非常容易变质，储藏时会释放出香气。最好置于密封容器4℃冷藏保存，里面放些吸水材料（通常是米粒），不使表面沾染湿气，以防微生物入侵导致腐败。这种保藏方法能够有效地减少由微生物引起的和内源的腐败变质，同时最大限度地保持松露的香气、营养和生物活性。

（十二）食用藻类原料

藻类原料是一类含有叶绿素和其他辅助色素、能进行光合作用的单细胞、群体细胞或多细胞组成的无根、茎、叶的分化，构造简单的低等自养植物。在藻类植物中，具有食用价值的有发菜、海带、紫菜等。除了出产地有鲜品外，烹饪中使用的食用藻类大多为干制品。通常将这些原料置于通风、阴凉处进行储存保鲜。

1. 葛仙米（图3-2-105）

别名、产地、产季　葛仙米又称地皮菜、地耳、地木耳、地软等。湖北省恩施州鹤峰县走马镇是世界上最大的葛仙米产区，同时在贵州、四川、陕西、广西（北流）、广东（仁化）、湖北（房县）、江西（井冈山）、山东（烟台）以及浙江（千岛湖）等地均有发现。夏秋雨后采收，洗净，晒干。

外形及品质特点　葛仙米附生于水中的砂石间或阴湿泥土上。藻体为由无数藻丝互相缠绕、外包胶鞘的大型球形或不规则状群体。鲜品为蓝绿色；洗净晒干后呈亚圆球形，大的似黄豆，小的似赤豆，墨绿色。味似黑木耳，滑而柔嫩。

图 3-2-105　葛仙米

烹饪运用　食用时用水浸泡回软，除去基部杂质后，即可用来制汤、甜羹或馅心。代表菜点如"地软包子""醪糟醅烩葛仙米"等。

知识拓展：国家一级重点保护野生植物——发菜（图 3-2-106）

发菜是高原特有的野生陆地藻类生物，生长于海拔 1000～2800 米干旱和半干旱土地贫瘠地区，主要分布在中国北方草原地带，主产地有甘肃、内蒙古、青海、宁夏、河北等。因其形似人的头发，纤细如发丝，俗称头发菜。

采挖发菜对环境的破坏极大，经调查计算，每采集 2 两重的发菜，会破坏相当于 16 个足球场面积的草原，使这片草原至少 10 年寸草不生。采挖者所到之处一片狼藉，大片固沙植被被连根拔起、焚烧，用于做饭取暖，居住地方圆几百米光秃秃一片，造成大面积草原水土流失，原本十分脆弱的生态环境进一步恶化，加速了草原沙化和一些珍稀物种的灭绝。

《国务院关于禁止采集和销售发菜制止滥挖甘草和麻黄草有关问题的通知》规定：坚决禁止采集发菜，彻底取缔发菜及其制品的收购、加工、销售和出口。

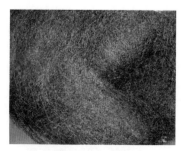

图 3-2-106　发菜

2．海带（图 3-2-107）

别名、产地、产季　海带又称江白菜，产地为我国北部及东南沿海。一般在夏季采收。

外形及品质特点　藻体扁平呈带状，深绿色或褐色，长2～4m，基部有叉状分枝的固着器，其上为一圆柱状短柄。质地滑爽，味鲜，营养丰富。

品质鉴别　以体大、尖端及边缘无白烂及其他附着物为好。

图 3-2-107　海带

烹饪运用及注意事项　海带干、鲜均可食，适于炒、烧、拌、烩、氽汤、炖、煮等。代表菜式如"扒海带""海带冬瓜汤""海带烧牛肉"等。食用前注意海带制品表面的白色粉末。为析出的甘露醇，碘含量亦以表层为多，故食前不宜用大量入水久浸，以免损失营养成分，且不易煮烂。宜干蒸半小时，再用五倍量的清水浸泡回软，即可恢复原有的爽脆感。

3．紫菜（图 3-2-108）

别名、产地、产季　紫菜又称紫英、子菜、膜菜、荤菜、乌菜等。山东、福建、浙江、广东沿海为主要产区，每年 12 月上旬开始到翌年 5 月份止为采收期。

外形、种类及品质特点　紫菜藻体呈膜状，紫褐、紫红、黄褐或褐绿色，由单层或双层细胞组成，形状因种类而定，圆形或长形。通常加工成片状、卷筒状、饼状等干品。紫菜有特殊气味的芳香，入口柔嫩易化。

品质鉴别　以表面有光泽，紫色或紫褐色，片薄而均匀，质嫩体轻，有紫菜特殊香气，无泥沙杂质者为佳。

图 3-2-108　紫菜

烹饪运用　紫菜干鲜均可入烹，多用于制汤，如"紫菜虾皮汤"；或制作凉拌菜、用于冷菜的配色，并可作为包卷料使用。

4．石花菜（图 3-2-109）

别名、产地、产季　石花菜又称牛毛菜、冻菜、海冻菜、红丝、凤尾、琼枝等。北起辽东半岛南至台湾沿岸都有分布。主要分布在山东半岛及台湾省等地。一年四季均产。

外形及品质特点　石花菜是红藻的一种。藻体直立丛生，多分枝，基部以假根状固着器固着。主枝圆柱形或扁压，两侧伸出羽状或不规划分枝，分枝上再生短侧枝，通体透明，犹如胶冻，口感爽利脆嫩。

图 3-2-109　石花菜

烹饪运用及注意事项　烹制时多用干品。食用前以冷水浸软后，用热水稍烫即可凉拌，切不可长时加热；亦可煮成溶胶后，加果肉、果汁等配料，冷却后成甜冻，是夏季优良清凉食品；并且是工业上提取琼脂的主要原料。

5．江蓠（图 3-2-110）

别名、产地、产季　江蓠北方沿海多称为龙须菜，福建称海面线、棕仔须，广东称粉菜、海菜、蛇菜、沙尾菜。主要产地在南海和东海，黄海较少。广东、广西从 3 月开始采收，福建沿海要推迟一个月才开始收获。

外形及品质特点　江蓠藻体呈分枝状线形圆柱体，紫褐色、绿色或黄绿色，随环境不同而异。新鲜藻体肥满多汁，干后呈软骨质。基部为盘状固着器。口感脆嫩鲜美。

图 3-2-110　江蓠

烹饪运用　江蓠可拌、炝、炒等；或用于制作胶冻食品；也是加工琼脂的主要原料。

6．昆布（图 3-2-111）

别名、产地、产季　昆布又称为鹅掌菜、黑菜、五掌菜等。山东、辽宁、浙江、福建、广东沿海均有分布。夏、秋季采收。

外形及品质特点　藻体由固着器、柄和叶片三部分构成。全体呈黑褐色或绿褐色，表面附有白霜，气腥，味咸。风味与海带相似，但质地略为粗糙。

烹饪运用　烹饪中可做凉拌菜、煮汤，或与荤料共烧。

图 3-2-111　昆布　　图 3-2-112　裙带菜

7．裙带菜（图 3-2-112）

产地、产季　裙带菜为野生，分布于山东、福建浙江、辽宁等沿海地区。食药两用，以食为主。夏季、秋季皆可采食鲜品或晒干备用。

外形及品质特点　裙带菜藻体呈黄褐色，叶片呈羽状裂片，叶片较海带薄，外形很像大破葵扇，也像裙带。裙带菜营养丰富，食用价值较高，被称为"海中蔬菜"。

烹饪运用　烹饪中的运用与海带相似，可以做汤，也可以凉拌。

（十三）食用地衣类

作为烹饪原料的食用地衣类植物并不多，常见的有石耳。

石耳（图 3-2-113）

图 3-2-113　石耳

别名、产地、产季　石耳又称石木耳、石壁花等，以江西、安徽多产，每年的 5～10 月采摘。

外形、种类及品质特点　石耳生于岩石上，地衣体单片型，体扁平，呈不规则圆形，上面褐色，近光滑，局部粗糙无光泽，或局部斑点脱落而露白色髓层；背面被黑色绒毛，具细颗粒状突起，密生黑色粗短而具分叉的假根，中央脐部青灰色至黑色，有时自脐部向四周放射的脉络明显而突出。

微课：石耳

品质鉴别　气微，味淡。以片大、完整者为佳。

烹饪运用　石耳多作配料用，如石耳炖鸡、石耳炒肉片等。

二、蔬菜制品

以新鲜的蔬菜为原料经腌制、酱制、渍制、泡制、干制等加工方法后的加工品称为蔬菜制品。蔬菜制品种类较多，有脱水制品、罐头制品、速冻制品等。烹饪中常用的蔬菜制品是腌菜类和干菜类两大类。

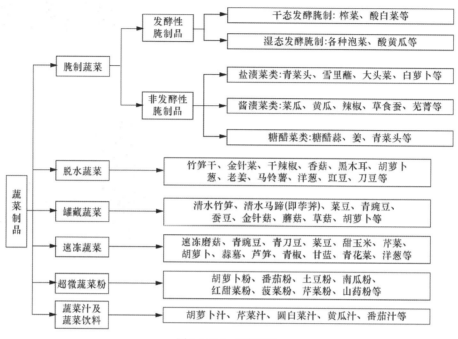

图 3-2-114　蔬菜制品

（一）腌制蔬菜

腌菜类蔬菜制品是将新鲜的蔬菜用食盐腌制或盐液浸渍后的加工品。其特点是储存性强，组织变脆，风味好。包括泡菜、榨菜、咸菜、酱菜等。

1. 四川泡菜（图 3-2-115）

别名、产地　四川泡菜又称泡菜，为四川特产。

品质特点　四川泡菜以新鲜蔬菜为原料，用川盐、干红辣椒、红糖、醪糟汁、酒和某些辛香料等经泡制发酵而制成。为四川特产之一，泡菜的特点是脆嫩鲜酸、清爽开胃。

品质鉴别　泡菜成品应清洁卫生，且有新鲜蔬菜原有的色泽，香气浓郁，组织韧嫩，质地清脆，咸酸适度，稍有甜味和鲜味，尚能保持原料原有的特殊风味。

图 3-2-115　四川泡菜

烹饪运用　除供生食外，为川菜常用配料之一，如"泡菜鱼""泡萝卜炖鸭"等；而泡辣椒、泡姜为川菜鱼香味、家常味等味型中必备调味料。

2．酸菜（图 3-2-116）

产地　酸菜是以新鲜蔬菜为原料，经晾晒、烫熟、腌制、装缸发酵制成的产品，北方是主要的产品生产地。

品质特点　由于各地制法不同，风味各有特点。但总体特点是酸香味醇、清淡爽口。

品质鉴别　酸菜以颜色玉白或微黄，有质嫩感，应有乳酸特有的香味者为佳。

烹饪运用及注意事项　除供直接佐餐外，也常作菜肴配料、馅料，或用于面条、面片以及汤菜。酸菜经长期贮放后，易霉变，同时产生大量硝酸盐，而有害于身体健康。因此必须市场采购后要及时应用。

图 3-2-116　酸菜

3．榨菜（图 3-2-117）

产地　榨菜是芥菜的瘤状茎，经独特的工艺处理，配以传统的调味料，加工成半干状态的发酵性的腌制品。因嫩茎经盐腌后榨去了多余的水分，故称之为榨菜。榨菜始创于四川涪陵县，榨菜与德国的甜酸甘蓝、欧洲的酸黄瓜被誉为世界三大著名腌菜。

种类及品质特点　现榨菜分为川式榨菜和浙式榨菜两大类。榨菜的品质特点是咸淡适口，芳香脆嫩，爽利开胃。

品质鉴别　以无老皮、无老筋、完整美观、肉质脆嫩、光亮鲜艳、味道鲜美、咸辣适度、无变色、无霉变、香气浓郁醇正者为佳。

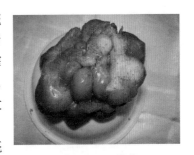

图 3-2-117　榨菜

烹饪运用　榨菜成品除直接供食外，还常作为菜肴配料，用于拌、炒、烩或做汤、面码等，如"榨菜炒肉丝""榨菜汤""香油榨菜"等。

4．冬菜（图 3-2-118）

产地　冬菜的产地主要为山东、北京、天津、四川、广东、浙江。

种类及品质特点　北京、天津产的称为京冬菜；四川产的称为川冬菜；广东、浙江产的称为仿冬菜。京冬菜的原料是大白菜的嫩叶腌制；仿冬菜是以卷心菜为原料腌制；川冬菜是以芥菜类箭杆菜或乌叶菜为原料腌制。冬菜质嫩鲜香，咸淡适口。

图 3-2-118　冬菜

品质鉴别　以开坛时香气扑鼻，菜丝条均匀，质嫩味鲜，色泽深黄，滋润略显明亮，质感柔而不粘手，咸淡适口，无异味者上品。

烹饪运用　冬菜既可生食，也适宜于拌、炒等烹调方法，并可作馅心。

5．雪里蕻（图 3-2-119）

别名、产地、产季　雪里蕻又称雪菜、春不老，多产于江南。雪里蕻于初冬霜降时节收获，经腌制后可长年食用。

图 3-2-119　雪里蕻

外形、品质特点 雪里蕻鲜叶呈长圆形，叶齿细密，叶片较小，叶柄细长，色浓绿。鲜雪里蕻不宜直接食用，经腌制加工后不仅能去掉鲜品的辛辣味，还能增加咸鲜清香，保持浓绿脆嫩的特色。

品质鉴别 以大小整齐，不带老梗、黄叶、泥土，无病虫害者为佳。

烹饪运用 雪里蕻可蒸、炒后作佐餐小菜，也常烧、炒用于菜肴制作中，还可作汤或馅心，如"炒雪冬""雪菜炒山鸡"及扬州名点"雪笋包子"等。

（二）脱水蔬菜

脱水类蔬菜制品是将新鲜蔬菜经自然脱水干燥或人工脱水干燥制成的加工品。其特点是便于包装、运输、携带、食用和储存。包括金针菜、玉兰片干制的菌藻类等。

1．玉兰片（图3-2-120）

别名、产地 玉兰片又称为兰片。主要产于浙江、福建、湖南、湖北等地。

外形、种类、产季及品质特点 玉兰片是以鲜嫩的冬笋或春笋为原料，经蒸煮、熏璜、烘干等工序加工制成的干制品。因其色玉白，状似玉兰花瓣，所以称为玉兰片。玉兰片按采收时间不同，分为尖片、冬片、桃片、春片四种。尖片又称笋尖、尖宝、玉兰宝，是立春前的冬笋尖制成，表面光洁、色泽淡黄，笋节密集，肉质细嫩，为玉兰片中的上品。冬片是立冬至立春之间尚未出土的笋加工干制而成，质鲜嫩肥厚、节密，质量次于尖片。桃

图3-2-120　玉兰片

片又称桃花片，是惊蛰至清明间刚出土或尚未出土的春笋加工而成，形状弯如桃花，肉质稍薄，质地尚嫩，质量次于冬片。春片又称大片，是清明至谷雨期间采掘出土的春笋加工制成，质量老而节少，纤维粗，质量次于桃片。

品质鉴别 玉兰片以色泽黄白、片身短、肉厚、笋节紧密、质嫩无老根，笋面光洁、身干无焦斑、无霉变、无虫蛀者为上品。

烹饪运用 玉兰片经涨发后可以做许多菜肴的配料。

2．笋干（图3-2-121）

产地 笋干是鲜笋经水煮、压榨、晒或烘烤、熏制而成，主要产地是浙江、江西、福建等地。

种类及品质特点 制笋干以用清明节前后的为好。笋干的品种很多，一般福建、浙江所产的多为白笋干，其他地区大多为烟笋干和乌笋干。笋干色泽金黄，片宽节短，笋干肉厚脆嫩，香气郁郁。笋干不仅辅佐名菜，而且有相当的营养和药用价值。

品质鉴别 色淡黄或褐黄、与光泽、质嫩、有新鲜的竹香味、根薄、干燥、硬如竹片、片形整齐、无虫蛀、无霉烂、无火焦片为好。

图3-2-121　笋干

烹饪运用 笋干须经水涨发后使用，它是大众化的干菜。刀工成形时多切片、丝等；多作辅料使用；烧汤、炒菜时荤素皆宜。

3．干黄花菜（图 3-2-122）

别名、产地、产季　干黄花菜亦称金针菜。是鲜黄花菜的花蕾干制而成。我国南北各地均有栽培。每年春、秋两季采收。

外形及品质特点　花蕾呈细长条状，呈黄色，有芳香气味。需水发后使用

品质鉴别　黄花菜以身干，色黄亮、身条长而粗壮、条杆均匀、肉厚、无霉烂变质、无虫蛀、无杂质、无熟条、开花菜不超过 1%者为上品。

烹饪运用　可作荤素菜肴的配料。

图 3-2-122　干黄花菜

4．霉干菜（图 3-2-123）

别名、产地、产季　霉干菜又叫咸干菜、梅菜、梅干菜等。主要产于浙江的绍兴、慈溪、余姚等地。

品质特点　成品质地柔嫩，具有特殊鲜香风味。

品质鉴别　以咸淡适中，质嫩味鲜，香气正常，身干、无杂质，无硬梗者为佳。

图 3-2-123　霉干菜

烹饪运用　常与肉、鱼等同烧、炖、蒸或作馅等，也可配素类原料，如浙江绍兴的干菜焖肉、广东菜梅菜扣肉。

第三节　常见果品原料

一、水果

1．苹果

别名、产地、产季　苹果又称柰、频婆、平婆、超凡子等。我国的苹果资源丰富，产量居世界第一，我国的辽宁、河北、山西、山东、陕西、甘肃、四川、云南、西藏常见栽培。上市季节为夏季、秋季。

微课：果品类原料基础

外形、种类及品质特点　苹果是世界"四大水果"（四大水果为苹果、葡萄、柑桔和香蕉）之一。其外形呈圆、扁圆、椭圆等形状，果皮有绿色、黄色、红色等颜色之分。苹果的品种很多，根据果实的成熟期一般分为早熟种、中熟种和晚熟种。早熟种如祝光、黄魁等，中熟种如红玉、黄元帅、红元帅等，晚熟种如富士、国光、青香蕉等。苹果质地有脆嫩的，也有松泡的。口味酸甜爽口，营养丰富，滋味鲜美。

表 3-3-1　常见苹果种类

种类	特点	分布	图例
富士	体积很大，遍体通红，形状很圆，平均大小如棒球一般。果肉紧密，比其他很多苹果变种都要甜美和清脆，与其他苹果相比有更长的最佳食用日期，室温下即可保存较长时间	在辽宁及华北、西北各省广泛栽培	

续表

种类	特点	分布	图例
国光	国光苹果个中等，果实为扁圆形，大小整齐，底色黄绿，果粉多。果肉白或淡黄色，肉质脆，较细，汁多，味酸甜。此品种适应性、抗逆性强。但结果晚，味道偏酸，果实较小、果实着色欠佳。经过贮存后才酸甜适度，久放水分变少，吃起来会不脆，俗话说就是面了	主要分布在承德县、平泉县、宽城县等地区	
青香蕉	其口味清香、甘甜、颜色鲜绿很受消费者欢迎，青香蕉苹果除了口感好，还有一种特殊的香气	一般主要产在河南等地	
红玉	果实扁圆形，顶部稍狭，果实中大。底色黄绿，阳面浓红色。果面平滑，有光泽，果肉黄白色，肉质致密而脆，汁液多；初采时酸味较大，贮藏月余后酸味减少，甜酸适口，风味浓郁，品质上等	主要分布在我国山东、辽宁等地	
黄元帅	果形呈长圆锥形，成熟后果皮呈金苋，阳面带有红晕，皮薄无锈斑，有光泽；肉质细密，呈黄白色，汁液较多，味浓醇香，甜酸适口。比普通苹果多了一股香蕉的独特香味，清甜可口	主要分布于辽宁、甘肃、新疆等地	
红蛇	果实大，果实圆锥形，顶大底小，果皮呈霞红色，带有深色条纹，表面光泽，艳丽夺目；果肉呈黄白色，肉质甜脆多汁，具有浓郁的芳香；与其他品种的苹果相比更耐贮藏	国内蛇果产地多为中国的山东、甘肃、陕西地区	
青蛇	果实大，果实圆锥形，色泽从青绿到浅绿色，果肉黄白色，肉质脆，质中粗，较脆，果汁多，味甜	分布西南、西北、华中及台湾省等地	

品质鉴别 以色泽鲜艳，表面光滑，果形端正，无疤痕，无刺伤、无病虫害，质脆，甜酸爽口，味清香者为佳。

烹饪运用 苹果在烹饪中多用于甜菜的制作，适于酿、拔丝、蜜渍、扒等方法，如"拔丝苹果""熘苹果""苹果布丁""脆炸苹果条"等。此外，苹果还可以加工成果干、果脯、果汁、果酱、果酒等多种制品。

2. 梨

别名、产地、产季 梨又称快果、果宗、玉乳、玉露、密父等。主要产区为辽宁、河北、山东等省。上市季节是 7 月至 10 月下旬。

外形、种类及品质特点 梨呈球状或近球形，果皮呈黄白色、赤褐色、青白色或暗绿色，果肉呈白色。梨的品种多，主要有秋子梨、白梨、沙梨、西洋梨等四大类。梨质地脆嫩，多汁，气味芳香，清甜爽口。

表 3-3-2 常见的梨种类

种类	特点	分布	图例
秋子梨	果实近球形，黄色，果实酸甜可口，肉软多汁，有香味	分布于黑龙江、吉林、辽宁、内蒙古、河北、山东、山西、陕西和甘肃	
西洋梨	果实多为葫芦形或球形，果面黄绿色或红褐，果面光滑但常有锈斑，果柄较短。果实经后熟方可食用，后熟果实果肉细软，味甜	主要分布在山东烟台、辽宁旅大地区	
白梨（鸭梨）	果实卵形或近球形；种子倒卵形，微扁，果实可入药，味甘、微酸，具有生津、润燥、清热、化痰的作用；除鲜食外，可酿制多种产品	分布于河北、山西、陕西、甘肃、青海、山东、河南等地	

续表

种类	特点	分布	图例
苹果梨	甜酸适度营养丰富,口味鲜美香甜,果大肉多,肉色乳白细腻,质地脆而汁多,果核小,可食部分占85.9%,品质上乘	主产于吉林省延边朝鲜族自治州	
南国梨	果实扁圆形到近球形。果皮中厚,较韧,表面不很光亮,底色多为黄绿色,阳面带有红晕,色泽鲜艳美观。果点较大,近圆形,分布不均	主产于中国辽宁省的鞍山海城、岫岩及辽阳地区,在辽宁省朝阳、彰武、锦州、抚顺、本溪、营口等地以及吉林、内蒙古和黑龙江等地区也有少量栽培	
香水梨	果实呈圆形,香水梨味道酸甜果汁多,带有酒香	香水梨在中国辽宁、内蒙古、宁夏、甘肃均有种植	
沙梨	果实近球形,浅褐色,表面光滑,有浅色斑点	沙梨原产长江流域及其以南地区,现产中国陕西、安徽、江苏、浙江、江西、湖北、湖南、贵州、四川、云南、广东、广西、福建,在长江流域和珠江流域各地均有栽培	

品质鉴别 以果皮细白,有光泽,果肉脆嫩,汁多味甜,香气浓,果形完整,无疤痕,无病虫害者为佳。

烹饪运用　烹饪中可以制作菜肴，炒、熘、扒、蒸、炖均可，如"八宝梨""鸡丁炒梨丁""雪梨炒牛肉片""烩梨丁黄瓜"等。此外，梨也可以加工成梨膏、梨脯、梨干等制品。

3. 桃

别名、产地、产季　桃又称桃子、桃实等。主要产区有浙江、江苏、山东、河南、河北、甘肃、陕西等省，尤以浙江产量最多，上市季节为6月到10月。

外形、种类及品质特点　桃呈球形，顶部略尖，表面生绒毛，底部凹陷，呈黄白、浅黄或红黄等色。果肉呈白色，黄色或红黄色。按产地及特点分为北方桃（山东肥城桃、河北水蜜桃、北京五月鲜、陕西渭南桃等）、南方桃（上海水蜜桃、奉化玉露等）、黄肉桃（甘肃黄桃、云南黄玉桃等）、蟠桃、油桃几大类等。桃肉质风味因品种而定，有的柔软多汁，有的香脆可口。桃的口味甜美，气味芳香。

表3-3-3　常见桃种类

种类	特点	分布	图例
蜜桃	个头硕大，形态秀美，色泽鲜艳、皮薄肉嫩、果肉细腻、汁甜如蜜。	山东蒙阴、青州、烟台、肥城，河北深州，浙江台州等地。	
蟠桃	蟠桃果实扁平；核小，圆形，有深沟纹。果肉白色、浅绿白色、黄色、橙黄色或红色，多汁有香味，甜或酸甜。	蟠桃原产于中国新疆。现北京、天津、河北、山东、江苏、浙江等地有栽培，南方较多。	
黄桃	果实近圆或椭圆形，果顶圆平，果实两半匀称，果面底色金黄，近核无红色，果肉黄色，风味甜，微酸，汁液中等，香气浓。	华北、华中、西南一带栽培较多。	
油桃	油桃表皮是无毛而光滑的、发亮的、颜色比较鲜艳，好像涂了一层油。	我国的新疆、甘肃有很多油桃地方品种，南方也有油桃地方品种的零星分布。	
毛桃	果球形或卵形，表面有短毛，白绿色，夏末成熟；果实性温，熟果带粉红色，肉厚，多汁，气香，味甜或微甜酸。	原产中国北方及中部，各地广泛培植，中国南北各地多有栽培，其中以华北地区、川渝地区最为常见。	

品质鉴别　以形状端正，色泽鲜艳，皮薄易剥，粗纤维少，肉质柔软，汁多味甜，香气浓

郁、无撞伤、无虫蛀者为佳。

烹饪运用 桃在烹饪中适于酿、蜜渍等方法，如"枸杞桃丝""蜜汁桃""猪肉炒桃丁""脆皮鲜桃夹""鲜桃栗子羹"等。此外，还可加工成桃脯、桃酱、桃汁、蜜桃罐头等。

4. 橙（图 3-3-1）

别名、产地、产季 橙又称甜橙、广柑、黄果、金橙等，全国各地均有栽种，深秋之后为上市旺季。

外形、种类及品质特点 橙呈球形或长球形，果皮较粗糙或细密，略有皱纹，色橙黄或橙红，皮厚而紧密，不易剥离。根据橙的果形特点，橙可分为普通甜橙、脐橙和血橙。橙果肉及果汁淡黄色，味甜酸，气味芳香。

品质鉴别 以皮薄，味甜多汁，无子或子少，带有浓郁香味者为佳。

图 3-3-1　橙

烹饪运用 适用于拔丝、酿等烹调方法。可单独或与其他水果合作烹制甜羹或果汁，也可作为宴席水果生食。

5. 橘（图 3-3-2）

别名、产地、产季 橘又称橘子、蜜橘、黄橘等，我国南方各地均有栽种，秋季、冬季上市。

外形、种类及品质特点 橘呈扁圆形，果皮黄色、鲜橙色或红色，皮薄易剥离。品种有温州蜜橘、黄岩蜜橘、四川红橘等。橘果肉细嫩，汁多，味甜带酸。

品质鉴别 以无子或子少，味甜，色鲜艳者为佳。

图 3-3-2　橘

烹饪运用 在烹饪中主要用于制作甜菜或果盘。也可以加工成罐头、果酱、果汁、果粉、果酒和蜜饯等。

6. 柑（图 3-3-3）

产地、产季 主要产于广东、温州、四川、漳州等地，10月下旬出产。

外形、种类及品质特点 柑果实大而近似球形，果皮较粗厚。主要有漳州芦柑、广东蕉柑、浙江瓦柑等品种。柑的果肉同果皮的附着力较大，较难剥离，果肉丰满，汁多核少，甜酸适口。

图 3-3-3　柑

品质鉴别 以个大，色艳。味甜者为佳。

烹饪运用 主要是鲜食及菜肴的点缀。

7. 柚（图 3-3-4）

别名、产地、产季 柚又称朱栾、胡柑、文旦等。我国南方各地均有栽种，主要产于广西、广东、福建、四川、浙江等地。秋、冬季上市。

外形、种类及品质特点 柚外形较大，呈圆形或梨形，皮呈青黄色或橙色，皮质粗糙。著名的有福建文旦柚、广东金兰柚、四川沙田柚等。柚皮肉较难分离，肉质有白色和红色两

图 3-3-4　柚

种，核较大，汁少，味酸甜或略带苦味。

品质鉴别　以个大，肉色黄净，肉嫩多汁，甘甜者为佳。

烹饪运用　柚可鲜食、制罐和榨汁，果皮可制果脯，如柚皮糖、青红丝等。

8．柠檬（图3-3-5）

别名、产地、产季　柠檬又称洋柠檬、柠果、益母果等，我国广东、海南、广西、四川、福建等地均有栽种，秋季上市。

外形、品质特点　柠檬呈椭圆形或卵圆形，两端凸起呈乳头状，表面光滑，成熟时为黄色。柠檬果皮厚而香，果汁极酸，具有较浓的香气。

品质鉴别　以果身结实，色黄光亮，无疤痕，气味芳香扑鼻者为佳。

图3-3-5　柠檬

烹饪运用及注意事项　柠檬一般不生食，大多切片加糖后冲调饮料，酸甜可口，清香宜人。烹调中，柠檬汁可作为酸味调味剂或用于生食牡蛎、三文鱼等的调料，具有去腥除异的作用；削下的柠檬表层薄皮可作菜点的增香料；柠檬也可用于菜肴的制作，如"糖拌柠檬""西柠软煎鸡""柠檬烩鸡丁"等。此外，还可以加工果汁、柠檬露、柠檬粉、柠檬酸、柠檬酒，或制作蜜饯、果酱等。

9．金柑（图3-3-6）

别名、产地、产季　金柑又称金橘。我国金桔的种植主要有浙江的宁波，福建的尤溪、广西的融安、江西的遂川、湖南的刘阳五大产区，冬季上市。

外形、种类及品质特点　金柑多为椭圆形，金黄色，有光泽，金橘皮色金黄、皮薄肉嫩、汁多香甜。它皮肉难分。金柑含有特殊的挥发油、金橘甙等特殊物质，具有令人愉悦的香气，是颇具特色的水果。

图3-3-6　金柑

品质鉴别　以果身结实，色黄光亮，气味芳香者为佳。

烹饪运用　除供鲜食外，多制成金橘饼。

10．香蕉

别名、产地、产季　香蕉又称蕉子、蕉果，主要产地为云南、广东、福建、台湾等地，7～10月为上市旺季。

外形、种类及品质特点　香蕉呈长圆条形，有棱，成熟时果皮呈黄色，易剥落。香蕉分为粉蕉和甘蕉两大类。粉蕉品种有香牙蕉（芝麻蕉）、天宝蕉等；甘蕉品种有龙牙蕉、大蕉等。香蕉果肉白黄色，肉质柔软，滑软无子，汁少味甘甜，气味芳香。

表 3-3-4　常见香蕉种类

种类	特点	分布	图例
香牙蕉	牙蕉假茎黄绿色而带深褐黑斑。果皮呈黄绿至黄色，果皮较厚，外果皮与中果皮不易分离；果肉黄白色，质柔滑、味清甜、香味浓郁、无种子、品质好	主要种植于我国广西、广东、福建、海南、云南等地	
天宝蕉	果皮薄，肉质柔软，味甜，具浓厚香味。	主要产于福建省闽南地区	
龙牙蕉	果形短圆肥满，微弯。成熟后皮色金黄，薄而光洁。假茎弯曲，有的品种弧度大近似环形，果实向外排列，形如皇冠，故称帝皇蕉或皇冠蕉。果肉白色，甜润柔软，有特殊香气，浓郁清爽	主要种植于广州地区	
大蕉	果长圆形，按长宽比例较短粗，无种子或具少数种子	福建、台湾、广东、广西及云南等地均有栽培	

品质鉴别　以皮黄洁净，质柔软，味清香，无疤痕和损伤者为佳。

烹饪运用　香蕉可供鲜食，大蕉类可代粮食用。烹饪中香蕉适于拔丝、炸、熘等方法，如"软炸香蕉""熘蜜汁香蕉""脆皮香蕉球""茄汁香蕉条"等。

11．葡萄

别名、产地、产季　葡萄又称草龙珠、山葫芦、蒲桃、蒲萄等。我国各地都有栽种，以华北、西北和华中各地栽种较多。以新疆最为驰名，而新疆葡萄一般以干制的成品出现，一般秋季上市。

外形、种类及品质特点　人称葡萄为水果之王。鲜葡萄呈椭圆形或扁圆形，色泽随品种而异，有紫色、黑色、红色、黄色、绿色之分。常见的品种有巨玫瑰、魏可、巨峰、金手指、醉金香等品种。葡萄果肉柔软较滑嫩，味酸甜。葡萄干是葡萄的干制品，一般是以皮薄、果肉丰满、含糖量高的葡萄为原料经阴干或烘干制成。葡萄干可分为绿葡萄干和紫葡萄干两类。绿葡萄干主产新疆，粒大无核、皮薄晶莹、肉质细腻、味甜鲜纯，为葡萄干中的上品。紫葡萄干主产于山西，色泽紫红，半透明，肉质稍硬，有核的略带酸涩，无核的味甜。

品质鉴别　鲜葡萄以粒大饱满，汁多无子，味甜纯正，无损伤者为佳。葡萄干以粒大均匀，质地细嫩，软糯，味甜者为佳。

表 3-3-5 常见葡萄种类

种类	特点	分布	图例
巨峰	果粒呈椭圆形，果皮紫黑色，果皮厚度中等，果粒多，果肉软有肉囊	中国南方及华北、东北南部均有大面积栽培，目前中国河北、山西、辽宁等地大面积栽培	
魏可	果穗圆锥形。果穗大，果穗大小整齐。果粒卵形，紫红色至紫黑色，成熟一致。果皮厚度中等，韧性大，无涩味，果粉厚，果肉脆，无肉囊、汁多、果汁绿黄色、极甜	我国江苏、浙江、广西等地均有种植	
金手指	果穗中等大，长圆锥形，着粒松紧适度，果粒长椭圆形至长形，略弯曲，呈菱角状，黄白色，有瘪子，无小青粒，果粉厚，极美观，果皮薄，可剥离，可以带皮吃。有浓郁的冰糖味和牛奶味	全国各葡萄产区均有栽培	
摩尔多瓦	果穗圆锥形，果粒大，短椭圆形，果皮蓝黑色，着色非常整齐一致，非常漂亮，果粉厚。果肉柔软多汁，果实先转色后增甜，属于中晚熟品种，极耐贮运	我国陕西、河南、广东、广西、新疆等地区均有种植	
醉金香	果穗特大，呈圆锥形，果穗紧凑。果粒呈倒卵形，充分成熟时果皮呈金黄色，果皮中厚，果汁多、无肉囊、香味浓、品质上等	我国东北地区种植居多	
巨玫瑰	玫瑰葡萄果穗圆锥形，果粒整齐，呈鸡心型，果皮紫红色，果实比较松软，皮肉容易分离，少核，有独特的玫瑰花香味，果实脆甜，具有浓郁的玫瑰香味，俗称香葡萄	主要分布在新疆、甘肃、宁夏、山东等地，其中以新疆为主要产区	

93

续表

种类	特点	分布	图例
夏黑	夏黑葡萄果实无核,味道浓甜,有浓草莓香味,食用口感好	主要在我国湖南、甘肃、青岛、江苏等地区有种植	
美人指	果穗长圆锥形,无副穗,果粒大,细长型,果实先端鲜红色,润滑光亮,皮薄而韧,不易裂果,不脱粒,果肉紧脆呈半透明状,可切片,味甜爽口,含酸量低,无香味	主要分布于我国江南等地区	

烹饪运用 烹饪中主要用来制作甜菜,如"拔丝葡萄"等。葡萄干既可零食,也可作为糕点的辅料。

12. 荔枝（图 3-3-7、3-3-8）

别名、产地、产季 荔枝又名离支、火荔、丹荔等。为我国南方的特产。主要产区为广东、福建、广西、浙江、海南、台湾等地区,6～7 月上市。

图 3-3-7　鲜荔枝　　　　　　　　图 3-3-8　荔枝干

外形、种类及品质特点 鲜荔枝呈心脏形或球形,果皮具有较多的鳞斑状凸起,有鲜红色,紫红色,青绿等色。我国的荔枝品种很多,如糯米糍、桂味、桂绿、妃子笑等。荔枝果肉新鲜时呈半透明,果皮与种子极易分离,味甘多汁,口感细腻。荔枝干是鲜荔枝成熟时用日晒和烘焙的方法进行干制的,著名的品种有广东的糯米枝、槐枝,福建的香米枝和海南岛的海口枝等。荔枝干壳呈红色,肉质淡黄,肉厚,核小。

品质鉴别 以色泽鲜艳、个大均匀、肉厚质嫩、汁多味甘、富有香气、核小者为佳。荔枝干以无黑点、入口甜者为佳。

烹饪运用 可制甜、咸菜式,如"荔枝羹""荔枝炖莲子""荔枝烧鸭""荔枝炒鸡柳"等。此外,还可制罐头、压榨果汁、制作果酱等。荔枝干可零食,也可制作点心馅料。

13. 菠萝（图 3-3-9）

别名、产地、产季 菠萝又叫凤梨、黄梨、草波罗、番波罗、地波罗等。原产巴西,现盛产于我国的福建、广东、海南、广西和台湾等地,6～7 月成熟,

　　外形、品质特点　菠萝呈长圆球形，果顶有冠芽，体表布满均匀的"刺"，果实肉质，果汁丰富，香味浓烈，口感酸甜。有特殊的芳香气味。

　　品质鉴别　以色泽鲜艳并转黄，果形饱满，硬度稍强，香味淡者为佳。

　　烹饪运用及注意事项　用于各种香甜、咸香菜式的制作，如"酿菠萝""菠萝鸡片""鲜虾烩菠萝""菠萝牛肉汤"等。菠萝鲜食时应用淡盐水浸渍，以去除果肉中所含的皂素，减少对口腔的刺激。

图 3-3-9　菠萝

■ 知识拓展：食肉的果实：植物蛋白酶之谜

　　说起食肉植物，恐怕多数人脑海中立刻闪现出影视作品中对它们形形色色的夸张描述。其实，食肉植物分布于 10 个科约 21 个属，有 630 余种。它们能够吸引和捕捉猎物，并能"吃掉"昆虫和其他小动物，其秘诀就在于这些植物分泌的消化液中含有能分解肉类的消化酶。

　　菠萝的茎、叶、皮及果实都含有多种活性蛋白质消化酶，品质最佳的蛋白酶是利用菠萝的茎加工而成的。肉制品烹饪加工中，利用提纯的菠萝蛋白酶（肉类嫩化剂的成分）分解肉的胶原蛋白，可以使肉类嫩滑。如果用菠萝制作果冻类的甜点，必须先经过烹煮，让蛋白酶失去活性，才能用来制作。此外，在含有牛奶或奶油的混合料中放入菠萝，菠萝蛋白酶会破坏酪蛋白成分，产生带苦味的蛋白质碎片，只要先将菠萝煮过就可以避免这种现象。

　　14. 山楂（图 3-3-10）

　　别名、产地、产季　山楂又名红果、山里红等，主要产于辽宁、河北、河南、山东、山西、江西等省，一般在 10 月中旬采收。

　　外形、种类及品质特点　山楂近似球形，红色、有淡褐色的斑。主要有大金星、艳阳红、八瓣绵球等品种。山楂果微酸、稍甜，肉厚水少，肉质较硬。

　　品质鉴别　以个大，肉厚，色泽鲜艳，无虫蛀者为佳。

　　烹饪运用　山楂除鲜食外，可用作拔丝制作甜菜，如"拔丝山楂"等。

图 3-3-10　山楂

　　15. 草莓（图 3-3-11）

　　别名、产地、产季　草莓又名洋莓果、月季莓，我国各地均有栽种，5～6 月上市。

　　外形及品质特点　草莓呈圆锥形、圆形或心脏形。色深红，果肉柔软多汁，味酸甜。

　　品质鉴别　果形整齐，色泽鲜艳，汁多香气浓，酸甜适口，无损伤者为佳。

　　烹饪运用　可拌以奶油或甜奶，制成奶油草莓食用，也可作为水果上宴席生食，还可制作果酱、果汁等。

图 3-3-11　草莓

16．樱桃（图3-3-12）

别名、产地、产季 樱桃又称含桃、荆桃、英桃、莺桃、樱珠、中国樱桃等。我国是樱桃起源地之一，主要产于山东、安徽、江苏、河南、新疆等地，夏季上市。

外形、品质特点及种类 樱桃呈球形，果柄长，果实较小，鲜红色，果肉稍甜带酸。根据其品种特征可分为中国樱桃、甜樱桃、酸樱桃和毛樱桃。其中以中国樱桃和甜樱桃两类品质好。

品质鉴别 以果粒大而均匀，色泽鲜艳，柄短核小，味甜多汁，肉质软糯，无损伤者为佳。

烹饪运用 中西餐烹饪中常用罐制樱桃（红、绿色车厘子）做围边、甜菜、冰淇淋、鸡尾酒、生日蛋糕等的装饰。

图3-3-12　樱桃

17．杏（图3-3-13）

产地、产季 我国的杏主要产于山西、辽宁、河北、甘肃、山东等省，成熟期在5月下旬至7月中旬。

外形、种类及品质特点 杏果实圆形、长圆或偏圆形，果皮金黄色。主要品种有甘肃兰州的大接杏，山东青岛的将军杏，陕西华县的接杏，河北大名的大甜杏等。杏果肉橙红，柔软多汁，味甜芳香。

品质鉴别 以个大，色泽鲜艳，味甜多汁，核小，富有香味，无斑痕虫眼，果皮完整者为佳。

图3-3-13　杏

烹饪运用及注意事项 除鲜食外，杏仁可作羹汤。在食用苦杏仁时要控制好用量，因为苦杏仁中的甙羟酶或酸水解后，产生氢氰酸、苯甲酸及葡萄糖，过量服用可引起中毒反应，甚至会严重抑制脊髓呼吸中枢而致死。

18．猕猴桃（图3-3-14）

别名、产地、产季 猕猴桃又称奇异果、阳桃、洋桃、杨桃、藤梨、藤枣、仙桃等，俗称猴仔梨、茅梨。我国长江流域地区栽种，秋季上市。

外形、种类及品质特点 猕猴桃呈卵形或近球形，果皮黄褐色。品种分有绒毛和无绒毛两种。果肉绿色或黄色，中间有放射状的小黑子，味酸甜，口感滑爽。

图3-3-14　猕猴桃

品质鉴别 色泽鲜艳，柄短核小，味甜汁多，无损伤，肉质软糯者为佳。

烹饪运用 猕猴桃主要用来制作甜菜或中西式菜点的装饰；也可用于菜肴的制作，如四川的"茅梨肉丝""猕猴桃炒鸡柳""鲜虾爆猕猴桃"等。此外，还可加工制作果酱、果酒等。

19．西瓜（图3-3-15）

别名、产地、产季 西瓜又称水瓜、原瓜、寒瓜等。全国各地均有栽种。主要产区为山东、河南、河北、浙江。夏秋季上市。

外形、种类及品质特点 西瓜呈圆形或椭圆形，皮浓绿色或

图3-3-15　西瓜

绿中带虎皮纹。品种分有瓜籽和无瓜籽两种。西瓜瓤多汁而味甜，呈鲜红色、淡红色、黄色或白色。

品质鉴别　以色泽鲜艳，皮薄多汁，味甜者为佳。

烹饪运用　西瓜可以加工成西瓜汁、糖水西瓜、西瓜酱、西瓜酒等；瓜肉可以制西瓜冻及羹汤，如"鲜藕西瓜汤"；整瓜可以制作西瓜鸡等高档菜式。此外，西瓜还是食品雕刻的重要原料，如各种"西瓜盅"，用以点缀宴席。

20．哈密瓜（图 3-3-16）

别名、产地、产季　哈密瓜又称厚皮甜瓜，为新疆特产，7～9 月成熟。

外形、种类及品质特点　哈密瓜呈卵圆形或椭圆形，按果皮形状可分为网状和光滑状两种。哈密瓜肉厚，呈橘红色或白色，质地脆嫩，味甜香浓。

品质鉴别　以个大，瓜肉肥厚，汁多，香味浓郁、味甜，无损伤者为佳。

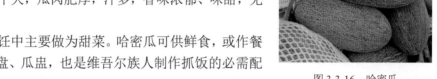

烹饪运用　烹饪中主要做为甜菜。哈密瓜可供鲜食，或作餐后果品，或制作果盘、瓜盅，也是维吾尔族人制作抓饭的必需配料。

图 3-3-16　哈密瓜

21．椰子（图 3-3-17）

别名、产地、产季　椰子又称为椰栗、奶桃、可可椰子等，原产于东南亚，我国主要产于海南、台湾等地，夏季成熟。

外形、种类及品质特点　椰子呈圆形、椭圆形。壳硬有毛，呈棕色。主要有高椰和矮椰两个大类。椰子肉厚、味美、汁清香宜人。

品质鉴别　以果实鲜，肉厚丰，壳不破裂，汁不干枯，肉质洁白，香味较浓者为佳。

图 3-3-17　椰子

烹饪运用　椰肉、椰汁除可供鲜食外，可制成椰丝、椰蓉、椰油，作为糖果、糕点等的配料；也可作菜肴原料，制成多种甜、咸菜式，如"冰糖雪耳椰子盅""果子椰丝条""原盅椰子炖鸡""椰汁咖喱鸡"等。

22．李子（图 3-3-18）

别名、产地、产季　我国大部分地区均产。7～8 月间成熟。

外形、种类及品质特点　李子饱满圆润，玲珑剔透，形态美艳。李子从颜色上分有红皮红肉、红皮黄心、青皮红心、青皮青肉和黄皮黄肉等种类。李子口味甘甜、美味多汁。

品质鉴别　以色泽鲜艳，味甘甜，无损伤者为佳。

烹饪运用及注意事项　可制作甜菜、鲜食，还可加工成李干、蜜饯、果酱和罐头。李子含高量的果酸，过量食用易引起胃痛，会使人生痰、助湿，甚至令人发虚热、头脑发胀，故脾胃虚弱者宜少吃。

图 3-3-18　李子

23．石榴（图 3-3-19）

别名、产地、产季　石榴别名安石榴、海榴等。主要产地陕西、安徽、山东、江苏、云南、新疆、四川等。9～10月成熟。

外形、种类及品质特点　石榴果实外形独特，近球形。现石榴有白石榴、红石榴、重瓣石榴、月李石榴（四季石榴）、墨石榴、彩花石榴（玛瑙石榴）等六个变种。石榴肉质半透明，百籽同房，籽粒晶莹，呈鲜红、淡红或白色，多汁，甜而带酸，营养丰实。

图 3-3-19　石榴

品质鉴别　果形规整，果皮光亮，果嘴合拢，籽粒大而分布均匀，汁多味甜者为佳。

烹饪运用及注意事项　石榴除鲜食外也可做菜，如"石榴鲜鲍"等。还可榨汁饮用。石榴不可与西红柿、螃蟹同食。

24．芒果（图 3-3-20）

别名、产地、产季　又称为芒果、檬果、蜜望子等，我国广东、海南、广西、云南、福建、台湾等地均有栽种，主要产地为广州。夏季上市。

外形及品质特点　芒果果实呈球状或肾脏形，淡绿或淡黄色，享有"热带果王"的美称。芒果肉质细腻、味甜、有独特的香气、汁多。

图 3-3-20　芒果

品质鉴别　以成熟度高，富有香气，肉质纤维少者为佳。

烹饪运用　芒果可鲜食，也可用于烹调多种菜式，如"芒果烩双鲜""芒果鸡条""红枣芒果粥等"。此外，还可制果汁、果干、蜜饯、果酒等。

25．枇杷（图 3-3-21）

别名、产地、产季　枇杷又称腊兄、金丸、卢橘等，因果形状似琵琶而得名。与樱桃、梅子并称为"三友"。产自我国淮河以南地区，以安徽"三潭"最为著名，春末夏初上市。

外形、种类及品质特点　枇杷果实近球形、椭圆形、长圆形。外皮一般为淡黄色，亦有颜色较深，接近橙红色的，外有锈色柔毛，后脱落。枇杷表面光滑，果肉软而多汁，有白色及橙色两种；称"白沙"及"红沙"。枇杷清香鲜甜，略带酸味，

图 3-3-21　枇杷

品质鉴别　以新鲜成熟，果皮绒毛不脱落，个大均匀，柄长适中，汁多味甜，果肉厚而质细，核小无损伤者为佳。

烹饪运用及注意事项　枇杷主要作为甜菜，也可作为宴席上的水果生食。枇杷仁有毒，不可食用。多食枇杷易胎甲球湿生痰，继发痰热，所以不可食用过量；脾虚泄泻者忌食。枇杷含糖量高，糖尿病患者要忌食枇杷。

26．柿子（图 3-3-22、3-3-23）

别名、产地、产季　柿子别名米果、猴枣。原产我国长江和黄河流域，现全国各地广为栽培。10月下旬上市。

图 3-3-22　柿子（一）　　　　　图 3-3-23　柿子（二）

外形、种类及品质特点　果形因品种而异，橙黄或红色。主要分为甜柿（亦称"甘柿"）与涩柿两类，前者成熟时已经脱涩，后者需要人工脱涩。果实呈扁圆形，中间有缢痕，味甜。

品质鉴别　以个大，色泽鲜艳，肉质细腻，味香甜，无损伤者为佳。

烹饪运用及注意事项　多供鲜食或制柿饼。柿子可用于菜肴的制作，如"柿子沙拉""酿水果柿子""柿子炒火腿"等。柿中含有大量的可溶性收敛剂，不宜空腹食用且一次不宜多食，以免形成"胃柿石"；也不宜与寒性的螃蟹同食。

27．杨梅（图 3-3-24）

别名、产地、产季　又名龙睛，朱红，因其形似水杨子、味道似梅子，因而取名杨梅。分布于长江以南各地。杨梅成熟期在 5～6 月份

外形及品质特点　杨梅果实球形，外果皮由多数囊状体密生而成，呈紫黑色、暗红色、白色或淡红色，核坚硬。主要有白色的水晶杨梅，红色的刺梅、乌梅，紫色的大乌杨梅等品种。杨梅多汁，甜酸适口。

品质鉴别　以果大饱满，汁多味甜，核小者为佳。

烹饪运用　杨梅除生食外，可制作糖渍果品、饮料和果酱等。

二、坚果

图 3-3-24　杨梅

干果又称坚果，是指外被坚硬壳皮，需剥去硬壳方能食用的果实（或种子），主要食用种仁。干果有些可直接食用，但常进行熟制，如炒、焙等。熟制后香气浓郁，口感酥脆，各具独特的风味。

表 3-3-6　坚果的分类

序号	类别	品种
1	树坚果	核桃、榛子、杏仁、腰果、松子、板栗、夏威夷果、澳洲坚果、蛇皮果、香榧、银杏、开心果、扁桃仁（巴旦木）、鲍鱼果、碧根果、橡果等
2	种子坚果	葵花子、西瓜子、南瓜子、瓜蒌子、花生、蚕豆、豌豆、莲子、芡实等

我国地域广袤、地形复杂、气候多样，造就了目前丰富多彩的坚果资源。我国作为人工栽培和商业用途的坚果树种，主要包括裸子植物：银杏（白果）、香榧、果松；被子植物：核桃、榛子、板栗、腰果、澳洲坚果等。按营养特点分为高淀粉坚果，如板栗、莲子、白果等；高油脂、蛋白质坚果，如世界著名的四大坚果核桃、榛子仁、腰果和甜杏仁，这类干果稍微烘烤便会转呈褐色，香气浓郁，质地略带酥脆，润泽的油脂令人满口生津，备受青睐。

1. 栗子（图 3-3-25）

别名、产地、产季 栗子又称栗、板栗、大栗、毛栗子、魁栗等。全国大部分地区均产，以河北、山东、河南、湖北、北京、贵州等省产量最多，9～10月成熟。

图 3-3-25 栗子

外形、种类及品质特点 栗子呈球形，壳斗外生尖锐被毛，内藏2～3个坚果。坚果深褐色，干硬，一面平一面弧形，一端稍凸一端稍尖。著名品种是北京良山板栗。果肉附着一层褐色薄膜，其肉白黄色，汁少味甘，脆硬干香。

品质鉴别 以果实饱满、颗粒均匀、壳色鲜明有光泽、肉质细、甜味突出、带有糯性者为佳。

烹饪运用 板栗适于烧、煨、炒、炖、扒、焖、煮等多种烹调方法；咸甜均可；作主料用于冷盘，或作为菜肴的配料。代表菜式如"菊花鲜栗羹""板栗烧鸡""栗子红焖羊肉""栗子炒冬菇"等。板栗粉可制作各种糕点，而糖炒板栗羹则是人们普遍喜爱的大众炒货。

2. 核桃（图 3-3-26、3-3-27）

别名、产地、产季 核桃又称羌桃、羌果等。原产西域，所以又名胡桃。主要产地为山东、山西、河北、山西、新疆等，9月中旬成熟。

图 3-3-26 核桃

图 3-3-27 核桃仁

外形、种类及品质特点 核桃果实近球形，果皮坚硬，有浅皱褶，呈黄褐色，其种仁呈不规则块状，由四瓣合成，皱缩多沟，凹凸不平，外披棕褐色的薄膜状皮，不容易剥落。核桃是世界四大干果之一（另外三种是腰果、榛子、巴旦杏仁）。一般分为棉桃和铁桃两种，核肉呈黄白色，爪脆嫩，味干香。

品质鉴别 以果大圆整，均匀，壳薄，面光纹浅，无哈喇味为佳品。

烹饪运用 鲜桃仁可烹制各种时菜，如"桃仁炒鸡丁""鸡粥桃仁"等，以突出其清香；干桃仁宜于冷菜的制作或作为馅心甜菜的配料，如"琥珀桃仁""怪味桃仁"等，以突出其干香爽口的口感。

3. 花生（图 3-3-28、3-3-29）

别名、产地、产季 花生又称落花生、落花参、番豆、地豆、长寿果等。原产于巴西，我国广为栽培，以山东、四川两省出产的最好，9～10月成熟。

外形、种类及品质特点 花生荚果呈长椭圆形，果皮厚，革质，具凸起网络，色泽近黄白，硬而脆，易剥开。果内种子称花生仁或花生米，即可食部位，呈长圆、长卵、短圆等形状，外披红色或粉红色种皮。主要有普通型、蜂腰型、多粒型、珍珠豆型等四类。花生种仁呈白色，质脆嫩，味熏醇。

图 3-3-28　花生　　　　　　　图 3-3-29　花生仁

品质鉴别　以粒均匀、干爽，粒体饱满，味微甜，无霉烂者为佳。

烹饪运用　适宜于炒、爆、熘、炸、煮、卤等烹调方法。花生可制成多种炒货、花生糖、花生酥等；可制作佐餐小菜、面点馅心或甜咸菜肴，如"扁豆花生羹""盐水花生""花生米虾饼""糖粘花仁""宫保鸡丁"等。

4．杏仁（图 3-3-30）

别名、产地、产季　杏仁又称杏核仁、木落子等。主要产于河北、山东、山西、陕西、新疆等地，夏季成熟。

外形、种类及品质特点　杏仁是植物杏的内核去掉硬壳所得的种仁，呈心脏形、略扁，顶端尖，基部钝圆，左右不对称。皮棕红色或暗棕色，表面有细微皱纹，具有特殊的清香味，略甘苦。根据味感的不同，分为甜杏仁、苦杏仁两类。甜杏仁可供食用，苦杏仁含杏仁甙，不可食用，一般供药用。

品质鉴别　以粒大饱满，纹路均匀，味香而甘，圆扁整齐，白黄洁净，不发油者为佳。

烹饪运用　适宜于烧、炒、爆、炖、烩等烹调方法。可制作点心和甜菜，也是制作炒货的原料。

图 3-3-30　杏仁

5．白果（图 3-3-31、3-3-32）

别名、产地、产季　白果又称银杏。主要产于江苏、浙江、安徽一带，秋季成熟。

外形及品质特点　白果种子呈椭圆形或卵形。外种皮肉质，中种皮骨质，内果皮肉质，种子肉白色。白果仁味鲜美，口感软糯。

品质鉴别　以粒大、光亮、饱满，肉丰富，无僵仁，瘪仁者为佳。

图 3-3-31　白果　　　　　　　图 3-3-32　白果果仁

烹饪运用及注意事项　适宜于蒸、焖、炒、炖、烩、烧等烹调方法。可制作甜菜，也可作为菜肴的配料，还可作为糕点的配料及药膳用料，如"蜜汁白果""白果鸡丁""白果炖鸡"等。白果不可生食，亦不可过量食用，因种仁中含有毒素。

6. 松子（图 3-3-33）

别名、产地、产季 松子又称海松子、新罗松子、果松子等。又名松子仁。产于我国东北、西北、西南等地，其中东北出产的松子最多、最好。秋季成熟。

图 3-3-33 松子

外形及品质特点 松子是红松、华山松、白皮松等松树的种子。松子呈倒三角锥形，外包木质硬壳，壳内为乳白色果仁，果仁外包一层薄膜，味甘香浓郁。

品质鉴别 以粒大完整，均匀干爽，仁肉饱满，色白，无异味，碎粒少者为佳。

烹饪运用 松子除常制作炒货外，烹饪应用也十分广泛，可制作多种甜、咸菜肴，如松仁玉米、松子酥鸭、网油松子鲤鱼等。此外，还可作为糕点馅料，如松仁黑麻月饼。

7. 榛子（图 3-3-34）

别名、产地、产季 榛子又称为榛栗。主要产于我国的内蒙古、黑龙江、吉林、辽宁、河北等地，秋季成熟。

图 3-3-34 榛子

外形、种类及品质特点 榛子是榛树的果实种子，呈球形，圆而稍尖，果仁肥白。

品质鉴别 以籽大仁满，均匀干燥，壳薄者为佳。

烹饪运用 烹调中一般都作辅料或炒熟后食用，也可作为糕点、糖果的配料。

8. 莲子（图 3-3-35）

别名、产地、产季 又名藕实、泽芝、莲蓬子、水芝丹等。湖南产最佳，称湘莲，福建产量最大。从大暑开始至冬至陆续成熟。

图 3-3-35 莲子

外形、种类及品质特点 莲子呈球形，白色，两枚子叶合抱，中有绿色莲心。莲心味苦，除去后称为通心莲。湘莲皮色淡红，皮纹细致，粒大饱满，生食微甜，煮食易酥，食之软糯清香。

品质鉴别 以个大形圆，均匀饱满，颗粒完整，肉色玉白者为佳。

烹饪运用 鲜莲子可供生食，也可作菜肴的用料，清利爽口，如"鲜莲鸡丁""鲜莲鸭羹"等；干莲子是高级甜菜的用料，如"冰糖莲子羹""拔丝莲子"等。此外，还可用于制作糕点的馅心，如"莲蓉月饼""莲蓉蛋糕"等。

9. 芝麻（图 3-3-36、3-3-37）

别名、产地、产季 芝麻又称脂麻、胡麻、油麻等。主要分布于四川、山东、陕西、河南等。秋季成熟。

外形、种类及品质特点 芝麻种仁呈扁椭圆形，一头锐尖，另一头圆弧形边，小而扁平。芝麻有黄、白、棕红、黑色等多种。熟制后香味浓郁。

品质鉴别 以个大，饱满，香味正，无杂质，无虫蛀，不走油，无哈喇味者为佳。

烹饪运用 烹饪中多作辅料或制作馅心，也可榨制芝麻油。

图 3-3-36　白芝麻　　　　　　　　图 3-3-37　黑芝麻

10. 腰果（图 3-3-38）

别名、产地、产季　腰果又称鸡腰果。原产巴西。我国广东、海南等地引种栽培。秋季成熟。

外形、种类及品质特点　果实呈肾形或心脏形。色泽洁白，味甜。

品质鉴别　以颗粒充实饱满，仁肉色白光亮，无虫蛀，不走油者为佳。

烹饪运用　适宜于炒、爆、炸等烹调方法。可作为菜肴配料，也可作为点心馅料及装饰料等。

图 3-3-38　腰果

10. 龙眼（图 3-3-39、3-3-40）

别名、产地、产季　龙眼又名桂圆、圆眼、龙目等。干制的称为桂圆干，以福建产最多，9～10 月上旬成熟。

外形、种类及品质特点　龙眼果球形，外皮黄褐色，粗糙，具不明显瘤状凸起。品种较多，著名的如普明庵、乌龙岭等。龙眼肉质白色，味甜汁多，内有黑褐色种子一颗。

品质鉴别　鲜龙眼以果皮色泽黄褐色，壳薄而平滑，果肉柔软富有弹性，肉质莹白，半透明，味甜核小，肉离核，壳硬者为佳。桂圆干以颗粒大而均匀、身干，果蒂完整，无破壳，不霉变、无虫蛀，色泽黄褐色者为佳。

图 3-3-39　鲜龙眼　　　　　　　　图 3-3-40　桂圆干

烹饪运用　除鲜食外，龙眼常加工成干制品或罐头食品。龙眼可用于甜菜的制作，如"桂圆蛋羹""冰糖炖桂圆"等，也可用于煮、炖等方法制作咸味或保健菜肴，如龙"眼炖猪心""桂圆炖鸡""桂圆红枣乌鸡煲"等。

三、果制品

果品制品是指以鲜果为原料经干制、糖煮或腌渍而成的成品。果品制品分为果干、果脯、蜜饯、果酱四大类。

同一种果制品可以由许多果品来加工，如可以加工成果酒的果品有沙棘、刺梨、猕猴桃、山葡萄、黑加仑、越橘、野刺梅、酸枣等，再如可以加工成果粉的有无花果粉、山枣粉、橄榄果粉、橘子粉、番茄粉、猕猴桃粉、山楂粉等。同一种果品也可加工成不同的制品，如柿子，可以加工成柿子糖、柿饼、柿子脯、柿子皮制果冻、柿子皮制软糖、柿子果丹皮、柿子酱、柿子皮制果胶、柿干、糖水柿子罐头、柿子皮提取果胶后制膳食纤维添加粉、柿子皮制果酒、柿叶茶、柿子酒、柿片、柿角等；再如苹果，可以加工成苹果冻、苹果干、苹果酒、苹果酱、苹果汁、苹果脯、苹果脆片、苹果渣提取果胶、苹果渣制食醋、苹果制润肤化妆水、苹果制果丹皮、糖水苹果罐头、膨松冷冻干燥苹果干等。

果干是以鲜果为原料经脱水干制而成的制品。果干的特点是营养丰富，风味独特，口感柔韧，甜味绵长，如香蕉干、葡萄干、桂圆干、荔枝干等。

果脯是指将鲜果直接用糖液浸煮后，晒干或烘干的干性制品。其特点是果身干爽、保持原色、质地透明。主要用于甜菜的配料或糕点的馅料。如杏脯、桃脯、苹果脯、梨脯、枣脯、海棠脯、地瓜脯、胡萝卜脯、番茄脯等。

蜜饯是指用鲜果或干果坯作原料经糖液浸煮后，加工而成的半干性制品。其特点是果形丰润、甜香俱浓、风味多样。主要用于甜菜的配料或糕点的馅料。

果酱是用新鲜水果和砂糖等熬制而成的带有透明果泥的胶稠酱体。果酱的特点是质地细腻、酸甜适口、半透明、凝冻状。常用于佐食面包、馒头等面食品，也常做糕点的点缀、配色和提味之用。如苹果酱、椰蓉、糖桂花等。

表 3-3-7 常见果干的种类、特征与产地

名称	图例	基原	产地
葡萄干		为葡萄科植物葡萄浆果的干制品	见"葡萄"
红枣干		以成熟新鲜枣为原料，经干制后制成的加工品	分布吉林、辽宁、河北、山东、山西、陕西、河南、甘肃、新疆、安徽、江苏、浙江、江西、福建、广东、广西、湖南、湖北、四川、云南、贵州
熏枣（乌枣）		以成熟新鲜枣为原料，经水煮、窑熏、阴凉等 工序制作而成	
桂圆干		以龙眼鲜果为原料，经干制而成的干制品	分布于福建、台湾、海南、广东、广西、云南、贵州、四川等省（区），主产于福建、台湾、广西
柿饼		用柿树的浆果柿子经加工后制成的干制品	见"柿子"
杏干		用鲜杏（晾晒或高温烘干而成）	见"杏"
包仁杏干			

名称	图例	基原	产地
无花果干		新鲜无花果加工的干制品	中国的南北方均有栽培，新疆南部尤多
桃干		用桃或山桃的未成熟干燥而成	见"桃"
荔枝干		用鲜荔枝加工干制而成	见"荔枝"
香蕉片		将香蕉去皮、切片后干制而成	见"香蕉"
乌梅干		用新鲜梅子近成熟果实，经烟火熏制而成	主要分布于四川、浙江、福建、湖南、贵州等地
山楂干		选用山楂大颗粒果实，经切片、烘干而成	见"山楂"
苹果干		用苹果切片，再干制而成的脆片	见"苹果"
菠萝干		用新鲜菠萝切片后，再风干的制品	见"菠萝"
芒果干		新鲜芒果的深加工产品	见"芒果"
猕猴桃干		由鲜猕猴桃切成片经干制的制品	见"猕猴桃"
草莓干		新鲜草莓经脱水烘干以后得到的干品	见"草莓"
酸角干		酸角的干制品	分布于台湾、福建、广东、广西、云南等地

1. 大枣（图 3-3-41）

别名、产地、产季　大枣又称红枣、干枣、美枣、良枣等，主产于河北、山东、河南、山西、陕西、辽宁、甘肃等省，九月中旬成熟。

图 3-3-41　鲜枣

图 3-3-42　红枣

图 3-3-43　黑枣

图 3-3-44　蜜枣

外形、种类及品质特点　果实呈长圆形，成熟后呈深红色。主要有山东、河北的金丝小枣、无核枣、圆铃枣，河南的灵宝大枣，安徽的南枣等品种。红枣内核细长，两端锐尖，中果皮肉质松软，黄棕色，味香甜。鲜枣去核或不去核通过不同的方法可加工成红枣、黑枣、蜜枣等果品制品。红枣果皮色红鲜艳，黑枣果皮乌紫光亮。蜜枣果实色黄亮而有透明感。

品质鉴别　以肉厚，核小，皮薄，无虫蛀，味甜者为佳。

烹饪运用　鲜枣可作为宴席中的果品直接食用。干枣可直接供食。制成枣泥用作各种糕点、面饼的馅心或配制果酱，如枣泥月饼、枣泥油糕；可作为饭粥、糕饼以及粽子、八宝饭等的配料，还可制作各种甜、咸菜式，如枣泥鳜鱼、红枣煨蹄、枣泥夹沙肉、软炸枣卷等。

2．葡萄干　参见本教材"葡萄"内容。

3．荔枝干　参见本教材"荔枝"内容。

4．橘饼（图 3-3-45）

产地　我国南北方均产。

图 3-3-45　橘饼

外形及品质特点　橘饼是选用柑橘经洗涤、划缝、硬化处理后，再用糖浸渍，最后拌糖粉制成的。橘饼呈扁形菊花状，果形完整，糖液渗透均匀，组织饱满，果肉柔嫩略韧，食用时无粗感，金黄色或橙黄色，半透明状，清香微辣，风味浓郁。

品质鉴别　以扁圆形，风味香甜，无渣、无核者为佳。

烹饪运用　用于甜菜的配料，也可作为糕点的馅心。

5．红丝、绿丝（图 3-3-46）

产地、产季　红丝、绿丝为我国南方所产，一年四季都有生产。

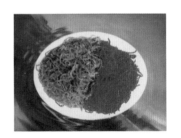
图 3-3-46　红丝、绿丝

外形、种类及品质特点　红丝、绿丝以除去油胞层的柚皮为原料（也有以瓜皮、萝卜皮代替的，但质量较差），染上色素，用糖腌制烘干而成。成品呈长丝状，色彩艳丽。

品质鉴别　以丝状疏散，不结团，表面干燥，颜色端正者为佳。

烹饪运用及注意事项　是点缀食品的常用原料，也可作为糕点的馅料。

第四节　药食同源食材

（一）卫健委公布的既是食品又是药品的中药名单

丁香、八角、茴香、刀豆、小茴香、小蓟、山药、山楂、马齿苋、乌梢蛇、乌梅、木瓜、火麻仁、代代花、玉竹、甘草、白芷、白果、白扁豆、白扁豆花、龙眼肉（桂圆）、决明子、百合、肉豆蔻、肉桂、余甘子、佛手、杏仁、沙棘、芡实、花椒、红小豆、阿胶、鸡内金、麦芽、昆布、枣（大枣、黑枣、酸枣）、罗汉果、郁李仁、金银花、青果、鱼腥草、姜（生姜、干姜）、枳子、枸杞子、栀子、砂仁、胖大海、茯苓、香橼、香薷、桃仁、桑叶、桑葚、桔红、桔梗、益智仁、荷叶、莱菔子、莲子、高良姜、淡竹叶、淡豆豉、菊花、菊苣、黄芥子、黄精、紫苏、紫苏籽、葛根、黑芝麻、黑胡椒、槐米、槐花、蒲公英、蜂蜜、榧子、酸枣仁、鲜白茅根、鲜芦根、蝮蛇、橘皮、薄荷、薏苡仁、薤白、覆盆子、藿香。（以上为2012年公示的86种）

（二）2014版新增15种中药材物质

人参 、山银花、芫荽、玫瑰花、松花粉、粉葛、布渣叶、夏枯草、当归、山奈、西红花、草果、姜黄、荜茇，在限定使用范围和剂量内作为药食两用。

（三）2018版新增9种中药材物质作为按照传统既是食品又是中药材

党参、肉苁蓉、铁皮石斛、西洋参、黄芪、灵芝、天麻、山茱萸、杜仲叶，在限定使用范围和剂量内作为药食两用。

（四）卫健委公布的可用于保健食品的中药名单

人参、人参叶、人参果、三七、土茯苓、大蓟、女贞子、山茱萸、川牛膝、川贝母、川芎、马鹿胎、马鹿茸、马鹿骨、丹参、五加皮、五味子、升麻、天门冬、天麻、太子参、巴戟天、木香、木贼、牛蒡子、牛蒡根、车前子、车前草、北沙参、平贝母、玄参、生地黄、生何首乌、白及、白术、白芍、白豆蔻、石决明、石斛、地骨皮、当归、竹茹、红花、红景天、西洋参、吴茱萸、怀牛膝、杜仲、杜仲叶、沙苑子、牡丹皮、芦荟、苍术、补骨脂、坷子、赤芍、远志、麦冬、龟甲、佩兰、侧柏叶、制大黄、制何首乌、刺五加、刺玫果、泽兰、泽泻、玫瑰花、玫瑰茄、知母、罗布麻、苦丁茶、金荞麦、金樱子、青皮、厚朴花、姜黄、枳壳、枳实、柏子仁、珍珠、绞股蓝、葫芦巴、茜草、筚茇、韭菜子、首乌藤、香附、骨碎补、党参、桑白皮、桑枝、浙贝母、益母草、积雪草、淫羊藿、菟丝子、野菊花、银杏叶、黄芪、湖北贝母、番泻叶、蛤蚧、越橘、槐实、蒲黄、蒺藜、蜂胶、酸角、墨旱莲、熟大黄、熟地黄、鳖甲。

（五）保健食品禁用中药名单（注：毒性或者副作用大的中药）

八角莲、八里麻、千金子、土青木香、山莨菪、川乌、广防己、马桑叶、马钱子、六角莲、天仙子、巴豆、水银、长春花、甘遂、生天南星、生半夏、生白附子、生狼毒、白降丹、石蒜、关木通、农吉痢、夹竹桃、朱砂、米壳（罂粟壳）、红升丹、红豆杉、红茴香、红粉、羊角拗、羊踯躅、丽江山慈菇、京大戟、昆明山海棠、河豚、闹羊花、青娘虫、鱼藤、洋地黄、洋金花、牵牛子、砒石（白砒、红砒、砒霜）、草乌、香加皮（杠柳皮）、骆驼蓬、鬼臼、莽草、铁棒槌、铃兰、雪上一枝蒿、黄花夹竹桃、斑蝥、硫黄、雄黄、雷公藤、颠茄、藜芦、蟾酥。

（六）卫健委公告明确不是普通食品的名单

西洋参、鱼肝油、灵芝（赤芝）、紫芝、冬虫夏草、莲子芯、薰衣草、大豆异黄酮、灵芝孢子粉、鹿角、龟甲。

（七）公告明确为普通食品的名单

白毛银露梅、黄明胶、海藻糖、五指毛桃、中链甘油三酯、牛蒡根、低聚果糖、沙棘叶、天贝、冬青科苦丁茶、梨果仙人掌、玉米须、抗性糊精、平卧菊三七、大麦苗、养殖梅花鹿其他副产品（除鹿茸、鹿角、鹿胎、鹿骨外）、梨果仙人掌、木犀科粗壮女贞苦丁茶、水苏糖、玫瑰花（重瓣红玫瑰）、凉粉草（仙草）、酸角、针叶樱桃果、菜花粉、玉米花粉、松花粉、向日葵花粉、紫云英花粉、荞麦花粉、芝麻花粉、高粱花粉、魔芋、钝顶螺旋藻、极大螺旋藻、刺梨、玫瑰茄、蚕蛹、耳叶牛皮消。

（八）历代本草文献所载具有保健作用的食物名单

聪耳（增强或改善听力）类食物：莲子、山药、荸荠、蒲菜、芥菜、蜂蜜。

明目（增强或改善视力）类食物：山药、枸杞子、蒲菜、猪肝、羊肝、野鸭肉、青鱼、鲍鱼、螺蛳、蚌。

生发（促进头发生长）类食物：白芝麻、韭菜子、核桃仁。

润发（使头发滋润、光泽）类食物：鲍鱼。

乌须发（使须发变黑）类食物：黑芝麻、核桃仁、大麦。

长胡须（有益于不生胡须的男性）类食物：鳖肉。

美容颜（使肌肤红润、光泽）类食物：枸杞子、樱桃、荔枝、黑芝麻、山药、松子、牛奶、荷蕊。

健齿（使牙齿坚固、洁白）类食物：花椒、蒲菜、莴笋。

轻身（消肥胖）类食物：菱角、大枣、榧子、龙眼、荷叶、燕麦、青粱米。

肥人（改善瘦人体质，强身壮体）类食物：小麦、粳米、酸枣、葡萄、藕、山药、黑芝麻、牛肉。

增智（益智、健脑等）类食物：粳米、荞麦、核桃、葡萄、菠萝、荔枝、龙眼、大枣、百合、山药、茶、黑芝麻、黑木耳、乌贼鱼。

益志（增强志气）类食物：百合、山药。

安神（使精神安静、利睡眠等）类食物：莲子、酸枣、百合、梅子、荔枝、龙眼、山药、鹌鹑、牡蛎肉、黄花鱼。

增神（增强精神，减少疲倦）类食物：茶、荞麦、核桃。

增力（健力，善走等）类食物：荞麦、大麦、桑葚、榛子。

强筋骨（强健体质，包括筋骨、肌肉以及体力）类食物：栗子、酸枣、黄鳝、食盐。

耐饥（使人耐受饥饿，推迟进食时间）类食物：荞麦、松子、菱角、香菇、葡萄。

能食（增强食欲、消化等能力）类食物：葱、姜、蒜、韭菜、芫荽、胡椒、辣椒、胡萝卜、白萝卜。

壮肾阳（调整性功能，治疗阳痿、早泄等）类食物：核桃仁、栗子、刀豆、菠萝、樱桃、韭菜、花椒、狗肉、狗鞭、羊肉、羊油脂、雀肉、鹿肉、鹿鞭、燕窝、海虾、海参、鳗鱼、蚕蛹。

种子（增强助孕能力，也称续嗣，包括安胎作用）类食物：柠檬、葡萄、黑雌鸡、雀肉、雀脑、鸡蛋、鹿骨、鲤鱼、鲈鱼、海参。

（九）历代本草文献所载具有治疗作用的食物

散风寒类（用于风寒感冒病症）食物：生姜、葱、芥菜、芫荽。

散风热类（用于风热感冒病症）食物：茶叶、豆豉、杨桃。

清热泻火类（用于内火病症）食物：茭白、蕨菜、苦菜、苦瓜、松花蛋、百合、西瓜。

清热生津类（用于燥热伤津病症）食物：甘蔗、番茄、柑、柠檬、苹果、甜瓜、甜橙、荸荠。

清热燥湿类（用于湿热病症）食物：香椿、荞麦。

清热凉血类（用于血热病症）食物：藕、茄子、黑木耳、蕹菜、向日葵子、食盐、芹菜、丝瓜。

清热解毒类（用于热毒病症）食物：绿豆、赤小豆、豌豆、苦瓜、马齿苋、荠菜、南瓜、菜。

清热利咽类（用于内热咽喉肿痛病症）食物：橄榄、罗汉果、荸荠、鸡蛋白。

清热解暑类（用于暑热病症）食物：西瓜、绿豆、赤小豆、绿茶、椰汁。

清化热痰类（用于热痰病症）食物：白萝卜、冬瓜子、荸荠、紫菜、海蜇、海藻、海带、鹿角菜。

温化寒痰类（用于寒痰病症）食物：洋葱、杏子、芥子、生姜、佛手、香橼、桂花、橘皮。

止咳平喘类（用于咳嗽喘息病症）食物：百合、梨、枇杷、落花生、杏仁、白果、乌梅、小白菜。

健脾和胃类（用于脾胃不和病症）食物：南瓜、包心菜、芋头、猪肚、牛奶、芒果、柚、木瓜、栗子、大枣、粳米、糯米、扁豆、玉米、无花果、胡萝卜、山药、白鸭肉、醋、芫荽。

健脾化湿类（用于湿阻脾胃病症）食物：薏苡仁、蚕豆、香椿、大头菜。

驱虫类（用于虫积病症）食物：榧子、大蒜、南瓜子、椰子肉、石榴、醋、乌梅。

消导类（用于食积病症）食物：萝卜、山楂、茶叶、神曲、麦芽、鸡内金、薄荷叶。

温里类（用于里寒病症）食物：辣椒、胡椒、花椒、八角茴香、小茴香、丁香、干姜、蒜、葱、韭菜、刀豆、桂花、羊肉、鸡肉。

祛风湿类（用于风湿病症）食物：樱桃、木瓜、五加皮、薏苡仁、鹌鹑、黄鳝、鸡血。

利尿类（用于小便不利、水肿病症）食物：玉米、赤小豆、黑豆、西瓜、冬瓜、葫芦、白菜、白鸭肉、鲤鱼、鲫鱼。

通便类（用于便秘病症）食物：菠菜、竹笋、番茄、香蕉、蜂蜜。

安神类（用于神经衰弱、失眠病症）食物：莲子、百合、龙眼肉、酸枣仁、小麦、秫米、蘑菇、猪心、石首鱼。

行气类（用于气滞病症）食物：香橼、橙子、柑皮、佛手、柑、荞麦、高粱米、刀豆、菠菜、白萝卜、韭菜、茴香菜、大蒜。

活血类（用于血淤病症）食物：桃仁、油菜、慈菇、茄子、山楂、酒、醋、蚯蚓、蚶肉。

止血类（用于出血病症）食物：黄花菜、栗子、茄子、黑木耳、刺菜、乌梅、香蕉、莴苣、枇杷、藕节、槐花、猪肠。

收涩类（用于滑脱不固病症）食物：石榴、乌梅、芡实、高粱、林檎、莲子、黄鱼、鲇鱼。

平肝类（用于肝阳上亢病症）食物：芹菜、番茄、绿茶。

补气类（用于气虚病症）食物：粳米、糯米、小米、黄米、大麦、山药、莜麦、籼米、马铃薯、大枣、胡萝卜、香菇、豆腐、鸡肉、鹅肉、鹌鹑、牛肉、兔肉、狗肉、青鱼、鲢鱼。

补血类（用于血虚病症）食物：桑葚、荔枝、松子、黑木耳、菠菜、胡萝卜、猪肉、羊肉、牛肝、羊肝、甲鱼、海参、草鱼。

助阳类（用于阳虚病症）食物：枸杞菜、枸杞子、核桃仁、豇豆、韭菜、丁香、刀豆、羊乳、羊肉、狗肉、鹿肉、鸽蛋、雀肉、鳝鱼、海虾、淡菜。

滋阴类（用于阴虚病症）食物：银耳、黑木耳、大白菜、梨、葡萄、桑葚、牛奶、鸡蛋黄、甲鱼、乌贼鱼、猪皮。

（十）馔用药材

随着人民生活水平的不断提高和保健意识的不断增强，许多药材已进入饭店、宾馆和寻常百姓家庭，对丰富菜肴品种，增强人民的体质起着不可估量的作用，也是今后回归自然、药食同源的发展趋势。

常用馔用药材适宜低温、通风、干燥等方法储存保鲜。

1. 人参（图3-4-1）

别名、产地、产季　人参又名人衔、土精、地精、孩儿草等。我国主要产于东北地区，以吉林所产最多，9～10月采收。

外形、种类及品质特点　人参分为野山参和圆参两种。野山参表面呈淡黄色，茎上部四面密生芦腕，下部有较长的圆芦，主根上有细密深兜的须根，中下部光而少皱纹，须根粗须均匀，软如皮条，不易折断，根须上有很多珍珠点；圆参表面淡黄，主根呈圆柱形，上部有断续的横纹。人参味甘，性温，具补肺壮身，止咳化痰，强筋健骨的功效。

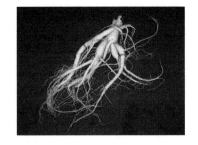

图3-4-1　人参

品质鉴别　圆参以身长支大，芦长为佳；野山参以支大浆足，纹细芦长，腕密有圆芦及珍珠点者为佳。

烹饪运用及注意事项　烹饪中宜蒸、煨、炖、制馅等。有热症、实症者忌食。忌与藜芦、五灵脂、皂荚、黑豆、紫石英、溲疏等同用，烹饪中忌用铁器。

2. 虫草（图3-4-2）

别名、产地、产季　虫草又称冬虫夏草、冬虫草等。产于四川，云南，甘肃，西藏，青海等地。

外形、种类及品质特点　虫草是麦角菌科的真菌（虫草菌）与蝙蝠蛾幼虫在特殊条件下形成的菌虫结合体，子座出幼虫的头部、单生、细长如棒球棍。常见，海拔3000～4000米高山草甸区的土层中。虫草体呈金黄色、淡黄色或黄棕色，虫壳完整，有些品种腹面足明显，有虫形外壳，在虫的头部伸出菌体，看似虫的身子上长出草。虽然兼有虫和草的外形，却

图3-4-2　虫草

非虫非草，属于菌藻类生物。虫草味甘，性温，可补虚损，益精气，止咳化痰。

品质鉴别　以形体完整，虫体丰满肥大，外壳黄亮，内部色白，子座短者为佳。

烹饪运用及注意事项　冬虫夏草传统上既作药用，又作食用，是中外闻名的滋补保健珍品。

有实火或邪盛者不宜用，如有较重炎症和外感咳嗽、急性咳嗽并有发热现象的不要吃，感冒期间不宜进补，婴幼儿也不宜吃虫草。

知识拓展：被神化的冬虫夏草

微课：虫草

在很多人的观念里，冬虫夏草是一种药食两用的保健品，各种商家宣传里也把它的功效夸得天花乱坠，被推崇为"传统名贵中药材"。某知名品牌"同×堂"的一款 30g 装的虫草售价高达 19680 元。

早在 2010 年 12 月，原国家质检总局就发布"关于冬虫夏草不得作为普通食品原料的通知（质检食监函〔2010〕243 号）"，严禁使用冬虫夏草作为食品原料生产普通食品。2016 年 2 月，原国家食品药品监管总局发布"关于停止冬虫夏草用于保健食品试点工作的通知（食药监食监三〔2016〕21 号）"，含冬虫夏草的保健食品未经批准不得生产和销售。经检验，冬虫夏草砷含量为 4.4～9.9mg/kg，服用虫草存在砷中毒的巨大风险。2018 年 2 月，原国家食品药品监管总局再次提醒"这 4 种保健品不保健，千万别花冤枉钱了！"，第一个就直指冬虫夏草，功效不靠谱，重金属砷超标，连安全性都无法保证。因此，冬虫夏草作为药材，遵医嘱合理短期使用比较安全，不能药食两用，更不能大剂量长期服用。传统食谱上的名菜"虫草鸭子""虫草汽锅鸡"等，餐饮企业均不能再生产经营了。

3. 当归（图 3-4-3）

别名、产地、产季　当归又名干归。产于甘肃、云南、四川、青海、陕西、湖南、湖北、贵州等地，以甘肃定西市的岷县的当归品质最佳，有"中国当归之乡"之称，秋末采挖。

外形及品质特点　为伞形科植物当归的干燥根，除去须根及泥沙，待水分稍蒸发后，捆成小把，上棚，用烟火慢慢熏干。全当归根略呈圆柱形，根上端称归头，主根称归身或寸身。支根称归尾或归腿，全体称全归。当归近圆柱形，下部有多条支根，长 15～35 厘米。表面黄棕色至棕褐色，具纵皱纹及横长皮孔。根头直径 1.5～4 厘米，具环纹，有紫色或黄绿

图 3-4-3　当归

色茎、叶残基，主根表面凹凸不平；支根直径 0.3～1 厘米，上粗下细，多扭曲。质柔韧，断面黄白色或淡黄棕色，皮部厚，有裂隙及棕色油点。气特异，味甘、辛、微苦。

品质鉴别　以身长、根大、支根少、断面黄白色，气味浓郁者为佳。

烹饪运用及注意事项　适宜于炖、蒸等烹调方法。慢性腹泻，大便溏薄者忌食。

4. 黄芪（图 3-4-4）

别名、产地、产季　黄芪又名黄耆，产于我国西北地区，秋季采挖。

外形、种类及品质特点　黄芪表面呈灰黄色或淡棕色，纵沟，呈圆柱状，极少有分枝，上端粗下端细，两端平坦，质硬略韧，味苦，嚼之有豆腥味。味甘，性微温，气微弱而特异，为补气诸药之首。

品质鉴别　以身干体大，色淡黄或棕黄，质坚硬有韧性

图 3-4-4　黄芪

者为佳。

烹饪运用及注意事项 烹饪中宜蒸、煨、炖、煮等。阴虚阳盛者忌食。

5．贝母（图 3-4-5）

别名、产地、产季 贝母又称虫亡、药实、勤母等，主要产于四川、云南、青海、浙江等地，夏季采收。

外形、种类及品质特点 贝母体呈圆锥形，顶端尖或微尖，直径 4～12mm，表面白色或淡黄色，质硬而脆，富粉性，断面白色，呈颗粒状。贝母味苦、甘、性凉，有润肺散结，止咳化痰的功效。

品质鉴别 以色洁白，质坚实，颗粒均匀，粉性强者为佳。

烹饪运用及注意事项 烹饪中宜炖、煨、煮等。脾胃虚寒及有湿痰者慎食。

6．苡仁（图 3-4-6）

别名、产地、产季 苡仁又名薏苡仁、苡米、薏仁、薏米、薏珠子、回回米、米仁、六谷子等，主要产于福建、河北、辽宁等地，11～12 月间采挖。

外形及品质特点 苡仁呈球形或椭圆形，基部较宽而略平，顶端纯圆，表面白色或黄白色，光滑，有不明显的纵纹，质坚硬，有粉性。苡仁味甘、淡，性凉，有健脾补气，清热利湿的功效。

品质鉴别 以粒大、饱满、色白、完整者为佳。

烹饪运用及注意事项 烹饪中多作为菜肴辅料，也可熬粥等。脾虚难便者慎食。

图 3-4-6 苡仁

7．枸杞（图 3-4-7）

别名、产地、产季 枸杞又名杞子、红耳坠等，分布于中国宁夏、新疆、青海、甘肃、内蒙古、黑龙江、吉林、辽宁、河北、山西、陕西、甘肃南部以及西南、华中、华南和华东各省区，6～11 月采收。

外形、种类及品质特点 枸杞分为西枸杞和津枸杞两种。西枸杞呈椭圆形或纺锤形，略下扁，表面鲜红或暗红色，具有不规则的皱纹，略有光泽，肉质柔润，味甜。津枸杞呈椭圆形或圆柱形，两端略尖，表面鲜红色，具有不规则皱纹，无光泽，

图 3-4-7 枸杞

质柔软而略滋润，味甜。枸杞味甜、性平，具有滋肾、润肺、补肝的功效。

品质鉴别 以粒大、色红、有光泽者为佳。

烹饪运用 烹饪中宜炖、蒸、煨等。

同步练习————————————————————————————————

一、名词解释

1. 玉兰片

_____

_____

_____。

2. 食用菌

_____

_____

_____。

3. 四川泡菜

_____

_____

_____。

二、填空题

1. 蔬菜按食用部位分_____、_____、_____、_____、_____，_____六大类。

2. 叶类蔬菜是指以_____和_____为主要食用部分的蔬菜，包括_____、_____、_____。

3. 对于蔬菜，目前广泛采用的分类方法有三种：即_____分类法、_____分类法、_____分类法。

4. 莼菜又名"_____"，属多年生_____植物，主要产区在_____水乡，以浙江_____产量为多。

5. 蔬菜之所以具有各种颜色，主要是因为所含色素的原因。蔬菜中的色素主要有_____、_____、_____等。

6. 芫荽又名_____，原产于_____，因含有_____等，具有浓烈的特殊芳香气味，在烹调中的作用主要是_____。

7. 茄子按其形状可分为_____、_____、_____。

8. 蔬菜中含有丰富的营养成分，特别是_____和_____。

9. 世界五大粮食作物是_____、_____、_____、_____、_____。

10. 姜因含有挥发性的_____、_____等，有芳香辛辣味。生姜腐烂后会产生毒性很强的_____，故切不可食用。

三、选择题

1. 下列原料中属茎菜类的有_____。
    A. 玉米笋   B. 木耳   C. 山药   D. 菠菜

2. 被一些国家称为"蔬菜之王""第二面包"的是_____。
    A. 红薯   B. 土豆   C. 生菜   D. 大白菜

3. 属白菜类的是_____。
    A. 小白菜   B. 圆白菜   C. 包心菜   D. 洋白菜

4. 不属类胡萝卜素是_____。
    A. 番茄红素   B. 叶黄素   C. 花青素   D. 椒红素

5. 烹调后的蔬菜如不及时食用,所含的_____会有损失。
    A. 矿物质   B. 维生素   C. 蛋白质   D. 碳水化合物

6. _____中最擅长以葱作辅料。
    A. 广东菜   B. 山东菜   C. 四川菜   D. 江苏菜

7. 不属天然色素的是_____。
    A. 叶绿素   B. 花青素   C. 叶黄素   D. 柠檬黄

8. 冬瓜在营养上最大特点是不含_____。
    A. 蛋白质   B. 脂肪   C. 无机盐   D. 碳水化合物

9. 萝卜芽中_____的含量特别高。
    A. 钙   B. 铁   C. 碘   D. 锌

四、判断题

1. 茄子原产印度,是夏秋季节主要蔬菜之一。（   ）

2. 冬笋、茭白、莴苣、土豆、生姜、藕等都属于茎菜类原料。（   ）

3. 用高锰酸钾溶液洗涤蔬菜,既能保持原料的风味特色,又起到杀菌消毒的效果。（   ）

4. 莼菜属水生蔬菜,芦笋是芦苇的嫩芽。（   ）

5. 白菜被称为第二面包,是"蔬菜之王"。（   ）

6. 黄色胡萝卜比红色胡萝卜含胡萝卜素多。（   ）

7. 新鲜雪里蕻一般可以直接食用。（   ）

8. 辣椒属于茄果类蔬菜。（   ）

9. 韭菜粗纤维较多,不易被消化,故不宜一次多食。（   ）

五、问答题

1. 简述蔬菜在烹饪中的应用?

2. 为什么要去掉蔬菜中的草酸?应如何去掉?

3. 如何对蔬菜类原料进行品质鉴别？

4. 蔬菜在保管中质量变化的主要原因是什么？如何保管？

六、综合训练

不同品种水果的识别与调查

（一）训练目标

认识不同品种的荔枝、橙子、橘子、西瓜等水果的种类特征，了解其营养特点及烹饪应用，掌握市场果品情况。

（二）训练内容

1. 素材准备

利用互联网资源提前准备不同品种的荔枝、橙子、橘子、西瓜等水果的图片、视频或实物等直观素材，对比不同品种水果的形状、色泽、口感等。

2. 果品资源调查

利用课外时间通过"京东商城""天猫商城"等网店，了解荔枝、橙子、橘子、西瓜等水果不同品种的种类、产地、价格等情况，也可去附近的大型超市了解本地果品品种。

3. 果品的研究

根据下表进行任务分工，每个学生研究一个品种果品原料，围绕指定果品，利用网络搜集素材，学习研究指定果品。

表　不同品种水果的识别与调查表

分工	品类	品种	种类特征	主要产地	上市时间
学生 A		妃子笑			
学生 B	荔枝	桂味			
……		……			
……		美都			
……	西瓜	8424			
……		……			
……	……	……			

烹饪原料知识

（三）训练要求

1. 根据不同果品原料的观察及资源调查，了解不同种类水果的品种类、特点、价格等，掌握水果的信息资源。

2. 根据指定果品的素材，从种类特征、烹饪应用、营养保健、贮藏保鲜等方面进行研究，完成 800～1000 字的果品原料介绍。

3. 在果品介绍文本的基础上，结合搜集的图片、视频等素材，制作果品 PPT，用于课堂交流。

第四章 畜禽原料

学习目标 【知识目标】

1. 了解畜禽类原料的概念；
2. 理解畜禽类原料的组织结构、营养成分；
3. 掌握畜禽类原料的部位分档、鸡的老嫩鉴别；
4. 掌握常用畜禽类原料的品质特点和在烹饪中的运用；
5. 了解乳的概念和乳制品的品种；
6. 了解蛋品的概念；
7. 掌握鲜蛋与蛋制品在烹饪中的运用。

【能力目标】

1. 能用感官鉴别方法区别牛、羊、猪肉，并判断其新鲜程度；
2. 能通过图片、视频、实物识别牛、羊、猪肉的部位；
3. 能通过感官鉴别方法判断鸡、鸭、鹅等家禽同体的新鲜程度。

第一节 畜禽原料概述

一、畜类原料的认知

畜类原料指哺乳动物原料及其制品，主要包括家畜和野兽的肉、乳及其制品，烹饪中常用的主要是家畜。对于野兽等的运用应严格遵守我国政府颁布的保护野生动物的法律法规，绝不允许违法捕捉。

微课：家畜肉基础

家畜是指人类为满足肉、乳、毛皮以及担负劳役等需要，经过长期饲养而驯化的哺乳动物。家畜肉一般是指家畜屠宰后去血、毛、皮、内脏、头、蹄后的部分，也称胴体。作为烹饪原料的家畜，主要是猪、牛、羊，此外还包括兔、驴、马、狗、骡、骆驼等。目前有些野生的哺乳动物正在尝试驯化阶段，如獐、鹿、刺猬等。因此，家畜是一个发展、相对的概念。烹饪上主

要食用的是它们的肉。

　　家畜肉中含有人类生活所必需的各种营养物质，对人体的发育、细胞组织的再生和修复、调节生理机能、增强免疫力有着重要作用。

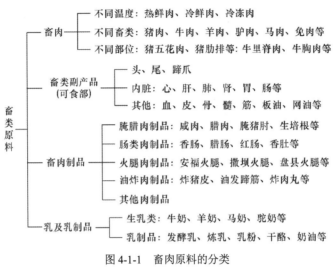

图 4-1-1　畜肉原料的分类

（一）认识常用家畜肉的组织结构

　　家畜肉的组织结构，从形态上划分为肌肉组织、脂肪组织、骨骼组织等四个组织。各组织的构成比例，取决于家畜的种类、性别、饲养的时间和方法等。

　　1. 肌肉组织

　　肌肉组织是构成肉的主要组成部分，是衡量肉的质量的重要因素。肌肉组织由肌纤维构成，分为横纹肌、平滑肌、心肌。

　　横纹肌分布于皮肤下层和躯干部的一定位置，附着于骨骼上，受运动神经的支配，所以又称骨骼肌或随意肌。动物体所有的瘦肉都是横纹肌；平滑肌也称内脏肌，主要构成内脏器官的管壁；心肌是构成心脏组织的肌肉。

　　2. 脂肪组织

　　脂肪组织是决定肉的品质的第二个因素。脂肪组织一般存积在皮下，肾脏周围及腹腔内肠膜的表面，一部分与蛋白质相结合存在于肌肉之中。蓄积在动物体皮下，肾脏周围和腹腔内的脂肪称为储备脂肪，也就是我们所说的肥肉、板油、网油等。蓄积在动物体肌肉内、外肌鞘的脂肪称为肌间脂肪。

　　3. 结缔组织

　　结缔组织主要由无定形的基质与纤维构成，其纤维是胶原纤维（胶原蛋白）、弹性纤维（弹性蛋白）和网状纤维，都属于不完全蛋白质。结缔组织在肌体中执行着机械的职能，由它连接着有机体各部，建立起软的和硬的支架。结缔组织具有坚硬，难溶和不易消化，营养价值较低。胶原纤维在 70～100℃时可以溶解才明胶，冷却后成胶冻，可被人体吸收。弹性纤维富有弹性，不易水解，只有在 130℃时才能水解，难消化，营养价值极低，主要分布于血管、韧带等结缔组织中。

4．骨骼组织

骨骼组织是动物肌体的支持组织，也是肌肉组织的依附体，它包括软骨和硬骨。硬骨又分为管状骨、板状骨两种，管状骨内有骨髓。骨骼组织在烹饪应用中，用于熬汤。

（二）了解常用家畜肉的品质特点

1．猪肉的肉质特点及饮食禁忌

肉质特点　猪肉肌肉纤维细而柔软，肉质细嫩，肉色较淡，猪瘦肉含蛋白质约20%，并富含B族维生素；结缔组织少而柔软；脂肪组织蓄积多，肥膘厚，而且肌间脂肪也较其他畜肉多，猪脂肪熔点较低风味良好，且易消化吸收；猪肉本身无腥膻味，而持水率较高。所以，猪肉适用的烹调范围广，而且烹调后滋味较好，质地细嫩，气味醇香。猪肉味甘咸性平，具有滋阴润燥的功能。

饮食禁忌　穆斯林不食猪肉，在我国某些地区应回避；患有高血压、冠心病、高血脂和肥胖者，忌食肥猪肉；猪肉忌与乌梅、大黄、橘梗、黄莲等中药一同食用。此外，猪肉不宜与龟肉、羊肝、马肉、甲鱼、虾、牛肉、香菜、杏仁等配菜同食。

2．牛肉的肉质特点及饮食禁忌

肉质特点　从品种上看，黄牛的肉质优于牦牛，牦牛优于水牛；从用途上看，肉用牛优于乳用牛，乳用牛优于役用牛。牛肉结缔组织多而坚硬，肌肉纤维粗而长，一经加热烹调，蛋白质变形收缩，失水严重，老韧不化渣，不易烧烂，有一定的膻味。但由于肌肉组织比例大，蛋白质含量高，营养丰富，有特殊的香味，仍然不失为良好的肉用原料。

饮食禁忌　感染性疾病发烧期间忌食牛肉；高血压患者忌食牛肉；牛肉不宜与栗子、韭菜、生姜、红糖、白酒等配菜同食。

3．羊肉的肉质特点及饮食禁忌

肉质特点　绵羊肉有适当的肌间脂肪，呈纯白色，质坚脆；膻味轻，品质优良。山羊不论肌肉和脂肪膻味都较重，品质不及绵羊。将阉割后的羊称"羯羊"，其肉质肥美，优于一般的绵羊和山羊。

饮食禁忌　凡是流行性感冒或急性肠炎、菌痢，以及一切感染性疾病发热期间忌食羊肉；羊肉不可与南瓜、西瓜、荞麦面等配餐同食。

（三）运用常用家畜肉原料

家畜肉是中式烹饪中运用最广泛、最充分的原料之一。

1．家畜肉在烹饪中多作主料使用

家畜肉在烹饪中是运用频率最高的一种原料，可以作为菜肴的主要原料制作很多的著名的菜肴，独立成菜，反映出明显的风味特色。如四川的名菜"鱼香肉丝""回锅肉""灯影牛肉"、广东名菜"蚝油牛肉"，浙江名菜"东坡肉""钱江肉丝"等。

2．也可以作为辅料使用，并适合与多种植物性原料一起烹制

家畜肉在烹饪中作为辅料使用的情况也十分突出，在与多种植物性原料一起烹制时，不但改善了菜肴的口味，而且增加了菜肴的营养成分。如"麻婆豆腐"中的牛肉，"茄子肉末""肉末四季豆"中的猪肉等。

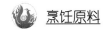

3．适宜于各种刀法

家畜肉不但适宜于多种刀法，切成丝、丁、片、块、条、段、末、粒、蓉、泥等，也适合花刀的使用，如“爆里脊花”“爆腰花”等。

4．适宜于多种烹调方法和多种味型的调味

家畜肉不仅适合各种烹调方法，如炸、熘、爆、炒、烹、煎、塌、贴、烧、煮、炖、焖、烩等，而且适合多种味型的调制，可制成众多的菜肴，既有名菜小吃，又有主食，是深受欢迎的烹饪原料。

5．可以作成蓉泥、馅心，制作菜肴和面点

作为面点的馅心，可制成包子、水饺、馄饨；作为面条辅料，可制作“肉丝面”“牛肉拉面”等；作为蓉泥，制成的菜肴有“四喜丸子”“生煎肉饼”等。

6．制汤的主要原料

家畜肉及骨髓又是烹饪中制汤的主要原料，可制成清汤、奶汤等，以增强菜肴鲜美的滋味，丰富菜肴的营养。

二、禽类原料的认知

禽类原料是指禽鸟类的肉、蛋、副产品及其制品的总称，传统的禽类原料包括未被列入国家《野生动物保护法》的野生禽鸟。2020 年全国人民代表大会常务委员会会议通过《关于全面禁止非法野生动物交易、革除滥食野生动物陋习、切实保障人民群众生命健康安全的决定》，全面禁止以食用为目的猎捕、交易、运输在野外环境自然生长繁殖的陆生野生动物，因此所有野生的禽鸟均不能作为烹饪原料。人工繁育、饲养的陆生野生动物，未被列入国家畜禽遗传资源目录，也不能作为烹饪原料使用。禽类原料一般分为家禽、野禽、禽制品、蛋和蛋制品等几大类。我国常用的一般是家禽。

家禽是指人类为满足对肉、蛋等的需要，在长期的人工饲养条件下逐渐驯化而成的鸟类。目前我国饲养的家禽主要包括鸡、鸭、鹅、鸽、鹌鹑、火鸡等。近年来，有些地方已开始规模化养殖孔雀、鸵鸟等。但饲养最广的仍然是鸡、鸭、鹅、火鸡。

常用家禽的分类方法有两种，一种是按用途分类，另一种是按产地分类。常用的方法是按用途分类，可分为肉用型、卵用型和兼用型。

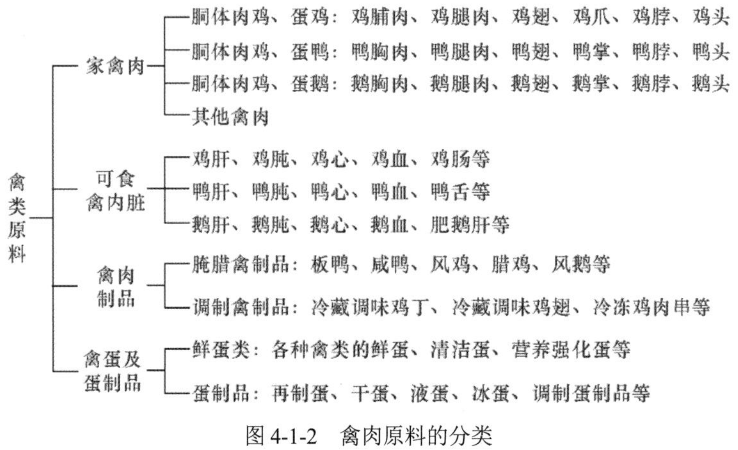

图 4-1-2　禽肉原料的分类

1．肉用型

肉用型以产肉为主。体型较大，肌肉发达。特点是胸脯肉、腿肉发达。肉用型家禽一般是体宽身短，外形方圆，行动迟缓，性成熟晚，性情温顺。例如九斤黄、狼山鸡、北京鸭等。

2．卵用型

卵用型以产蛋为主。一般体型较小，活泼好动，性成熟早、产蛋多。如来航鸡、绍鸭等。

3．兼用型

兼用型家禽体型介于肉用与卵用型之间，同时具有两者的优点。如浦东鸡、高邮鸭等。

4．药食兼用型

这类鸡型具有明显的药用性能，同时也具有很高的食用性。著名的品种如乌鸡、老母鸡等。

（一）了解家禽肉的品质特点及部位分解

1．家禽肉的品质特点

家禽肉的组织结构与家畜肉的组织结构基本相同。与家畜肉相比，家禽肉的肌肉发达且肌肉组织纤维较细；脂肪比畜类熔点低，易消化，并且较均匀地分布在全身组织中；结缔组织较少且柔软，易于人体消化吸收；禽肉含水量较高，所以家禽肉比家畜肉细嫩，滋味鲜美。

2．常用家禽的部位分解（图4-1-3）

常用家禽的肌体结构和肌肉部位的分布大体相同，故以鸡为例说明家禽原料的部位分解。

鸡头　鸡头含有鸡脑，骨多、皮多、肉少，适宜于煮、酱、炖、卤、烧等烹调方法。

鸡颈　鸡颈皮多、骨多、肉少，适宜于煮、酱、炖、卤、烧等烹调方法。

鸡里脊　鸡里脊又称小胸、鸡牙子、鸡柳等，是鸡身上最细嫩的一块肉。紧贴鸡胸骨的两条肌肉，外与鸡脯肉紧贴，内有一条筋。适宜于切丝、条、丁、片、蓉等形状，可用作炸、炒、爆、熘等多种烹调方法。

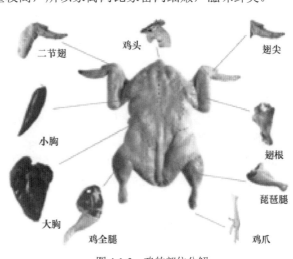

图4-1-3　鸡的部位分解

鸡脯肉　鸡脯肉也叫大胸，是紧贴鸡里脊的两块肉，是鸡全身最厚、最大的一块整肉。肉质细嫩，筋膜少，其应用与鸡里脊相同。

鸡翅　又称凤翅，包括翅尖、翅皮较多，肉质较嫩。可用于烧、煮、卤、酱、炸、焖等烹调方法。

鸡腿　鸡腿骨较粗硬、肉厚、筋多、质老，适宜于烧、扒、炖、煮等烹调方法。

鸡爪　鸡爪又称凤爪。鸡爪除骨外，皆为皮筋，胶原蛋白质含量多。可用酱、卤、煮等烹调方法。

（二）运用家禽肉品质鉴别的标准及储存保管方法

1．家禽品质鉴别的标准

市场供应的家禽分为光禽和活禽。光禽是指家禽宰杀后褪尽毛的胴体。家禽肉的品质检验

主要采用感官检验的方法从其眼部、黏度、气味、弹性、色泽肉汤等几个方面，检验其新鲜、不新鲜或是变质肉。其鉴别标准见表4-1-1。

表4-1-1　光禽的品质鉴别标准

标准 \ 类别	新鲜肉	不新鲜肉	变质肉
眼部	眼球饱满，角膜有光泽	眼球凹陷皱缩，晶体浑浊	眼球干缩凹陷，晶体浑浊
黏度	外表微干或湿润，不黏滑	外表稍干燥，有粘手感，新切断面湿润	外表极干燥或黏手，新切断面发黏
气味	有正常的新禽气味	无异味，但腹内有较重的令人不快的气味	体表及腹腔内均有臭味
弹性	肉有弹性，手指压后凹陷处立即恢复	肉弹性不足，手指压后凹陷不能即刻恢复或完全恢复	肉质松弛，手指压后凹陷不能恢复并留有痕迹
色泽	皮肤带有光泽，肉的切断面发光，色泽正常	皮肤稍有光泽，肉的切断面有光泽	体表无光泽，头颈部呈暗褐色
肉汤	肉汤透明澄清，脂肪团浮于汤的表面，具有特殊的香味	汤稍有浑浊，脂肪呈小滴且浮于表面，香味差，无鲜味	肉汤浑浊，有白色或淡黄色絮状物，脂肪极少浮于表面，有严重的腥臭味

2．活禽的品质鉴别

活禽的品质鉴别主要鉴别其健康状。健康的家禽羽毛丰润、清洁、紧密、有光泽，脚步矫健，两眼有神；握住禽的两翅根部，叫声正常，挣扎有力，用手触摸嗉囊无积食、气体或积水；头部的冠、肉瘤及头部无毛部分无苍白、发绀或发黑现象；眼睛、口腔、鼻孔等无异常分泌物；肛门周围无绿白稀薄粪便黏液。反之则为不健康禽。不健康禽以及病死、毒死或死因不明的禽，不得食用。

3．家禽的储存保鲜方法

家禽肉最常用的储存保鲜方法是低温储存保鲜法，因为低温能抑制酶的活性和微生物的生长、繁殖，可以较长时间保持禽体的组织结构状态。在保鲜前应注意去尽其内脏，如果是光禽，应立即冷藏。

（1）冷却保鲜

光禽和禽肉如能在1周内用完，可在冷却状态下保存。如鸡肉，在温度为0℃，相对湿度为85%～90%的条件下，可保鲜7～11天。

（2）冷冻保鲜

宰杀后成批的光禽或禽肉，如果需要保鲜较长的时间，必须进行冷冻保鲜进行储存。即先在-30～-20℃，相对湿度85%～90%的条件下冷冻24～48小时，然后在-20～-15℃，相对湿度90%的环境下冷冻保鲜，以便随时取用。

第二节 常见畜类原料

一、畜肉

作为烹饪原料的家畜，主要种类是猪、牛、羊。其中猪占首要位置，约占肉食总量的 80%、牛约占 7%、羊约占 4%，除上述三种家畜外也屠宰丧失劳役能力的马、驴、骆驼以及兔、狗等，但所占比例很小。

猪是由野猪驯化改进而成的肉用家畜，在我国已有六七千年饲养历史。猪的品种全世界有 300 多种，中国现有 100 多种。目前，猪的品种类型主要有按肥瘦程度分及产区和特点进行划分。

（一）按商品用途（肥瘦程度）分

1. 瘦肉型（又称鲜肉型）猪

瘦肉型猪指胴体瘦肉率高于 60%，肥膘厚低于 3.5 厘米的猪。常见品种有长白猪（丹麦）、金华猪、三江白猪等。

2. 脂肪型猪

脂肪型猪指胴体瘦肉率低于 40%，肥膘厚高于 4.5 厘米的猪。常见品种有巴克夏（英国）、新金猪（辽宁新金县）、上海白猪、北京黑猪等。

3. 肉脂兼用型猪

肉脂兼用型猪指瘦肉率在 40%～60% 之间，肥膘厚度在 3.5～4.5 之间的猪。常见品种有巴克夏（英国）、荣昌猪（四川的荣昌县和隆昌县）、黔南黑猪等。

（二）按主要产区和特点分

1. 华北型猪

分布地区 华北型猪主要分布于淮河、秦岭以北的广大地区，包括东北、华北、内蒙古自治区、新疆维吾尔自治区、宁夏回族自治区以及陕西、湖北、安徽、江苏等四省的北部地区。

品质特点 猪的体质健壮，骨骼发达，体躯较大，四肢粗壮，背腰狭长，腹不太下垂，肌肉发达。头较平直，嘴筒长，耳大下垂，毛粗密，多为黑色。膘不厚，板油多，瘦肉量大，肉味香浓。

主要品种 东北民猪（图 4-2-1）、河南八眉猪、河北深县猪、陕西南山猪、江苏淮猪、安徽定远猪、新金猪等。

2. 华南型猪

分布地区 华南型猪主要分布于南部的云南、广东、广西、福建和台湾等地。

品质特点 华南型猪一般体躯较短、矮、宽圆、肥、皮薄毛稀、鬃毛短少。外形呈背腰宽阔，腹多下垂，头相对较短宽，嘴短，耳小。耐热，早熟易肥，肉质细致。

主要品种　云南滇南小耳猪（图4-2-2）、广东蓝塘猪、广西陆川猪、广东大花白猪、福建槐猪等。

图4-2-1　东北民猪

图4-2-2　云南滇南小耳猪

图4-2-3　浙江金华猪

3．华中型猪

分布地区　华中型主要分布于长江和珠江三角洲间的广大地区。

品质特点　华中型猪的体型基本与华南型猪相似，体质较疏松，早熟。背较宽、骨骼较细，背腰多下凹，四肢较短，腹大下垂，体躯较华南猪大，额部多有横纹，被毛稀疏，生长较快，成熟早肉质细致。

主要品种　浙江金华猪（图4-2-3）、广东大白花猪、湖南的宁乡猪、湖北的监利猪、江西萍乡猪等。

4．江海型猪

分布地区　主要分布于汉水和长江中下游。

品质特点　受华北型和华中型猪的影响，江海型猪种较杂。江海型猪头中等大，额较宽，皱纹深且多呈菱角形，耳长、大而下垂，皮薄而多有皱纹，成熟早、增重快。

主要品种　太湖流域的太湖猪（图4-2-4）、江苏大伦庄猪、湖北阳新猪等。

5．西南型猪

分布地区　主要分布在云贵高原和四川盆地。

品质特点　西南型猪腿较粗短、额部多旋毛或横行皱纹。毛以全黑和"六白"较多，也有黑白花和红毛猪。体形丰满，体质结实，早熟易肥。

主要品种　四川荣昌猪（图4-2-5）和内江猪，云南保山大耳猪等。

图4-2-4　太湖猪

图4-2-5　四川荣昌猪

图4-2-6　藏猪

6．高原型猪

分布地区　主要分布在西藏、青海、甘肃的南部、四川的阿坝州和甘孜地区。

品质特点　高原型猪背狭而微凹，腹小臀斜，四肢健壮有力，头狭小嘴直长，耳小直立，皮厚鬃毛粗密，毛为黑色、黑褐或黑白花。繁殖力低。

主要品种　以藏猪（图4-2-6）为代表。

7. 猪分割肉

在古代，由于社会生产力水平低下，牲畜从活体宰杀到烹饪上桌，均可能由厨师独立完成，先秦《庄子·养生主》中典故"庖丁解牛"，说的就是厨师替梁惠王宰牛的故事。如今，由于冷冻保鲜技术的进步，食物原料的加工深度越来越大，劳动分工也进一步细化，动物原料的宰杀分割多由专门的人员完成，省去了厨师繁重的粗加工任务，传统的分档取料技术已退出餐饮业的舞台。

除乳猪外，经屠宰加工的生猪（又称"白条肉"），体积大、分量重，一般由销售厂商根据有关标准，对猪胴体按不同部位分割成肉块，以利于进一步加工或直接应市零售，图4-2-7。餐饮业从业人员需要了解猪胴体分割后的各部位名称、特点，以便方便采购、合理加工烹调。

猪分割肉包括三类：瘦肉类去骨分割肉、非瘦肉类去骨分割肉和带骨分割肉。分部位分割猪肉包括颈背肌肉、前腿肌肉、大排肌肉、后腿肌肉以及猪筋腱肉、猪腱子肉、猪小里脊肉、猪横膈肌等猪瘦肉类去骨分割肉，猪去骨方肉、猪五花、猪腹肋肉、猪腮肉、猪去骨前腿肉、猪去骨后腿肉、猪碎肉、猪脊膘等非瘦肉类去骨分割肉，以及猪带骨方肉、猪前腿、猪后腿、猪肘、猪大排、猪肋排、猪前排、猪无颈前排、猪小排、猪通排、猪脊骨、猪颈骨、猪月牙骨、猪前腿骨、猪后腿骨、猪扇子骨、猪三叉骨、猪尾骨、猪寸骨等带骨分割肉。不同部位的猪肉特点不同，在烹调中的应用也有较大差异，见表4-2-1。

微课：猪肉的分类及烹饪应用

表4-2-1　不同分割猪肉特点及应用

部位名称	特 点	烹饪应用
前颈肉（槽头、血脖）	多血污，肉间夹杂脂肪与较多结缔组织，质老	常作馅料
肩颈肉（上脑肉）	质地较嫩，有肥有瘦	宜于炸、熘、烧
夹心肉	结缔组织多，肉质较老，吸水量大	适于制肉糜
肘子（蹄膀）	包括前肘和后肘，筋皮与瘦肉多，富含胶质，质地老	适于扒、酱、炖、焖等长时间烹法，常带皮烹制
里脊肉（扁担肉）	肌纤维长，结缔组织与脂肪少，质嫩	宜于炒、熘、炸、汆等快速烹法
大排	带骨瘦肉，细嫩，加热过度质地易变老	可红烧、卤等
五花肉	包括硬肋和软肋，脂肪与肌肉相夹成五层，组织疏松	宜于烧、烤、扒、粉蒸等，硬肋可制肉糜
肋排（小排）	带夹层肌肉	适用于烧、煮、炸、焖、煨、蒸等烹法
臀腿肉	包括臀尖、黄瓜肉、弹子肉、磨裆、底板肉等，肌肉剔除筋膜后，质厚实细嫩	宜于炒、熘、炸、煎等，也常用作火腿、咸肉等腌肉材料

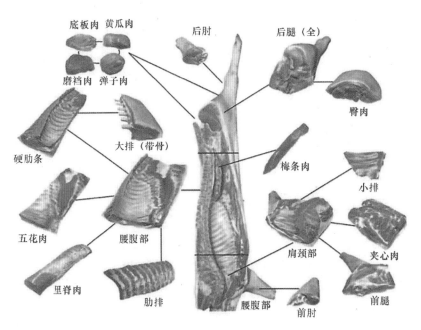

图 4-2-7　猪胴体分割部位图

（三）认识牛的品种及品质特点

中国的牛种分黄牛、水牛（图 4-2-8）、牦牛和大额牛四类。按生产方向的不同，牛又可分为役用、肉用、乳用和兼用四种类型，地方品种的普通牛、水牛和牦牛多为役用或肉役兼用牛；中国荷斯坦牛也叫"黑白花奶牛"，是中国唯一的乳牛品种；培育品种的夏南牛、延黄牛、辽育白牛、雪龙黑牛、布莱凯特黑牛、秦宝牛等是肉用牛；科尔沁牛、中国西门塔尔牛、三河牛、新疆褐牛、中国草原红牛为培育的乳肉兼用牛。我国的牛一般以役用为主，肉用为辅，也有少部分牛种为乳肉兼用，供屠宰食用的牛多为丧失劳役能力的牛或乳牛中的淘汰牛。

1. 黄牛

分布地区　主要分布于淮河流域及其以北地区。

品质特点　黄牛肉一般为深红色，肌肉组织略硬且有弹性，肌肉纤维较细、组织较紧密，肌间脂肪分布均匀，口感细嫩芳香。

主要品种　黄牛是中国数量最多、分布最广的牛种。一般可分为蒙古牛（图 4-2-9）、华北牛和华南牛三大类，其中以蒙古牛和山东牛（图 4-2-10）为优良品种。

图 4-2-8　水牛

图 4-2-9　蒙古牛

图 4-2-10　山东牛

2．水牛（图 4-2-8）

分布地区　水牛主要分布在中国的南方各省。

品质特点　水牛肉肌肉发达，但纤维较粗，组织不紧密，肉色暗红，肌间脂肪少，脂肪为白色，质硬，风味较差。

主要品种　水牛的主要品种有四川德昌水牛、湖南滨湖水牛等。

3．牦牛

分布地区　牦牛又称藏牛，主要分布于西藏、四川北部及新疆、青海等地。

品质特点　牦牛肉肌肉组织较致密，色深红近紫红，肌纤维较细，肌间脂肪沉积较多，脂肪为黄色，肉质柔嫩香醇，风味较好。

主要品种　主要有天祝牦牛（图 4-2-11）、麦洼牦牛（图 4-2-12）和大通牦牛等品种。

图 4-2-11　天祝牦牛

图 4-2-12　麦洼牦牛

图 4-2-13　云南大额牛（独龙牛）

4．大额牛

分布地区　大额牛分布于中国云南西北部和西藏东南部。

品质特点　大额牛的肌纤维细胞密度明显高于家养的牛，纤维直径小，肌肉细胞长，间隔比例低，肌肉脂肪含量低，肉质非常细嫩，蛋白质含量高，膻味小。

主要品种　主要为云南独龙牛（图 4-2-13）。

5．牛分割肉

牛胴体可分为 13 个部位的肉块，见图 4-2-14。肉块的商品名、别名、部位见表 4-2-2。这些肉块很小，在厨房中很容易处理，可根据不同的菜肴的要求切成不同大小、各种形状的肉，可以用作烤肉、肉排、炸肉饼、炖肉等。

表 4-2-2　牛胴体分割肉块名称及部位

商品名	别名	部位
里脊	牛柳、菲力	取自牛胴体腰部内侧带有完整里脊头的净肉
外脊	西冷、纽约克	取自牛胴体第 6 腰椎外横截至第 12～13 胸椎椎窝中间 处垂直横截，沿背最长肌下缘切开的净肉，主要是背最长肌
眼肉	沙朗	取自牛胴体第 6 胸椎到第 12～13 胸椎间的净肉，前端与上脑相连，后端与外脊相连，主要包括背阔肌、背最长肌、肋间肌等
上脑	—	取自牛胴体最后颈椎到第 6 胸椎间的净肉，前端在最后颈椎后缘，后端与眼肉相连，主要包括背最长肌、斜方肌等
辣椒条	嫩肩肉、小里脊、牛前柳	位于肩胛骨外侧，从肱骨头与肩胛骨结节处紧贴冈上窝 取出的形如辣椒状的净肉，主要是冈上肌
胸肉	牛腩	位于胸部，主要包括胸升肌和胸横肌等

微课：牛的分类及烹饪应用

商品名	别名	部位
臀肉	臀腰肉、尾扒、尾龙扒	位于后腿外侧靠近股骨一端，包括臀中肌、臀深肌、股阔筋膜张肌
米龙	针扒	位于后腿外侧，主要包括半膜肌、股薄肌等
牛霖	膝圆、和尚头、霖肉	位于股骨前面及两侧，被阔筋膜张肌覆盖，主要是臀股四头肌
大黄瓜条	大米龙、烩扒	位于后腿外侧，沿半腱肌股骨边缘取下的长而宽大的净肉，主要是臀股二头肌
小黄瓜条	小米龙、鲤鱼管	位于臀部，沿臀股二头肌边缘取下的形如管状的净肉，主要是半腱肌
腹肉	牛腩、牛小排、肋条肉	位于腹部，主要包括肋间内肌、肋间外肌和腹外斜肌等
腱子肉	牛展、金钱展、小腿肉	分前后两部分，前腱取自前小腿肘关节至腕关节外净肉；后腱取自后小腿膝关节至跟腱外筋肉

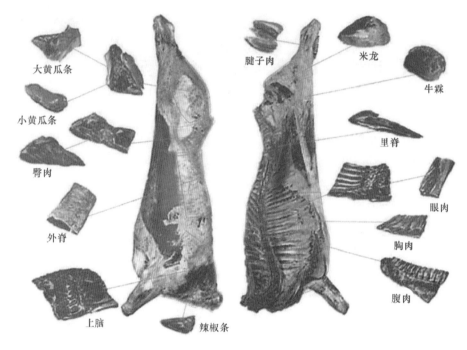

图 4-2-14　牛胴体分割部位图

（四）认识羊的品种及品质特点

作为家畜的羊主要有绵羊和山羊两种。

1. 绵羊

分布地区　绵羊品种至少有 500 种以上，主要分布于西北、华北、内蒙古等地。

品质特点　绵羊是上等的肉用羊。绵羊肉肉质坚实，颜色暗红，肉纤维细而软，肌肉质很少夹杂脂肪。

主要品种　著名品种有蒙古羊（图 4-2-15）、哈萨克羊、藏羊等。

微课：牛肉的分类及烹饪应用

2. 山羊（图 4-2-16）

分布地区　山羊品种很多，主要分布在华北、东北、四川等地。

品质特点　山羊皮质厚，皮下脂肪稀少，肌肉与脂肪中有膻味，肉质不如绵羊。

主要品种　著名的品种有成都麻羊（图 4-2-17）。

图 4-2-15　蒙古羊

图 4-2-16　山羊

图 4-2-17　成都麻羊

（五）认识其他常用家畜肉的品种及品质特点

常用家畜中还有兔（图 4-2-18）、马、驴、狗等，也可制成别具风味的菜肴。特别是兔肉含有丰富的蛋白质且瘦肉比例高，肌肉色浅呈粉红色，肉质柔软，风味清淡，被称为"保健美容肉"。在烹制加工过程中，极易被调味料或其他鲜美原料赋味，又称"百味肉"。兔肉多用于煎、

图 4-2-18　兔

炸、拌、炒、蒸、烧、焖、卤、炖和煮类的菜品。用兔肉整体制作的菜品有"缠丝兔""红板兔"等；以切块制作的有"粉蒸兔肉""黄焖兔肉"等；以丝、片、丁成菜的有"鲜熘兔丝""茄汁兔丁""花仁拌兔丁""小煎兔"等。

（六）家畜肉的部位分解

烹饪原料的特性不仅具有区域性，而且还具有部位性，动植物原料不同部位表现出来的品质是不同的。因此，烹饪工作者必须了解、熟悉原料的部位分布与结构，通过加工使之成为独立的原料个体，便于烹饪时发挥其独特的性能。

微课：家畜肉部位分解基础

通过对整形原料有规则的分割，使之成为有独立意义的单位和部件，这一过程就是分解。

常用家畜的组织结构基本相似，其分解过程基本一样，我们以猪的分解为例，认识、了解猪的不同部位肉的名称、品质特点和烹饪运用。

猪的分解按猪的骨骼构造和肌体各组织的不同部位，可分为猪头、猪尾、颈肉、上脑、夹心肉、前肘、前爪、里脊、外脊、方肉、软五花、奶脯、臀尖、后腿肉（包括坐臀、元宝肉、黄瓜条）、后肘、后爪。

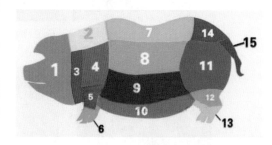
图 4-2-19　猪胴体分解

1. 猪头；2. 上脑；3. 颈肉；4. 夹心肉 5. 前肘；6. 前爪；7. 里脊、外脊；8. 方肉；9. 软五花；10. 奶脯；11. 后腿肉（包括坐臀、元宝肉、黄瓜条）；12. 后肘；13. 后爪；14. 臀尖；15. 猪尾

（七）大部位分解

屠宰后的猪胴体割下头、尾后，分割成左右两爿猪肉，按猪的骨骼和肌肉组织分解成前肢、腹肢、后肢三个部位（图4-2-20）后再进行剔骨。

1. 头、尾部位 猪头从宰杀刀口至颈椎顶端。猪头肉质较嫩、肥而不腻。多用于酱、扒、烧、卤等，可制作"酱猪头""红扒猪头"等。猪尾从尾根部至尾末端。猪尾节多、瘦肉少、皮多，含胶原蛋白丰富。猪尾多用于酱、炖、煮等烹调方法。

2. 前肢部位 前肢部位包括颈肉、夹心肉、上脑、前肘、前爪等。前肢应自猪前部第5～6根肋骨之间直线斩下，不能斩断肋骨。

3. 腹肢部位 腹肢部位包括脊椎骨、排肋、奶脯等。应从后肢部位倒数第4节尾骨处斜线斩下。

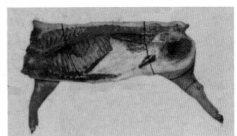

图4-2-20　前肢、腹肢、后肢三个部位分解

4. 后肢部位 包括臀尖、后腿肉（包括坐臀、元宝肉、黄瓜条）、后肘、后爪等。

（八）前肢、腹肢、后肢三部位肉精解

1. 前肢部分（图4-2-21）

（1）颈肉（图4-2-22） 颈肉又称"槽头肉""血脖""脖扣"等。其特点是血污多，肉色红，肉质较老，肥瘦不分。多用于制馅。

（2）上脑（图4-2-23） 上脑又称"第二刀前槽""鹰嘴""肩颈肉"等。肉质较嫩，瘦中夹肥。适宜于炸、溜等烹调方法，如可制作"叉烧肉"等。

图4-2-21　前肢部分

图4-2-22　颈肉

图4-2-23　上脑

图4-2-24　夹心肉

图4-2-25　前肘

图4-2-26　前爪

图 4-2-27　仔排骨

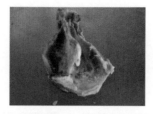

图 4-2-28　扇面骨

图 4-2-29　前肢筒骨

（3）夹心肉（图 4-2-24）　夹心肉肉质较老，筋膜多，肥瘦相间，吸水性强，适宜制馅、做肉丸子等。适宜于爆、炒、炸等。

（4）前肘（图 4-2-25）　前肘瘦肉较多，皮厚筋多。适宜于红烧、扒、酱、焖、炖等烹调方法，可制作"红烧肘子""酱肘子"等。

（5）前爪（图 4-2-26）　前爪皮多筋多，瘦肉少，适宜于烧、炖、酱等烹调方法。

（6）前肢部分分解后的骨头　仔排骨（图 4-2-27）骨间带肉，适宜于制作"糖醋排骨"等菜肴。扇面骨（图 4-2-28）和前肢筒骨（图 4-2-29）基本不带肉，适宜制汤水。

2．腹肢部分（图 4-2-30）

（1）里脊（图 4-2-31）　里脊是猪肉中最嫩的一块肉，内有细筋，适宜于多种刀工成形和多种烹调方法。

（2）外脊（图 4-2-32）　外脊又称"条脊肉""通脊肉""担杖肉""扁担肉"等。肉质细嫩较大，是食用价值较大的一块肉，可代替里脊肉使用，适宜于多种刀工成形和多种烹调方法。

（3）方肉（图 4-2-33）　方肉又称"上五花"。方肉肉质结实，质量较好，一般多用于红烧、粉蒸等烹调方法。

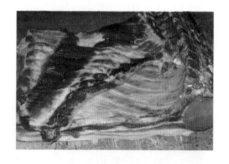

图 4-2-30　腹肢部分

图 4-2-31　里脊

图 4-2-32　外脊

图 4-2-33　方肉

图 4-2-34　软五花

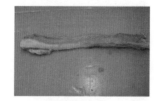

图 4-2-35　奶脯

图 4-2-36　肋骨

（4）软五花（图 4-2-34）　软五花又称"下五花"。软五花肉质松软，质量较差，一般用于炖、焖等较长时间的烹调方法。

（5）奶脯（图 4-2-35）：又称"拖泥"，肉质差，呈泡泡状的肥肉，皮可制冻，肉可炼油。

（6）腹肢部分分解后的骨头　腹肢部分解后就是一块肋骨（图 4-2-36），肋骨可代替前肢部分的仔排骨。

3. 后肢部分（图 4-2-37）

（1）臀尖（图 4-2-38）　臀尖全部为瘦肉，该肉肉质细嫩，可代替里脊、外脊肉使用，适宜于多种刀工成形和多种烹调方法。

图 4-2-37　后肢部分

图 4-2-38　臀尖

（2）坐臀（图 4-2-39）　坐臀又称"坐板"，该肉全部为瘦肉，肉质稍老，肌纤维较长。一般用于炒、酱、烧等烹调方法。

（3）元宝肉（图 4-2-40）　元宝肉又称"弹子肉""子弹肉"，质地较细嫩，肌纤维交叉，用于炒、爆、炸、溜等烹调方法。

（4）黄瓜条（图 4-2-41）　黄瓜条肉质较软、细嫩，肌纤维较长，无筋，适宜多种刀工成形和多种烹调方法。

图 4-2-39　坐臀

图 4-2-40　元宝肉

图 4-2-41　黄瓜条

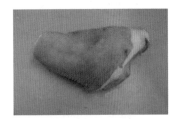

图 4-2-42　后肘

图 4-2-43　后爪

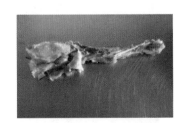

图 4-2-44　尾骨

图 4-2-45　八字骨

图 4-2-46　筒骨

图 4-2-47　肥皂骨

（5）后肘（图 4-2-42）　后肘皮多筋多，瘦肉少。适宜于烧、炖、酱等烹调方法。

（6）后爪（图 4-2-43）　后爪皮多筋多。适宜于酱、炖等烹调方法。

（7）后肢部分分解后的骨头　尾骨（图 4-2-44）骨间带肉，适宜于制作"糖醋排骨"等菜肴。八字骨（图 4-2-45）、筒骨（图 4-2-46）、肥皂骨（图 4-2-47）基本不带肉，适宜制汤水。

（九）牛、羊胴体分解

牛、羊的胴体分解按牛、羊的骨骼结构和肌体各组织的不同部位大致可分为头、颈、脊、排、腹、腩、腱、腿、蹄等。具体牛、羊的胴体分解示意图见图 4-2-28 和图 4-2-29。

图 4-2-48　牛胴体分解

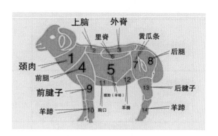

图 4-2-49　羊胴体分解

微课：常用家畜肉的品质鉴别及储存保鲜

（十）常用家畜肉的品质鉴别及储存保鲜

家畜经宰杀后在自身酶的作用下会相继发生尸僵、成熟、自溶、腐败等现象。其中成熟阶段的肉品质最好，自溶阶段的肉开始变质，腐败阶段的肉不能食用。

1. 猪肉的感官鉴别方法及指标（表 4-2-3）。

表 4-2-3　猪肉的感官鉴别方法及指标

指标＼类别	新鲜肉	不新鲜肉	变质肉
色泽	肌肉有光泽，红色均匀，脂肪洁白	肌肉色稍暗，脂肪缺乏光泽	肌肉无光泽，脂肪呈灰绿色
黏度	外表微干或微湿，不沾手	外表干燥或稍粘手，新切断面湿润	外表极干燥，新切断面发黏
气味	具有新鲜猪肉特有的气味	有微酸或陈腐的气味，但在较深层内没有腐败味	有刺鼻的腐败臭味，并在较深的内层也有此味
硬度	肉的切面致密，富有弹性，手指压后凹陷能立即恢复	肉较松软，手指压后凹陷不能即刻恢复，且不能恢复原状	肌肉松弛，手指压后凹陷不能恢复，留有明显痕迹
肉汤	肉汤透明芳香，脂肪有良好气味，并大量聚集在表面	肉汤浑浊，无芳香气味，脂肪呈小滴且浮于表面，无鲜味	肉汤污秽，有黄色絮状物，几乎没有脂肪滴，有严重的臭味

2．牛肉、羊肉的感官鉴别方法及指标（表4-2-4）

表4-2-4　牛肉、羊肉的感官鉴别方法及指标

指标　＼类别	新鲜肉	不新鲜肉	变质肉
色泽	肌肉有光泽，红色均匀，脂肪洁白或淡黄色	肌肉色稍暗，切面尚有光泽，脂肪缺乏光泽	肌肉色暗无光泽，脂肪呈黄绿色
黏度	外表微干或有风干的薄膜，不沾手	外表干燥或稍粘手，新切断面湿润	外表极干燥或粘手，新切断面发黏
气味	具有该种肉的正常气味	有轻微的氨味或脂肪酸败味，但肉的内层无味	有刺鼻的臭味
硬度	肉的弹性很大，手指按压后凹陷处能立即恢复	肉较松软，手指按压后凹陷处不能即刻恢复或完全恢复	肌肉松弛，手指按压后凹陷不能恢复，留有明显痕迹
肉汤	肉汤澄清，脂肪团聚集于表面，具有特殊的香味	肉汤稍有浑浊，脂肪呈小滴且浮于表面，香味差或无鲜味	肉汤浑浊，有白色或黄色絮状物，脂肪极少浮于表面，有严重的臭味

3．用过瘦肉精猪肉的鉴别

瘦肉精全称盐酸克伦特罗，是一种治疗某种疾病的药物。猪食用后能快速生长精肉，并积蓄在猪肝、猪肺等处，人吃了即便是烧熟的肉猪肝、猪肺后，就会立即出现恶心、头晕、肌肉颤抖、心悸等中毒症状。

鉴别猪肉是否含有瘦肉精的最简单的办法是，看该猪肉脂肪（肥膘）的状态，如果该猪肉皮下就是瘦肉，几乎没有脂肪，则该猪肉存在含有瘦肉精的可能，购买时一定要看该猪肉是否具有卫生检疫标志。

家畜肉是容易变化的原料，这主要是由于各种微生物的侵害造成的。家畜肉保质的关键是控制有害微生物的活动和繁殖。因此，低温储存保鲜是目前最常用的方法。

（1）鲜肉的储存保鲜

鲜肉经分解后，按照不同的用途分别放置冰箱，最好不要堆压在一起，以方便取用。

（2）冻肉的储存保鲜

购入冻肉后，应迅速放入冰箱，以防溶化。最好在每块冻肉之间留有适当的空隙。冻肉与冰箱壁也应留有适当空隙，以增加冷冻效果，同时也便于取用。

二、畜副产品

家畜副产品俗称"下水"，通常是指畜体除胴体以外所剩下的内脏及头、尾等，主要包括心、肾、肝、胃、肠、肺、胰等内脏以及头、尾、蹄、舌、耳等。它们以低温储存保鲜方法为主。

畜类副产品常用于菜肴的制作，餐饮业中使用的主要是猪、牛、羊的副产品。

1．肝（图 4-2-50）

种类及外形　烹调中常用的是猪肝、牛肝、羊肝。家畜的肝呈扁平状，一般为红褐色。

品质特点　肝实质细胞质丰富，含水量大，细胞成分多，质地柔软，脆嫩，含有较多的糖类，具有一定的甜味。

品质鉴别　新鲜家畜的肝呈褐色或紫红色，有光泽，柔软有弹性；不新鲜的肝颜色淡，呈软皱萎缩现象；变质的肝颜色变绿，无光泽，触及易碎而无弹性，有酸败味，不可食用。

图 4-2-50　猪肝

烹饪运用及注意事项　刀工处理时要求较高，否则不易成型或过厚。烹调加热时，为了保持细胞内水分使成菜后质柔嫩，往往经上浆后，采用爆炒、氽煮等快速加热方式成菜。如"白油肝片""软炸猪肝""竹荪肝膏汤""熘肝尖"等都是有特色的菜肴。肝在初加工时，需小心去除胆囊，以免胆囊破裂，胆汁污染肝脏。若不小心污染，可用酒、小苏打或发酵粉涂抹在污染的部分使胆汁溶解，再用冷水冲洗，苦味便可消除。

2．肾（图 4-2-51）

别名、种类及外形　家畜的肾俗称腰，腰子，常用家畜的肾有猪肾、牛肾、羊肾、马肾等，餐饮业主要使用猪肾。肾呈豆形、较长扁、对生，外有透明的纤维膜，肾分为皮质部和髓质部，皮质部为主要食用部位。

品质特点　质脆嫩，浅红色。

品质鉴别　新鲜的猪肾呈浅红色，表面有一层薄膜，有光泽，柔润，且有弹性。泡过水的呈白色，体积涨大，质地松软。变质的猪肾呈灰绿色，无光泽，组织松弛，无弹性，有异臭味，不能食用。

图 4-2-51　猪肾

烹饪运用及注意事项　刀工处理主要为花刀，宜用旺火速成的烹调方法。如"爆腰花""肝腰合炒""椒麻腰片"等。肾中的髓质位于皮质的深部，颜色较淡呈白色，致密有条纹。有刺鼻的臊味，所以髓质又俗称尿腺、腰腺，加工时应去掉这部分。

3．胃（图 4-2-52、4-2-53、4-2-54）

图 4-2-52　猪胃

图 4-2-53　牛胃

图 4-2-54　羊胃

别名、种类及外形　畜胃俗称肚、肚子。餐饮业常用的是猪肚、牛肚、羊肚等。家畜的胃壁由三层平滑肌组成，即内斜肌、中环肌、外纵肌。猪为单室胃，呈扁平弯曲的囊状，一端大而圆，幽门括约肌厚实，为肚之上品，饮食业称为肚头、肚尖或肚仁。牛羊为多室胃，亦称反刍胃，牛羊的瓣胃称"牛百页""羊百页"。其中羊百页又称"散丹"。

品质特点 韧性大，脂肪少。

品质鉴别 新鲜的家畜胃有光泽，颜色白中略带一点浅黄。变质的胃呈灰绿色，无光泽，组织松弛，有异味，不能食用。

微课：猪内脏的品种及烹饪应用

烹饪运用 适用于多种烹调方法，如爆、炒、烧、煮、拌、煨、卤等。如"汤爆肚尖""烩三丹""红烧肚片"等。

4. 肠（图 4-2-55）

别名、种类及外形 肠又称肥肠，餐饮业中常用的是猪肠、牛肠、羊肠。肠包括大肠和小肠，从十二指肠到盲肠的一段为小肠，是食物消化和吸收的最重要部分。从盲肠到肛门的一段为大肠，是吸收水分和消化后残渣的暂时贮存所。大肠管径较粗，肌层较厚，黏膜表面光洁，无肠绒毛，是烹调用料的主要部位。小肠肌层很薄，一般用来制作肠衣。

图 4-2-55 肠

品质特点 韧性大而脂肪少，腥臭味重。

品质鉴别及注意事项 新鲜的家畜肠为乳白色，稍软，有黏液，湿润。变质的肠淡绿色或灰绿色，组织软化，有腐败恶臭味，不能食用。

烹饪运用 适于烧、煨、卤、火爆等。如"山东九转大肠""陕西葫芦头"、吉林"白肉血肠"、四川"火爆肥肠"等菜品都尽显此原料的特色。此外，也常利用小肠和大肠的结缔组织为主的黏膜下层做天然肠衣，灌制香肠。

5. 肺（图 4-2-56）

别名及外形 烹调中常用的畜肺主要是猪肺，猪肺又称玛瑙、肺叶。猪肺位于猪胸腔内，呈左右分布，分七叶。肺的表面有浆膜，光滑而湿润。由单层上皮细胞构成的肺泡构成，为毛细血管网所包绕全肺，质柔嫩如海绵。

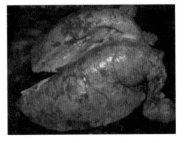

品质特点 肺柔软而有弹性，含有非法的平滑肌纤维、少量网状纤维及胶原纤维等。

品质鉴别 新鲜的肺呈淡粉红色，光洁富有弹性。变质的为灰绿色，有异臭味、无弹性、无光泽，不可食用。

图 4-2-56 猪肺

烹饪运用 适宜于煮、拌、卤煨等烹调方法，如"奶汤银肺""夫妻肺片"等。

6. 心（图 4-2-57）

别名、种类及外形 心又称灵台。常用的有猪心、牛心等。家畜的心呈左、右稍扁的圆锥体形，上部宽大，下部尖。

品质特点 家畜的心由心肌组成，有一定的韧性。

品质鉴别 新鲜度很高的畜心，用手挤压有鲜红的血块排出，组织坚韧，富有弹性，外表有光泽，并有血腥味。变质的心颜色变成红褐色或绿色，且肌肉组织松软，无弹性，有异味。

图 4-2-57 猪心

烹饪运用 常用于爆、炒、卤、酱等烹调方法，也可以制成汤菜。如"卤猪心""炒新花""酱猪心"等。

7. 舌（图 4-2-58）

别名、种类及外形　常用的有猪舌、羊舌、牛舌等，舌又称口条。舌分为舌尖、舌体和舌根三部分。舌表面覆有黏膜，黏膜较厚，角质化程度较高，称为舌苔。

品质特点　舌以肌肉组织为主，肉质细嫩。

品质鉴别　以质地坚硬，有弹性，无臭味为好。变质的舌颜色暗灰红色，外表黏腻，质软无弹性，有臭味。

烹饪运用　常用于煮、拌、卤、烧等烹调方法。

图 4-2-58　猪舌

三、畜肉制品

畜肉制品是指以鲜畜肉为原料，经干制、腌制、熏制、卤制等方法加工而成的成品或半成品。根据加工方法的不同，常将畜肉制品分为腌腊制品、灌肠制品、脱水制品和其他制品等。

（一）腌腊制品

腌腊制品是用食盐、硝、糖、香辛料等对肉类进行加工处理得到的产品，分为腌制品和腊制品两类。腌制品是指用盐腌制后的成品，如火腿、咸肉等。腊制品指农历腊月腌制的肉制品，经风干、烘烤或熏制后的成品，如腊肉、板鸭、风鸡等。

1. 火腿（图 4-2-59）

火腿是用猪后腿经修坯、腌制、洗晒、整形、陈放、发酵等工艺加工成的腌制品。

产地、产季　最著名的是浙江金华火腿（又称南腿）、江苏如皋火腿（又称北腿）和云南宣威火腿（又称云腿），以冬季隆冬所产质量最好。

图 4-2-59　火腿

品质特点　火腿的特点为肉致密而不硬，脂肪肥而不腻，咸淡适口，香味浓郁，色彩鲜明，味道鲜美。

品质鉴别　火腿以皮肉干燥，内外结实，薄皮细脚、爪弯脚直、腿头不裂、形如琵琶或竹叶、完整匀称，皮呈棕黄或棕红色，略显光亮者为佳。

火腿运用时技术要求较严，否则易使风味受损，所以首先要掌握分解的技术及了解烹饪运用的范围。

火腿一般分解为火爪、火膧、雌爿（上方）、雄爿、下腰峰（中方）、滴油（火码）、筒骨、千斤骨等（图 4-2-60）。上方质量最好，上方精肉多、肥肉少、骨细，可供制作火方、切大片、花

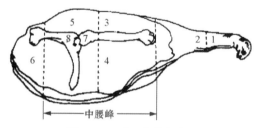

图 4-2-60　火腿各块肉分解

1. 火爪；2. 火膧；3. 雌爿（上方）；4. 雄爿；5. 下腰峰（中方）；6. 滴油（火码）7. 筒骨；8. 千斤骨

刀片；中方质量接近上方，但其中有大骨不易成型，常用于切丝、片、条、丁、块；火膧有皮紧裹，多带皮食用，用整段或块，或切圆片和半圆片均可；火爪、滴油用于炖汤，或与其他原料同炖；骨、皮可用于吊汤，皮可食用。

烹饪运用及注意事项 火腿入馔，可作菜肴的主料、配料、鲜味调味品、配色或配形料。火腿可成咸、甜味菜肴，既可单独成菜，也可与其他多种高低档动植物原料相配成菜。整个菜肴以突出火腿的鲜香为好，由于火腿鲜香味浓，常为熊掌、燕窝、鱼翅、驼峰、海参等本味不显的原料赋鲜香滋味。

用火腿制作菜肴时应注意（1）忌少汤或无汤烹制；（2）忌重味，也不宜用红烧、酱、卤等烹调方法；（3）不宜用酱油、醋、八角、桂皮等香料烹制；（4）忌用色素；（5）不宜上浆、挂糊；（6）勾芡不宜太稀或太稠；（7）忌与牛羊肉原料配合制作菜肴。

2．咸肉（图 4-2-61）

咸肉又叫腌肉、家乡肉、南肉等。是以鲜肉为原料经过干腌或湿腌加工制成的制品。

产地、产季 咸肉是中国最古老的肉制品之一，中国各地均有加工，其中以浙江、江苏、四川、上海等地腌制的咸肉较著名，冬季腌制较多。

品质特点 咸肉质地密而结实，切面平整有光泽，肌肉呈红色或暗红色，具有咸肉固有的风味。

品质鉴别 咸肉以外表干燥清洁，呈苍白色，无霉菌，无黏液，肉质坚实紧密，有光泽，瘦肉呈粉红、胭脂红或暗红色，肥膘呈白色，切面光泽均匀，有正常的清香味，煮熟时具有咸肉香味者为借。

烹饪运用 咸肉适宜于蒸、煮、炒、炖、烧、煨等烹调方法，如"腌笃笋""河蚌煨咸肉"等。

图 4-2-61　咸肉

3．腊肉（图 4-2-62）

腊肉是用鲜猪肉切成条状腌制后，经烘烤或日光下暴晒而成的肉制品，因在农历十二月（腊月）加工而得名。

产地 腊肉的产地主要为广东、四川、湖南、云南等。

品质特点 熏好的腊肉，表里一致，煮熟切成片，透明发亮，色泽鲜艳，黄里透红。吃起来味道醇香，肥不腻口，瘦不塞牙，不仅风味独特，而且具有开胃、去寒、消食等功能。

品质鉴别 以肉色色泽鲜明，肌肉呈鲜红或暗红色，肉身干燥，肉质坚实，有弹性，指压后不留有明显压痕，具有腊制品固有风味者为借。

图 4-2-62　腊肉

烹饪运用 可用炒、烧、煮、蒸、炖、煨等烹调方法，著名的菜肴有四川的"回锅腊肉"、湖南的"腊味合蒸"等。

5．西式火腿（图 4-2-63）

西式火腿用猪肉经开剖、剔骨、整修、腌制、压缩、煮制等工艺制成的长方形或圆形熟制品，是欧洲国家主要的熟肉制品，我国现应用广泛。西式火腿主要有骨火腿和无骨火腿两种类型，形状有方火腿和圆火腿两种。

西式火腿在烹饪中主要用来制作冷盘，也可切成各种小型形状作菜肴的配料。还可制作沙拉原料，做火锅配料等。

图 4-2-63　西式火腿

灌肠制品主要是以猪肉、牛肉等为原料，经刀工处理后，加入各种调辅料腌制，然后灌入天然或人工合成的肠衣等，经烘晾、蒸煮、晾透制成的肉类制品总称为灌肠制品。灌入肠衣的称为"灌肠"，灌入膀胱的称为"灌肚"。

6．香肠

香肠是我国的传统灌肠制品，距今已有一千多年的历史。一般将选取的优质肉类清洗切制后，加入调味料腌制，然后灌入用猪肠制的肠衣中，扎绳分段、在肠衣上刺小孔、晾晒或烘干而成。比较有名的是广东腊肠、川式香肠、江苏如皋香肠、湖南大香肠。

图 4-2-64　广东腊肠

香肠食用时需蒸熟或煮熟，可单独成菜作冷盘，或搭配其他原料制作冷拼或热菜；也可作配色装饰料；有时也作火腿替代品。

（1）广东腊肠（图 4-2-64）　具有色泽油润、红白鲜明、香甜适口、皮薄肉嫩的特色。制作方法是将一定比例的肉类原料和白糖、曲酒、酱油、食盐、胡椒粉、硝盐等拌和均匀，灌入天然肠衣中，自然晾干或经 45～50°C 温度烘干而成。其花色品种多样，主要有生抽肠、腊金银肠、猪肉肠、牛肉肠等几十种。

（2）川式香肠（图 4-2-65）　花色品种及味型多样，有咸鲜醇香、咸麻鲜香、麻辣浓香、果味花香等。所用的调味原料非常丰富，特别是麻味或麻辣味，但不重甜味。

7．香肚（图 4-2-66）

香肚和香肠的制作相似，只不过是用猪的膀胱或鸡嗉囊做包装材料灌制而成。南京香肚为著名产品，始创于清朝同治年间，已有 120 多年的历史。其形似苹果，小巧玲珑，肉色红白分明，入口酥嫩，香甜爽口，香气超过香肠。经不断改进，现已驰名中外。

图 4-2-65　川式香肠

质量好的香肚外皮干燥，并与内容物黏合，不离壳，坚实而有弹性，无黏液、无虫蛀霉斑等。切面肉质紧密，瘦红肥白，香气浓郁。

一般多煮熟后切片直接食用，或用于花色冷拼中。

8．西式灌肠

西式灌肠源于欧洲，目前德国和意大利生产较多。我国目前生产的品种主要有哈尔滨大众红肠、小红肠、大红肠等。

（1）哈尔滨大众红肠（图 4-2-67）由俄罗斯传入我国，现全国均产。成品外表呈枣红色，无斑点和条状黑痕，肠衣干燥，不流油，无黏液，不容易与肉馅分离，表面微有皱褶，切面呈粉红色，脂肪块呈乳白色，肉馅均匀，无空洞，无气泡，组织坚实有弹性，具有红肠的特殊气味。一般多用于冷菜、花色拼盘的原料，或用于炒、烤、蒸、炸等烹调方法。

图 4-2-66　香肚

（2）小红肠（图 4-2-68）　源于奥地利首都维也纳，又称热狗肠，现我国各地均产。小红肠以羊肠作为肠衣，肠体细小，形似手指，稍弯曲，长约 12～14 厘米，外观为红色，肉质呈乳白色，鲜嫩细腻，味香可口。一般多用于冷菜、花色拼盘的原料，或用于炒、烤、蒸、炸等烹调方法。

图 4-2-67　哈尔滨大众红肠

图 4-2-68　小红肠（热狗肠）

图 4-2-69　大红肠

（3）大红肠（图 4-2-69）　大红肠与小红肠基本相同，只是在主料中加有猪脂肪丁。其肠体形状粗大如手臂，表面红色，故称"大红肠"。因西欧人常在吃茶点时食用，所以又称"茶肠"。大好肠肉质细腻，鲜嫩可口，具有蒜味。由于红肠经熏制后，色泽红润，故称红肠。一般多用于冷菜、花色拼盘的原料，或用于炒、烤、蒸、炸等烹调方法。

（二）脱水制品

脱水制品采用各种方法，将新鲜原料中的水分降低，既有储存作用，又可根据工艺不同，形成多种风味的肉制品。干制方法一般分自然干燥和人工干燥法，自然干燥有晾晒、风干和阴干等；人工干燥法有煮炒、烘焙、真空干燥、远红外干燥等。肉皮、蹄筋、驼峰、熊掌、肉松、肉干、肉脯等即常见的干制品。

1．干肉皮（图 4-2-70）

别名、产地、产季　干肉皮又名皮肚、响皮，全国各地一年四季均产。

外形及品质特点　干肉皮一般指猪肉皮晒干或晾干的制品，因油发时能发出"噼啪"的响声，故称"响皮"。猪皮晾干后为肉色，含有大量胶原纤维，质地坚硬，极富胶质，涨发性好。

图 4-2-70　干肉皮

品质鉴别　以猪背皮及后腿皮等质地紧，毛孔细的品质为最好。干肉皮体表洁净无毛、白亮无残余肥膘、无虫蛀、干爽、敲打时声音清脆、质量均较好。如已发霉，并有哈喇味，即已变质。

烹饪运用　干肉皮必须经涨发后才能食用，因此必须学会涨发的方法。涨发后，可切成丝、片等形状，适宜于多种烹调方法。肉皮本身无鲜味，制作菜肴时要注意赋予鲜味。

2．蹄筋（图 4-2-71、4-2-72）

产地、产季　全国各地一年四季均产。

外形、种类及品质特点　餐饮业一般用猪蹄筋，是新鲜猪蹄中的筋的干制品，有前蹄和后蹄筋之分，以后蹄筋质量为好。质干蹄筋老韧、硬，无色，半透明带胶状。

图 4-2-71　干猪蹄筋

图 4-2-72　油发好的猪蹄筋

品质鉴别　色白、无虫蛀，无杂毛，干硬度高者为佳。

烹饪运用及注意事项　蹄筋也必须经涨发后才能使用，涨发的方法有水发、油发、盐发等。适宜于多种烹调方法，但要注意赋予鲜味。

3．驼峰（图 4-2-73）

别名、产地、产季　驼峰又称驼脂、肉鞍、驼鞍等，主要产于新疆、青海、内蒙古等地，一年四季均产。

外形、种类及品质特点　驼峰是骆驼背上的肉峰干制而成，质地柔嫩丰腴。驼峰中的雄峰称为"甲峰"，肉红，半透明，质嫩，为上品；雌峰称为"乙峰"，肉色白，质老，品质较差。

图 4-2-73　驼峰

品质鉴别　形状完整，无其他异味者为佳。

烹饪运用　驼峰必须经涨发，去净残毛，驼峰本身无味，必须与老母鸡、火腿、干贝等鲜味原料一起烹制。

4．肉松、肉干（图 4-2-74、4-2-75）

产地、产季　全国各地一年四季均产。

外形、种类及品质特点　肉松、肉干是将畜肉调味或煮熟调味后脱水干制而成的制品。肉松是末状物；肉干的种类繁多，有猪肉干、牛肉干、羊肉干、马肉干、兔肉干等，这类产品的水分活度很低，大多数细菌已经不能生长，故保质期较长，这类产品的蛋白质含量很高，属于肉制品中的高档产品。

图 4-2-74　肉松

图 4-2-75　肉干

品质鉴别　以表面干燥，无霉斑、无异味，咸度适中者为佳。

烹饪运用　烹饪中沿用广泛，可用于冷菜直接食用，也可以用于点缀菜肴、拼盘围边等。

四、乳及乳制品

（一）乳

乳是乳畜在产犊（羔）后由乳腺分泌出的一种具有胶体特性的生物学液体，呈白色或略带黄色，不透明，味微甜并具有特有的香味，含幼畜生长发育所需的各种营养成分和保护幼畜免受感染的抗体，是哺乳动物出生后最适于消化吸收的全价食物。人类食用的乳按照动物种类划分，主要有牛乳、羊乳、马乳、鹿乳等，其中以牛乳产量最大，商品价值最高。据分析证实牛乳中至少有一百多种化学成分，主要是由水、脂肪、蛋白质、乳糖、盐类、维生素类、酶类等成分所组成。《中国居民膳食指南（2022）》建议成人每天饮用乳液 300～500g 或相当量的乳制品。

1. 牛乳（图 4-2-76）

别名、产地、产季　牛乳又叫牛奶，牛乳以内蒙古、黑龙江、新疆等地所产质量最佳，以夏季和秋季所产较好。

外形、种类及品质特点　牛乳是奶牛的乳腺分泌出的乳白色或微奶黄色的液体。鲜牛乳在常温时呈半透明状，不粘、不沉淀，具有一定的流动性，味稍甜，具特殊的奶香味。牛奶根据产乳期的不同可分为初乳、常乳和末乳。初乳是奶牛产犊后一周内的乳称为初乳，初乳黄色而浓白，有特殊的气味，一般不宜饮用。末乳又称老乳，是奶牛在停乳前半个月所产的乳，末乳味苦，易发酵，存放一段时间便产生不佳气味，也不宜饮用和生产乳制品。常乳是指初乳后、末乳前奶牛所产的乳，该阶段所产的乳各成分的含量基本稳定，风味好，是饮用对象。

图 4-2-76　牛乳

品质鉴别　新鲜质好的牛乳应具有固有的奶香味和滋味，呈均匀无沉淀的液体状，颜色为乳白色或微奶黄色。

烹饪运用及注意事项　牛乳在烹饪中应用广泛，适宜于软炒、蒸、煮等烹调方法。如广东名菜"大良炒鲜奶"、云南少数民族的乳扇等。

2. 羊奶、马奶和鹿奶

羊奶是目前除牛奶以外的第二大奶源，包括山羊奶和绵羊奶。羊奶性状与牛奶相似，但营养价值高于牛奶，其脂肪球细小，凝乳块细软，易于消化吸收。其主要缺点是膻味较重。羊奶大部分供直接饮用，极少用于菜肴、面点的制作。

马奶在新疆、内蒙古等牧区饮用较多，其性状与一般家畜乳相似，但比较清稀。在产区，马奶一般用于制作马奶酒，也可如牛奶一样饮用，或制作马奶酪、酸马奶、马酥酒等。马奶宜煮沸后饮用，马奶忌与鱼类同食。

鹿奶性状与牛奶相似，但比牛奶黏稠，可供直接饮用，饮用时须经稀释加热，也可如牛奶一样用于食品制作。

表 4-2-5　乳制品的分类

分类			特点
液体乳类	纯牛（羊）乳	巴氏杀菌乳	灭菌乳又称长久保鲜乳，分超高温灭菌乳和保持灭菌乳，保质期比巴氏杀菌乳长。超高温灭菌乳（UHT）是在连续流动的状态下，加热至 132℃ 以上并保持很短时间灭菌的产品
		灭菌乳	
	发酵乳	酸乳	以生鲜乳或乳粉为原料，经杀菌、发酵制成
		风味酸乳	以 80% 以上的生鲜乳或乳粉为原料，添加辅料制成
	复原乳		又称"还原乳"，是以乳粉为主要原料，加水制成
	调制乳		以不低于 80% 的牛乳为原料，添加辅料，再杀菌的产品
乳粉类	是否脱脂	全脂乳粉	生鲜乳经杀菌、浓缩、干燥制成的粉状产品
		脱脂乳粉	以不低于 80% 的生鲜乳或复原乳为原料，经脱脂、浓缩、干燥制成，蛋白质含量≥34.0%，脂肪≥2.0%
	是否添加	乳粉	生鲜乳通过冷冻或加热，除去全部水分的产品
		调制乳粉	以生鲜乳或加工乳为原料，添加其他原料，制成乳固体含量不低于 70.0% 的产品
干酪类	产品质地	硬质干酪	牛乳经杀菌、添加发酵剂、凝乳、成形、发酵制得的产品
		软质干酪	乳或乳产品经杀菌、凝乳、分离乳清、发酵、水分占非脂肪成分 67.0% 以上的产品
	加工深度	原干酪	在凝乳酶作用下，使乳、脱脂乳、部分脱脂乳、稀奶油、乳清稀奶油、酪乳中一种或几种原料的蛋白质凝固，排出凝块中的 部分乳清而得到的产品
		再制干酪	以大于 15% 的干酪为原料，加入乳化盐，经加热、搅拌、乳化等工艺制成的产品
炼乳类	淡炼乳		以生鲜乳或复原乳为原料，添加或不添加辅料，经杀菌、浓缩制成的黏稠态产品。添加食糖的为甜炼乳；添加辅料的为调制 炼乳
	甜炼乳		
	调制炼乳		
乳脂类	稀奶油		脂肪含量 10%～80%
	奶油（黄油）		脂肪含量≥80.0%
	无水奶油		脂肪含量≥99.8%
乳清类	乳清		以生乳为原料，采用凝乳酶等生产乳酪类制品时，将凝乳块分离后而得到的液体为乳清。乳清干燥后为乳清粉。乳清经分离、浓缩、干燥制成的蛋白含量≥25.0% 的产品
	乳清粉		
	乳清蛋白粉		
其他乳制品	乳糖		从牛（羊）乳或乳清中提取出来的碳水化合物
	干酪素		以脱脂牛乳为原料，用盐酸或乳酸使其所含酪蛋白凝固，然后将凝块过滤、洗涤、脱水、干燥而获得的产品

（二）乳制品

乳制品是鲜乳经过一定的加工方法，如分离、浓缩、干燥、调香、强化等进行改制所得到的产品。

1. 奶油（图4-2-77）

别名 奶油是把牛奶分离后所得的稀奶油再经成熟、搅拌、压炼而成的乳制品。又称为黄油、白脱油、牛油等。**种类及品质特点** 奶油按其原料或制造方法的不同分成许多种类，按原料不同可分为甜性奶油、酸性奶油、乳清奶油三类；甜性奶油（又称鲜制奶油），未经发酵制成；酸性奶油（又称发酵奶油），经发酵制成，含乳酸；乳清奶油，以乳清为原料制成。按制造方法不同奶油可分为鲜制奶油、酸制奶油、重制奶油及连续式机制奶油四类。

图4-2-77 奶油

品质鉴别 奶油呈均匀淡黄色，表面紧密，无霉斑。稠度及展性适中，具奶油特有的醇香味，无异味，无杂质，可有少量的沉淀物。

烹饪运用 奶油多用于西点，中式面点可作为起酥油使用。

2. 炼乳（图4-2-78）

外形、种类及品质特点 炼乳又称浓缩牛奶，是将鲜牛奶浓缩至原体积的40%左右而成的制品。炼乳分为甜炼乳和淡炼乳两种。甜炼乳是将消毒乳加入15%～16%的蔗糖并浓缩到原体积的40%左右制得的具有保存性的制品，也可由消毒乳先浓缩然后补充蔗糖制成。甜炼乳呈匀质的淡黄色，黏度适中，无块状，无霉斑，无异味等；淡炼乳呈均匀有光泽的淡奶油色或乳白色，黏度适中，无异味。

图4-2-78 炼乳

品质鉴别 以黏度适中，无凝块，无乳糖结晶沉淀，无霉斑，无脂肪上浮，无异味者为佳。

烹饪运用 用于调味或制作面点、糕点、小吃等。

3. 奶酪（图4-2-79）

别名、产季 奶酪又称干酪，常按英文名译为"计司""吉士""芝士"等。生产奶酪较著名的国家有法国、荷兰、意大利等，其中以荷兰圆形奶酪最著名。

外形、种类及品质特点 奶酪是将牛奶、羊奶或混合奶等鲜乳经杀菌后，在凝乳酶的作用下使乳中的蛋白质凝固形成凝乳，将凝固的酪蛋白分出，再经加热和加压成型，在微生物和酶的作用下发酵熟化制得的一种乳制品。奶酪的种类很多，全世界有1000多种，因加工方法不同制成的有硬奶酪、软奶酪、半软奶酪、多孔奶酪、大孔奶酪等。

图4-2-79 奶酪

品质鉴别 以奶酪呈白色或浅黄色，表皮均匀、细薄。切面均匀致密，无裂缝和硬脆现象，有小孔，切面整齐不碎，具有特有的醇香味，微酸者为佳。

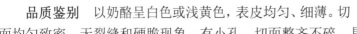

烹饪运用　可以嵌面包或调制各种食品。奶酪做菜是生的臭，熟的香。

第三节　常见禽类原料

一、禽肉

1．鸡

大红色原鸡是家鸡的祖先，鸡在我国至少有3000年的驯养史。

产地、产季　全国一年四季均产鸡，以秋后宰杀的鸡肉最为肥美。

种类及品质特点　鸡按用途分为肉用鸡、蛋用鸡、肉蛋兼用鸡和药食兼用鸡四大类；按鸡的育龄分为仔鸡、成年鸡和老鸡。

肉用鸡以产肉为主，体躯坚实，胸肌、腿肌发达，我国著名的品种有九斤黄（图 4-3-1）、狼山鸡等；蛋用鸡以产蛋为主，著名的品种有白来航鸡（图 4-3-2）、新汉夏鸡等；肉蛋兼用鸡产蛋、产肉性能均优，但没有蛋用、肉用鸡突出，我国著名的品种有寿光鸡（图 4-3-3）、北京油鸡等；药食兼用鸡是医食共用原料，具有很高的食用性，同时具有明显的药用性能，著名品种有乌鸡（图 4-3-4）等。乌鸡又称乌骨鸡。因乌皮、乌骨、乌肉，且内脏，脂肪均为黑色而得名，原产江西泰和县，故也称"泰和鸡"。该鸡全身羽毛纯白，反卷成丝状，体小。乌鸡是目前黑色食品中唯一的动物食品，也是重要的药膳原料，但感冒发热、咳嗽多痰时忌食。

　　图 4-3-1　九斤黄　　　　图 4-3-1　白来航鸡　　　　图 4-3-3　寿光鸡　　　　图 4-3-4　乌鸡

鸡在不同的生长阶段，其肉质的老嫩程度有较大的差别。仔鸡也称嫩鸡，指尚未到成年期（一般为7～8个月左右）的鸡。其特点是羽毛未丰，胸骨软，肉嫩，脂肪少。适宜于炒、爆、炸等烹调方法。成年鸡也叫新鸡，是指一年左右的鸡。其特点是羽毛紧密，胸骨较软，嘴尖较软，后爪趾平，鸡冠和耳垂为红色，羽毛管软，肥度适中，肉质嫩。适宜于炒、爆或烧、炸、煮等烹调方法，老鸡指生长期在一年以上的鸡。其特点是羽毛一般较疏，皮发红，胸骨硬，爪、皮粗糙，呈明显鳞片状，趾较长，成钩形，羽毛管硬，肉质老，但含氮浸出物多，适宜制汤或炖焖。

微课：禽类
基础

微课：鸡的
分类及烹饪
应用

表 4-3-1　常用商品鸡种类

类型	品类	特点
蛋用型	仙居鸡、广丰白耳黄鸡、济宁百日鸡等	以产蛋多为主，亦可供食，风味一般
肉用型	清远鸡、东安鸡、文昌鸡、湛江鸡、岑溪古典鸡、美姑岩鹰鸡、器枝花当当鸡、黑水凤尾鸡、镇龙山瓦灰鸡、七百弄鸡、凉亭鸡、霞烟鸡、灵山香鸡、深沟鸡、武定壮鸡、尼西鸡、龙门三黄胡须鸡、怀乡鸡、榕江小香鸡、六盘水乌蒙凤鸡、湖南桃源鸡、安义瓦灰鸡、城口山地鸡、开县桑叶鸡、宁海梅林鸡、王店三园鸡、茶乡鸡、康县太平鸡、舟曲从岭藏鸡、赤峰绿鸟鸡、琅琊鸡等	均为以黄羽肉鸡为主选育的地方土鸡，体形分大、中、小三类，出栏时间90天以上，脂肪含量高，风味物质多，滋味鲜美
肉蛋兼用型	旧院黑鸡、崇仁麻鸡、南川鸡、竹山郧阳大鸡、寿光鸡、卢氏鸡、固始鸡、庄河大骨鸡、汶上芦花鸡等	不仅肉质肥美，年产蛋也在百只以上
食药兼用型	泰和乌鸡、峰岩乌骨鸡、东兰乌鸡、凌云乌鸡、无量山乌骨鸡、他留乌骨鸡、赤水乌骨鸡、略阳乌骨鸡、洪江雪峰乌骨鸡、郧阳乌鸡、镇坪乌鸡、沐川乌骨黑鸡、兴文山地乌骨鸡、德化黑鸡、朝那鸡	我国特有的珍禽，兼备药用、肉用、观赏价值，闻名中外

烹饪运用及注意事项　鸡在烹饪中应用广泛，可整只入烹，也可分解不同的部位使用；可作冷菜、热菜、汤羹，也可作火锅、小吃、点心、粥饭等；几乎适用各种烹调方法。用鸡制作菜肴时注意鸡肺不能食用，因鸡肺有明显的吞噬功能，它吞噬活鸡吸入的微小灰尘颗粒；肺泡能容纳进入的各种细菌，杀宰后仍残留少量死亡病菌和部分活菌，在加热过程中虽能杀死部分病菌，但对有些嗜热病菌仍不能完全杀死或去除。

2．鸭

鸭由野鸭驯化而来。

产地、产季　全国一年四季均产鸭，以中秋后的鸭最为肥壮丰满。

种类及品质特点　根据用途不同，鸭可分为肉用型、蛋用型、肉蛋兼用型三种类型。按鸭的育龄分为新鸭和老鸭。

我国有名的肉用鸭品种是北京鸭（图4-3-5）和海南的瘤头鸭（图4-3-6）。北京鸭又名油鸭和白鸭，因在饲养中多采用"填食"方式，故又称"填鸭"，其特点是羽毛丰满呈纯白色，体形大，胸部发达，腿短强壮，翅膀短，背长而宽。北京鸭肌肉的纤维间夹杂着白色脂肪，细腻鲜亮，是北京烤鸭的专用鸭。瘤头鸭头部两侧和脸上长有赤色肉瘤，体质强健、肉厚，肉质良好，味美油多。蛋用鸭以产蛋为主，主要品种有福建九龙江下游地区的金定鸭（图4-3-7）。肉蛋兼用鸭的主要品种有江苏高邮的高邮麻鸭（图4-3-8）、江苏苏州的娄门鸭等。新鸭的翼簧已通且有天蓝色的光泽，脚有枕，喉管软；老鸭体较重，嘴上花斑多，喉管坚挺，胸部底角发硬，羽毛色泽暗污。

　图 4-3-5　北京鸭　　　图 4-3-6　瘤头鸭　　　图 4-3-7　金定鸭　　　图 4-3-8　高邮鸭

烹饪运用　鸭肉鲜嫩味美，营养价值高，食用方法与鸡基本相同，一般突出其肥嫩、鲜香的特点，代表菜式如"虫草鸭子""海带炖老鸭""豆渣鸭脯""北京烤鸭""干菜肥鸭""葫芦鸭"等。此外，鸭还参与高级汤料的调制，如熬制奶汤，其提鲜增香的作用十分明显。

表 4-3-2　常用商品鸭种类

类型	品类
蛋用型	绍兴麻鸭、福建金定鸭、攸县麻鸭、监利荆江鸭、贵州三穗鸭、福建连城白鸭、文登黑鸭等
肉用型	北京鸭、西林麻鸭、融水香鸭、百济芝麻鸭、靖西大麻鸭、甲子绿头鸭、枞阳媒鸭
兼用型	微山麻鸭、高邮鸭、四川建昌鸭、郴州临武鸭、巢湖麻鸭、沔阳麻鸭、古田黑番鸭（瘤头鸭）、丰城麻鸭等

3. 鹅

鹅是由鸿雁经人驯化而来。

产地、产季　一年四季产于我国大部分地区。

种类及鹅品质特点　鹅有肉用鹅、蛋用鹅和肉蛋兼用鹅三种类型。肉用鹅的主要品种有狮头鹅（图 4-3-9），狮头鹅是我国最大的鹅种，原产广东潮汕饶平县。狮头鹅头大，头顶上部和两颊均有显著凸出的肉瘤。蛋用鹅主要品种有烟台五龙鹅（图 4-3-10）等。肉蛋兼用鹅主要有浙江奉化鹅（图 4-3-11）、太湖鹅等。

图 4-3-9　狮头鹅　　　　　　图 4-3-10　五龙鹅　　　　　　图 4-3-11　奉化鹅

烹饪运用　鹅肉的风味鲜美，但质地大多比较粗糙，且腥味较重。烹调时，常采用蒸、烧、烤、焖、炖等烹调方法整只或斩件烹制。

4. 鹌鹑（图 4-3-12）

别名、产地、产季　鹌鹑又称赤喉鹑、红面鹌鹑等。全国各地一年四季均产。

外形及品质特点　鹌鹑有野生与家养两种，餐饮业常用的为家养。鹌鹑体形较小，野生鹌鹑尾短翅长而尖，上体有黑色和棕色斑相间杂，具有浅黄色羽干纹，下体灰白色，颊和喉部赤褐色，嘴沿灰色，谢淡黄色，雌鸟与雄鸟颜色相似。家养的鹌鹑具有生长快、生产周期短、产蛋多，繁殖率高，质结实细嫩的特点。鹌鹑肉性平、味甘、健筋骨，被称为"动物人参"。

图 4-3-12　鹌鹑

烹饪运用　适宜于整只烹制，红烧、炸、卤均可。

5. 肉鸽（图 4-3-13）

别名、产地、产季 肉鸽又称菜鸽、地鸽等，全国各地一年四季均产。

外形及品质特点 肉鸽喙短，翼长、大，善飞，体呈纺锤形，毛色有青灰、纯白、茶褐黑白相杂等。肉鸽生长快，繁殖力强，肉质细嫩，纤维短，滋味浓鲜，芳香可口。肉鸽最佳食用期是出壳后 25 天左右，此时称乳鸽，肉质尤为鲜嫩，属于高档原料。

烹饪运用 适宜于整只烹制，红烧、炸、卤、炖、烤等均可。

图 4-3-13　肉鸽

6. 火鸡

别名、产地 火鸡学名吐绶鸡，原产北美。

外形、种类及品质特点 根据颜色可分为青铜火鸡（图 4-3-14）和白色火鸡（图 4-3-15）。青铜火鸡个体大，胸部很宽，头上皮瘤由红色到紫白色，成长迅速肉厚肥满。白色火鸡全身羽毛白色，肉质很好，细嫩多汁。火鸡是美国感恩节必备的传统佳肴。

烹饪运用 火鸡为引进品种，在中餐应用中可制作出中餐特色的菜品，适宜于烤、酱、卤、炒等多种烹调方法，其食用方法与鸡相似。

图 4-3-14　青铜火鸡　　　　图 4-3-15　白色火鸡

二、禽类副产品

家禽副产品俗称禽杂，是指家禽的内脏、蛋及舌、脑、皮、血、爪、蹼等。除禽蛋外，家禽副产品在烹饪中的应用及储存保鲜方法与家畜副产品基本相同。

烹饪中常用的家禽的副产品主要是鸡、鸭、鹅的胃、肾、肝、心、肠等。

1. **胃**（图 4-3-16） 禽胃又称为肫、胗。由腺胃和肌胃两个部分构成，烹饪应用以肌胃为主。肌胃具有后壁俗称胗或砂囊，呈圆形或椭圆形的双凸透镜状，背侧部和腹侧部壁很厚，前囊和后囊壁较薄。禽肌胃的肌层非常发达，由环行的平滑肌纤维构成。因肌纤维中富含肌红蛋白，故肌胃肉质坚实而呈暗红色，是烹饪中应用较多的部位。肌胃质地脆韧，通常使用炒、爆、炸、氽等快速烹调方法，保持其脆韧的口感，如"油爆菊花胗""火爆鸡胗"等；也可用卤、烧等烹调方法成菜。

2. **肾**（图 4-3-17） 肾是公禽的睾丸，鸡肾也叫鸡腰子。其形状如卵，略小于鸽蛋，色乳白，质细嫩，外有筋膜包裹，煮后须剥去，宜烩，如"烩奶汤鸡腰""烩鸡腰豌豆"等。

3. **肝**（图 4-3-18） 禽肝呈淡褐色，分左右两叶，右叶略大。有的因肝内含有脂肪而呈黄褐色或土黄色。鸡肝中蛋白质含量高，氨基酸构成均衡，且 8 种必需氨基酸含量高，不饱和脂肪酸和磷脂含量高，富含维生素 A、铁、硒等多种人体必需的营养成分，但胆固醇含量也是瘦肉 3～5 倍。可用于老年人眼花、夜盲症、原发性视神经萎缩和贫血的食疗。禽肝质地柔嫩、细腻。适宜于爆、炒、熘、炸、卤等烹调方法，如"酥炸鸭肝"等。

鸭肝及普通鹅肝（非人工填饲）烹饪应用同鸡肝。

  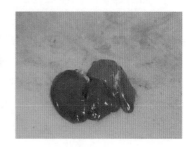

图 4-3-16　鸡胃　　　　　　　　图 4-3-17　鸡肾　　　　　　　　图 4-3-18　鸡肝

4．心（图 4-3-19）　心的结构与畜类的心相似，分为基部和心尖部，表面附着油脂。禽心质韧。宜炒、爆、熘、卤等烹调方法，如玲珑鸡心、火燎鸡心等。

5．肠（图 4-3-20）　禽肠和畜类的肠一样，分大肠和小肠，但较短。《神农本草经》载有鸡肠"主遗溺"，《山东省中药材标准》将新鲜或干燥鸡肠收录为中药材，用于治疗遗尿、遗精、白浊和痔漏。禽肠可作肠衣或直接入馔，烹饪应用最为广泛的是鸭肠。鸭肠质韧，色浅红，外附油脂。初加工去异味后，适宜于爆、炒、涮等烹调方法，如"盐爆鸭肠"等。

图 4-3-19　鸡心　　　　　　　　图 4-3-20　鸭肠

三、禽类制品

禽制品是以鲜禽为原料，经再加工后制成的成品或半成品的烹饪原料。禽制品的种类很多，按来源不同可分为鸡制品、鸭制品、鹅制品及其他禽制品；按加工处理时是否加热，可分为生制品和熟制品；按加工制作的方法不同，可分为腌腊制品、酱卤制品、烟熏制品、烧烤制品、油炸制品、罐头制品等。

常见的禽制品有烧鸡、扒鸡、熏鸡、板鸭、烤鸭、盐水鸭等。其中有些种类可直接食用，为熟禽制品；有些种类必须经过加工后才能食用，为生食制品，如板鸭、风鸡等。

禽制品的储存保鲜方法一般采用阴凉、通风、洁净处悬挂或低温冷藏、真空包装等方法。

1．板鸭

产地、产季　我国多数地区均产，以南京板鸭最为著名。以冬春两季生产制作。

外形、种类及品质特点　板鸭是以活鸭为原料，经宰杀、去毛、净膛、腌制、复卤、凉挂等一系列工序加工而成的咸鸭。大雪到立春产的板鸭叫"腊板鸭",质量最佳;立春到清明产的板鸭叫"春板鸭",质量次之。全国有名的板鸭品种有南京板鸭(图 4-3-21),(南京板鸭又称白油板鸭、贡鸭、琵琶鸭等,已有 500 多年的产销历史)、四川白市驿板鸭、江西南安板鸭、福建建瓯板鸭等。

品质鉴别 以体表光白无毛,切黏液,肌肉板实、坚挺,肉色为玫瑰红色,脂肪乳白色者为佳。

烹饪运用 板鸭制作肴馔须烹制得法,始鲜嫩香酥,肥美可口,否则食之既咸又硬。煮前,用温水洗净表面皮层,浸泡 3h 以上,以减轻咸度,使鸭肉回软。先将锅中放入适量的葱、姜、绍酒的冷水烧开,停火后将鸭放入锅内,使水浸过鸭体,使锅中汤水不能沸腾,用小火焙熟。煮熟后的板鸭待冷却后再切块;以免流失油卤,影响口味。板鸭除供作冷盘外,也可再制成热菜,风味亦佳,广东有"腊鸭饭面焗,香气传三屋"之说。常用的烹调方法有蒸、煮、炖、炒、炸等。

图 4-3-21 南京板鸭

2. 风鸡(图 4-3-22)

别名、产地、产季 风鸡又称风干鸡。风鸡的产地很多,以河南、湖南、云南等省为主。冬季盛产。

外形、种类及品质特点 风鸡是以健康的活鸡为原料,经过宰杀、去内脏、腌制、风干等多道工序加工而成的制品。按产地可分为河南固始风鸡、湖南泥风鸡、云南风鸡等。按其加工方法不同分为光风鸡、带毛风鸡和泥风鸡等。风鸡的制作集腌制和干制于一体,不仅肉质挺硬、柔嫩细滑、鲜爽不腻、腊香浓郁,而且适于储藏。

品质鉴别 以膘肥肉满,鸡肉略带弹性,皮面呈淡黄色,无霉变虫伤者为佳。

烹饪运用 烹制时,先将风鸡去毛洗净后炖煮,至用筷可捣入鸡肉即成,晾凉后拆骨去肉并撕成细丝状备用。可制作冷盘,或加配料进行烧、烩、煮、炒制作热菜,也可以作为火锅的用料。

图 4-3-22 风鸡

3. 风鹅(图 4-3-23)

别名、产地、产季 风鹅又称封鹅。扬州风鹅最为著名,有风香鹅称呼,简称风鹅。现在四季都能生产风鹅。

品质特点 风鹅即鹅经屠宰后取出内脏的光禽腌制后挂在通风处吹晾风干而成的制品。风鹅具有高蛋白、低脂肪、味道鲜美、口感香嫩、回味悠长的特点。

品质鉴别 以鹅形完整,肉质鲜嫩,腊香浓郁者为佳。

烹饪运用 煮熟食用,色、香、味俱全,肥而不腻、酥嫩可口,是一种风味和营养俱佳的美食。

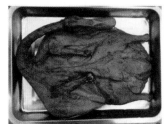

图 4-3-23 风鹅

4．燕窝

别名、产地、产季　燕窝又称燕菜、燕根、燕蔬、金丝、燕室、燕窠菜、燕盏等，产于海南省、泰国及东南亚地区等，产季为每年的 2～4 月和 8～10 月。

外形　燕窝是金丝燕（图 4-3-24）属的多种燕类用唾液、自身纤细羽绒结合海藻、苔藓及所食之物的半消化液等混合凝结后筑成的窝巢。燕窝呈不规则的半月形，长约 6～10cm，宽约 3～5cm，凹陷成兜状。附着于岩石的一面称为燕根，较平，外面微隆起。燕窝的内部粗糙，呈丝瓜络样。质硬而脆，断面似角质。入水则柔软而膨大。

图 4-3-24　金丝燕

种类及品质特点　燕窝分为洞燕、厝燕、加工燕这三个大类。

（1）洞燕

洞燕是指采自岩洞的天然燕窝，它一般存在于悬崖峭壁的岩缝或石洞中，采摘异常艰苦，所以产量不多，十分名贵。金丝燕等在每年 4 月产卵，产卵前必营筑新巢窝。根据巢窝的外表色泽和品质不同，燕窝分为白燕、毛燕、血燕、红燕四类：

①白燕　白燕又称官燕、贡燕、崖燕，是金丝燕筑的第一个窝，又称"一道窝"。白燕完全由唾液制成，偶带少数绒毛，色牙白，光洁透亮，呈半碗状，根小而薄，略有清香，涨发出料高，是最佳品。商品多经熏制增白和去毛，旧时常作官场赠礼并作贡品。白燕有龙牙燕（图 4-3-25）、象牙燕等品种。

②毛燕　毛燕又称乌燕、灰燕（图 4-3-26），为金丝燕第二次筑的窝，又称"二道窝"。因筑时较匆忙，形体已不匀整，杂质也多，色灰暗，质量次于白燕。毛燕有牡丹毛燕，窝体较厚，色较白而有色泽，毛、藻等杂质较少，为毛燕中的上品；直哈毛燕，窝体小而薄，根大瓢小，色灰；暹罗毛燕，窝壁薄而毛多，色白杂灰黑。

③血燕　第二次窝被采后，产卵期近，赶筑的第三个窝（图 4-3-27）。窝形已不规则，毛、藻等杂质更多，且间夹有紫黑色血丝，质次于毛燕。

④红燕　系燕窝筑于岩壁时，为红色渗出液浸润染成，通体呈均匀的暗红色（图 4-3-28）。含矿物质较丰富，产量不多，营养、食疗功效较好，医家视为珍品，民间认为比白燕还要珍贵。又称之为血燕，但二者区别明显。

图 4-3-25　龙牙燕　　　图 4-3-26　毛燕　　　图 4-3-27　血燕　　　图 4-3-28　红燕

（2）厝燕

厝燕指人工饲养的燕鸟在室内筑的窝，较洞燕整齐光洁，但实际应用效果不及洞燕。

（3）加工燕

加工燕有两种。一为燕饼，用毛燕浸发后，去除藻、毛等杂质，再用海藻胶粘结成饼状，质地近于白燕；二为燕饼，又称燕条，为燕窝剩下的破碎体，档次混杂一起，比例不一，质量须视具体情况而定。

品质鉴别 鉴别燕窝，首先区别真假。确定是真燕窝后，再分品类、定档次。一般要求外形完整、匀称，无缺损，身份干燥而微有清香。两只相碰有声，如已回软，质量即受影响。此外，还有两种燕窝须加以区别：一为人造燕窝，用海藻制成，色灰白而无光泽，质粗糙而过于坚硬，并具明显的海藻味，易于识别；一为假燕窝，用淀粉等制成，无边无毛，或微有毛，色洁白乃至如银丝，几可乱真，感官难以识别，须特别注意。

烹饪运用及注意事项 燕窝为珍贵原料。在烹饪应用中，燕窝经蒸发、泡发后，通常采用水烹法如蒸、炖、煮、扒等方法进行烹调，以羹汤菜式为多，制作时常辅以上汤或味清鲜质柔软的原料，如鸡、鸽、海参、银耳等；也可以制作甜、咸菜式。调味则以清淡为主，忌配重味辅料掩其本味；色泽也不宜浓重。燕窝菜肴一般用于高档宴席，著名的菜式如五彩燕窝、冰糖燕窝、鸽蛋燕菜汤、鸡汤燕菜等。

四、禽蛋及蛋制品

（一）禽蛋

禽蛋是雌禽所排的卵，与其他动物卵的区别在于具有蛋壳、蛋清、蛋黄三大特殊结构。除了禽类外，爬行类的蛇、龟、鳖，也可以产蛋。但烹调中应用最广泛的是禽类所产的蛋。禽蛋富含人体所必需的动物性蛋白质、脂肪、卵磷脂以及矿物质和多种维生素，营养成分比较全面，易被人体吸收，是人们日常生活中的重要副食品和较理想的滋补食品。

1. **禽蛋的结构** 禽蛋横切面呈圆形，纵切面呈不规则椭圆形，一头尖，一头钝。禽蛋由蛋黄、蛋白、蛋壳三个部分组成。禽蛋蛋壳约占全蛋重量的11%，蛋白约占58%，蛋黄约占31%。

2. **禽蛋的常用品种** 烹饪运用的禽蛋主要有鸡蛋（图4-3-29）、鸭蛋（图4-3-30）、鹅蛋（图4-3-31）、鸽蛋（图4-3-32）、鹌鹑蛋（图4-3-33）等。应用最多的是鸡蛋。鸭蛋、鹅蛋较大，腥味较重，通常用于制作咸蛋、皮蛋等。鸽蛋、鹌鹑蛋形态较小、质地细腻，在烹调中多整只使用。

图4-3-29 鸡蛋　　　　　　图4-3-30 鸭蛋　　　　　　图4-3-31 鹅蛋

图 4-3-32 鸽蛋

图 4-3-33 鹌鹑蛋

3．禽蛋的理化性质 烹饪中应用较多的是蛋清的起泡性和蛋黄的乳化性。利用蛋清的起泡性，可将蛋清抽打成蛋清糊，用于制作雪山等造型菜肴或与淀粉混合制作蛋清泡糊，以及制作西式蛋糕等。利用蛋黄的乳化作用，可以制作沙拉酱（蛋黄酱）、冰激凌、糕点等。

4．禽蛋的烹饪运用 禽蛋可以单独制作菜肴，也可以与其他各种荤素原料配合使用。适应于各种烹调方法，如煮、煎、炸、烧、卤、糟、炒、蒸、烩等制作多种菜肴，如"蛋松""鸽蛋紫菜汤""子母会""鱼香炒蛋""炸蛋卷"等；适应于各种调味。由于蛋本味不突出，所以，可进行任意调味，如甜、咸、麻辣、五香、糟香等；可以用于制作各种小吃、糕点。如"金丝面""银丝面"；蛋类还可以用于各种造型菜，如将蛋白、蛋黄分别蒸熟后制成蛋白糕和蛋黄糕，通过刀工或模具造型后，广泛用于各种造型菜式中；蛋还可作为黏合料、包裹料，广泛用于煎、炸等烹饪方法中。

5．禽蛋的品质鉴别 鲜禽蛋的品质与蛋的品种有关，主要取决于蛋的新鲜度。鉴别蛋的新鲜度的方法很多，如感官鉴别法、灯光透视鉴别法、理化鉴别法等。在烹饪行业中通常采用感官鉴别法，它主要分为看、听、嗅三种。

看 看主要是指观察蛋壳的清洁程度、完整状况和色泽三个方面。质量正常的鲜蛋蛋壳比较粗糙，壳上附有一层粉状的微粒，清洁，色泽鲜明，蛋壳完整无损，表面无油光发亮的现象；打开蛋壳看，蛋白黏稠度很高，蛋黄饱满，呈半球状。

听 听是从敲击蛋壳发出的声音来辨别蛋类有无裂损、变质。新鲜蛋一般发音坚实，能发出如石子相碰的清脆的咔咔声，摇晃无声音。

嗅 嗅就是闻蛋的气味是否正常、有无特殊的异味。新鲜的蛋打开后有轻微的腥味，无其它异味。如有霉味、臭味，则为变质的蛋。

6．蛋的储存保鲜

引起蛋类腐败变质的是温度、湿度和蛋壳上气孔及蛋内的酶。所以保管蛋品时，必须设法闭塞蛋壳上的气孔，防止微生物侵入，并保持适度的温度、湿度，以抵制蛋内酶的作用。鲜蛋的保管方法很多，餐饮业主要采用冷藏法。

利用冷藏环境中的低温抑制微生物的生长繁殖和蛋内酶的作用，延缓蛋内的生化变化，以保持鲜蛋的营养价值和鲜度。由于蛋纵轴耐压力较横轴强，鲜蛋冷藏时应纵向排列且最好大头向上。此外，蛋能吸收异味，尽可能不与鱼类等有异味的原料同室冷藏。

鲜蛋在冷藏期间，室内温度低可以延缓蛋的变化。但温度过低也会造成蛋的内容物冻结，并且膨胀而使蛋壳破裂。根据实际情况，温度一般控制在 0℃左右合适，最低不得低于-2℃，相对湿度为82%～87%。在冷藏期间，要特别注意控制和调节温度、湿度，温度忽高忽低，会增加细菌的繁殖速度或使盛器受潮而影响蛋的品质。

冷藏虽然比其他保藏方法好，但时间不宜过长，否则同样会使蛋变质。一般在春季、冬季，蛋可贮存4个月；在夏、秋季，蛋最多不超过4个月就要出库。

此外，还有利用不溶性沉积物质堵塞蛋壳气孔的保藏法，多采用石灰水（又名水玻璃、泡花碱）浸渍，也可用液体石蜡、聚乙烯醇等涂膜保藏。

表4-3-3　不同新鲜蛋的光照透视特征

类别	光照透视特征	产生原因	食用性
陈蛋	壳色转暗，透光性差，蛋黄呈明显阴影，气室大小不定，不流动	放置时间久，未变质	可食用
散黄蛋	蛋体呈雾状或暗红色，蛋黄形状不正常，气室大小不定，不流动	受震动后，蛋黄膜破裂，蛋白同蛋黄相混	未变质者可食用
贴皮蛋	贴皮处能清晰地见到蛋黄呈红色。气室大，或者蛋黄紧贴蛋壳不动，一面呈红色，一面呈白色，贴皮处呈深黄色，气室很大	储藏时间太长且未加翻动	不能食用和加工
热伤蛋	气室较大，胚盘周围有小血圆点或黑丝、黑斑	未受精的蛋受热后胚盘膨胀增长	轻者可食用
霉蛋	蛋体周围有黑斑点	受潮或破裂后霉菌侵入所致	霉菌未进入蛋内，可食用
腐败蛋	全蛋不透光，蛋内呈水样弥漫状，蛋黄、蛋白分不清楚	蛋内细菌繁殖所致	不能食用

（二）蛋制品

禽蛋制品是以鲜蛋为原料，经加工后的加工品，大致可以分为7类，见表4-3-4。

表4-3-4　常见蛋制品分类

蛋制品分类	品种
再制蛋	皮蛋、咸蛋、咸蛋黄、糟蛋、醋蛋等
方便蛋制品	风味熟制蛋、蛋肠、蛋干、蛋类果冻、蛋类罐头等
液蛋制品	全蛋液、蛋黄液、蛋白液
冰蛋制品	冰全蛋、冰蛋黄、冰蛋白
干蛋制品	全蛋粉、蛋黄粉、蛋白粉、蛋白片、皮蛋粉
蛋品饮料	乳酸发酵蛋品饮料、鸡蛋酸奶、蛋液冷饮、其他蛋品饮料等
其他	鸡胚蛋、蛋黄酱、蛋黄油、蛋黄卵磷脂、溶菌酶、乳清蛋白肽等

1. 皮蛋（图4-3-34）

别名、产地、产季　皮蛋又名松化蛋、彩蛋、变蛋、五彩松花蛋等。较著名的产地有湖南、江苏高邮、山东微山湖、北京等。一年四季均产。

种类及品质特点　皮蛋按加工时所用禽蛋种类的不同，可分为鸭皮蛋、鹅皮蛋、鸡皮蛋和鹌鹑皮蛋等，以鸭皮蛋最多；按蛋黄中心状态不同，可分为溏心皮蛋和硬心皮蛋，溏心皮蛋是指皮蛋的蛋黄呈现出黏稠的饴糖状态，硬心皮蛋指蛋黄凝结而呈现出较硬的状态。经过特殊的加工方式后，皮蛋会变成半透明的褐色凝固体，黝黑光亮，蛋白表面有松枝状花纹，闻一闻则有一股特殊的香气扑鼻而来。切开后蛋块色彩斑斓，食之清凉爽口，香而不腻，味道鲜美。

图4-3-34　皮蛋

皮蛋是以新鲜的蛋在纯碱、石灰、茶叶、食盐、氧化铅等辅料的综合作用下，经复杂的化学反应而制成的成品。目前，市场上的松花蛋，大致有两种制法：一种是生包法；一种是浸泡法。皮蛋形状椭圆，孔隙细小，内质不粘皮，蛋白呈黄棕色、褐色或茶色。富有弹性的半透明固体上布满了美观的结晶花纹，状如松枝松花。蛋黄外呈墨绿色或草绿色，蛋黄内呈黄红色或橙红色。在我国传统的皮蛋加工配方中，都加入了氧化铅（黄丹粉），因铅是一种有毒的重金属元素，因此，传统的皮蛋中的铅含量使人望而生畏。为此，有关科研部门研究了氧化铅的代用物质，其中EDTA（乙二胺四乙酸）和FWD（镁、锰合成物质）的使用效果较好。

品质鉴别　质优的皮蛋蛋壳完整，两蛋轻敲有清脆声，并能感到内部弹动。剥去蛋壳，蛋青凝固完整，光滑洁净、不粘壳、无异味，呈棕褐或绿褐，有松枝花纹。蛋黄味道清香浓郁，稍具或无辛辣味、无臭味。

烹饪运用　松花蛋口感鲜滑爽口，色香味均有独到之处。皮蛋在烹饪中多作凉菜，也可作热菜或小吃。作冷菜可用麻油、香醋、酱油等调味，也可不调味食用，如皮蛋拌豆腐；作热菜，宜炸、熘、烩等烹调方法，如醋熘变蛋、上汤鲜蔬等。广东等地常用皮蛋制作地方小吃，如皮蛋粥、皮蛋瘦肉粥、咸蛋皮蛋粥等。此外，皮蛋也可作为药膳原料食用。

2. 咸蛋（图4-3-35）

别名、产地、产季　咸蛋又称盐蛋、腌蛋等。全国一年四季均产，以江苏高邮咸鸭蛋最为著名，具有鲜、细、嫩、松、沙、油6大特点。

外形、种类及品质特点　咸蛋是将鲜蛋放在浓盐水中浸泡或用含盐的泥土包在蛋的表面腌制而成的蛋类制品。通常使用鸭蛋作为制作的原料。由于制作方法的不同，咸蛋可分为黄泥蛋（将鲜鸭蛋加黄泥和食盐制成）、灰蛋（将鲜鸭蛋加草木灰及食盐制成）、咸卤蛋（将鲜鸭蛋在盐水中浸泡制成）。

图4-3-35　咸蛋

品质鉴别　以咸淡适口、个大、蛋黄含油丰润、无空头、壳青白者为佳。

烹饪运用　咸蛋在烹饪中主要供蒸、煮后制作冷盘；也可制作咸蛋蒸猪肉、咸蛋蒸鱼、咸蛋紫菜鱼卷、芦笋咸蛋、咸蛋黄瓜筒、咸蛋拌豆干、咸蛋黄玉米粒、咸蛋蒸肉饼、百页咸蛋黄卷等菜式，咸蛋蛋黄油炒后颇似蟹黄，故常用于热菜中。以咸蛋代替蟹黄制作菜肴，如"赛蟹粉""蟹黄"豆腐一类菜中代替蟹黄，色、形几可乱真。还可作粽子、月饼的馅料，或作咸蛋粥等。

3. 糟蛋（图4-3-36）

产地、产季　著名的糟蛋有浙江平湖糟蛋和四川叙府糟蛋，四季均产。

外形及品质特点　糟蛋以鸭蛋、鹅蛋等禽蛋为原料，用酒糟、食盐、醋等腌渍而成的蛋制品。糟蛋蛋壳柔软，蛋质细腻，蛋色晶莹，蛋白呈乳白色的胶冻状，蛋黄呈橘红色半凝固状，滋味浓郁醉香、鲜美，食之沙甜可口，回味悠长。

品质鉴别　以饱满完整，蛋壳脱落，蛋膜柔软，不破不流，色正味醇者为佳。

图 4-3-36　糟蛋

烹饪运用　多为冷食，作为冷菜使用，也可作为凉菜的调味品。

同步练习————————————————————————————

一、名词解释

1. 牛百叶

_____

_____。

2. 腊制品

_____

_____。

3. 北京填鸭

_____

_____。

4. 炼乳

_____

_____。

二、填空题

1. 家畜肉按形态结构可分为_____、_____、_____、_____四大组织。

2. 结缔组织主要是由_____与_____构成。

3. 肌肉组织由_____构成，可分为_____、_____、_____。

4. 脂肪组织一部分蓄结在皮下、肾脏周围和腹腔内，称为_____，另一部分蓄结在肌肉的内外鞘，称为_____。

5. 腌制的方法主要有三种，即_____、_____、_____。

6. 烹调中常用的蛋制品有_____、_____、_____、_____、_____等。

7. 家畜肉的感官检验主要是以_____、_____、_____、_____、

_____等方面来确定肉的新鲜程度。

8. 家禽肉的品质检验主要从禽肉的新鲜度来确定。采用感官检验的方法从其_____、_____、_____、_____、_____、_____等几个方面，检验其新鲜、不新鲜或是腐败。

9. "三不沾"是指不沾_____、不沾_____、不沾_____。

10. 猪的五花肋条，一般带肋骨的称为_____，不带骨的称_____。

三、选择题

1. 瘦肉都是_____。
    A. 横纹肌   B. 平滑肌   C. 心肌   D. 内脏肌

2. 新鲜肝呈_____。
    A. 褐色   B. 黄红色   C. 淡绿色   D. 淡黄色

3. 新鲜肉骨髓应是_____。
    A. 骨腔内充满骨髓   B. 较软、色黄
    C. 较软、呈灰色或白色   D. 骨软烂、色暗

4. 新鲜肉的肉汤应是_____。
    A. 脂肪呈小滴浮于表面   B. 脂肪团聚于表面
    C. 表面几乎不见油滴   D. 肉汤浑浊

5. "牛百页"或"羊百页"是指牛或羊的_____。
    A. 瘤胃   B. 网胃   C. 瓣胃   D. 皱胃

6. 下列肉类中，初步加热后持水性能降低，失水量较大的是_____。
    A. 猪肉   B. 牛肉   C. 羊肉   D. 都一样

7. 鸡制作菜肴时，_____不能食用。
    A. 肠   B. 心   C. 肝   D. 肺

8. 制作"咕噜肉"应选用_____。
    A. 上脑肉   B. 五花肉   C. 里脊肉   D. 坐臀肉

9. 多用于爆炒或制蓉的原料是_____。
    A. 鸡腿肉   B. 猪蹄   C. 鸡脯肉   D. 牛腱子肉

10. 制作"叉烧肉"应选用_____。
    A. 上脑肉   B. 五花肉   C. 里脊肉   D. 坐臀肉

11. 火腿始于_____。
    A. 唐代   B. 宋代   C. 元代   D. 清代

12. 下列不属于西式灌肠的是_____。
    A. 哈尔滨风干肠   B. 1 号茶肠
    C. 北京蒜肠   D. 西式火腿

四、问答题

1. 如何用感官检验的方法来鉴别家畜内脏的新鲜度？

2. 如何检验火腿的品质?

3. 如何用感官检验的方法鉴别鲜蛋?

4. 如何鉴别出用过瘦肉精的猪肉?

五、综合训练

不同品种火腿的识别与调查

（一）训练目标

认识不同品种火腿的种类特征，了解其营养特点及烹饪应用，掌握火腿市场情况。

（二）训练内容

1. 素材准备

利用互联网资源提前准备不同品种火腿的图片、视频或实物等直观素材，对比不同品种火腿的形状、色泽、价格等。

2. 火腿资源调查

利用课外时间通过"京东商城""天猫商城"等网店，了解不同品种火腿的种类、产地、价格等情况。也可去附近的大型超市了解所售火腿情况。

3. 火腿的研究

根据下表进行任务分工，每组学生研究一个火腿品种，围绕指定火腿，利用网络搜集素材，学习研究指定火腿。

表　不同品种火腿的识别与调查表

分工	品类	种类特征	主要产地	价格区间	备注
小组 A	伊比利亚火腿				
小组 B	帕尔玛火腿				
……	……				

（三）训练要求

1. 根据不同品种火腿的观察及资源调查，了解不同品种火腿的种类特征、特点、价格等，掌握火腿的信息资源。

2. 根据指定火腿的素材，从种类特征、烹饪应用、营养保健等方面进行研究，完成800～1000字的火腿介绍。

3. 在火腿介绍文本的基础上，结合搜集的图片、视频等素材，制作幻灯片，用于课堂交流。

第五章　水产原料

学习目标

【知识目标】

1. 了解水产原料的分类、营养特点和安全控制；
2. 掌握典型水产品的烹饪应用、品质检验和贮存保鲜。

【能力目标】

1. 通过实物、图片、视频能够识别各种水产原料；
2. 能够鉴别常见水产原料的新鲜度；
3. 能针对不同水产原料选择合适的烹饪加工方法。

第一节　水产原料概述

一、水产品及分类方法

微课：水产
品原料基础

（一）水产品的概念

水产原料也称"水产品"，是指淡水或海洋渔业生产的鱼类、甲壳类、软体动物类、藻类和其他水生生物的统称。习惯上我们把生活或生长在水中，能作为烹饪原料的有一定经济价值的水生动植物称为水产品。

水产品富含各种营养成分，肉质鲜嫩，味道鲜美，在烹饪中使用广泛。随着水资源的不断开发利用，水产品的产量越来越大，已经成为人们日常生活中的主要原料。

（二）水产品的分类

水产品种类繁多，按其性质可分为动物性水产品和植物性水产品两大类。按生长环境可分为海洋性水产品和淡水性水产品。按生物学的分类结合餐饮业水产应用的习惯，分为六类，藻类归入蔬菜原料中，见图 5-1-1。

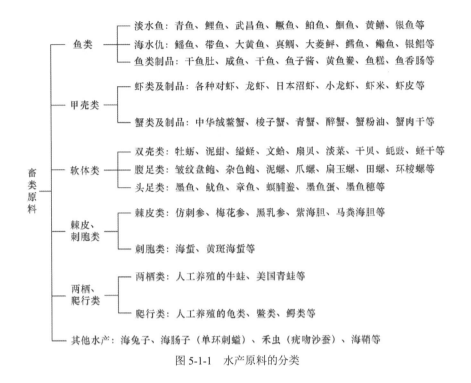

图 5-1-1 水产原料的分类

二、认识水产品类原料的营养价值

水产原料对人类调节和改善食物结构，供应人体健康所必需的营养素，起着重要的作用，是平衡膳食的重要组成部分。《中国居民膳食指南（2022）》推荐我国居民每周应至少食用两次水产品类食物。

水产品是人们摄取完全蛋白质和多种无机盐的较好来源，特别是某些水产品还具有较高的食疗价值。水产品含有人体所需的各种营养素，如蛋白质、脂肪、维生素 A、维生素 D、维生素 E、维生素 B_1、B_2、B_6、B_{12} 及钙、磷、铁、碘、锌等微量元素。水产品中所含的蛋白质提供给人体必需的氨基酸，易消化吸收，不会增加人体的消化压力。同时，水产品的脂肪多为不饱和脂肪酸，对降低胆固醇和降低血液中的中性脂肪有显著效果，还能抑制血液的凝聚，刺激脑细胞发育。因此，水产品是人类重要的营养保健原料。近年科学家还发现，鱼油中含有 DHA，这是一种对人脑和婴儿发育不可缺少而又不可替代的必需脂肪酸，而且还可以增强记忆力。

尽管水产品含有丰富的营养成分，但我们应科学食用。水产品的安全是指水产品中可能含有的一些对人体造成危害的物质，当人体摄入一定量的危害物质后，可能造成机体的食源性疾病。危害物可分成生物危害（病原菌、病毒、寄生虫）、化学危害（生物毒素、人为添加、环境污染、过敏原）和物理危害（异物污染、放射性污染）三类。

我国生食的水产品历史悠久，是沿海地区的特色。生食水产品是以鲜、活、冷藏、冷冻的鱼类、甲壳类、贝类等水产品为原料，未经热加工而制成的可直接食用的水产品。常见的有三文鱼、龙虾、象拔蚌、蚶类、牡蛎、虾类、北极贝、赤贝等。生食水产能保持天然风味和营养，但不经热处理易受寄生虫、微生物和病毒的感染，并造成消费者的食源性疾病。每年都有不少因生食水产品而造成食源性疾病或食物中毒的案例，为了保证生食水产品的安全，餐饮业应采

取必要的控制措施，规范生食水产品的加工操作，减少生食的安全隐患。

三、鱼类的结构特点

鱼类是指终生生活在水中，以鳍游动，用鳃呼吸，具有颅骨和上下颌的变温脊椎动物。

鱼类为适应复杂而又统一的水域生活环境，一方面形成了各种各样的形态结构；另一方面又形成了许多鱼类共有的形态特征。鱼类的躯体由鱼鳍、皮肤、鳞片、骨骼和内脏组成，具有鱼类自身鲜明的特点。

（一）鱼类的体形

鱼类为了适应不同的水环境，因而产生了不同的体形。

（1）纺锤形

这是鱼类中最为常见的体形。这类鱼鱼体呈流线型，头尾轴最长，背腹轴次之，左右轴最短，鱼体的头、躯干和尾三大部分的比例适宜，如草鱼、鲤鱼等。

（2）侧扁形

这类鱼左右轴最短，背腹轴明显加长，游泳能力不如纺锤形鱼类，多生活于中、下层水域。如鳊鱼、鲳鱼等。

（3）平扁形

这类鱼左右轴最长，背腹轴特短，多生活于水域的底层。如鳐鱼、魟鱼等。

（4）棍棒形

这类鱼头尾轴最长，左右轴和背腹轴短而相当。如黄鳝、鳗鱼等。

（二）鱼类的外表结构

（1）**鱼鳞** 鱼鳞是鱼体表一种呈瓦片状的披覆物，是保护鱼体，减少水中阻力的器官。绝大多数的鱼有鳞，少数已退化为无鳞。根据鳞片大小、排列位置，可鉴别鱼的品种和年龄。

（2）**鱼鳍** 鱼鳍俗称划水，是鱼的运动器官。根据鳍的生长部位可分为背鳍、腹鳍、臀鳍、尾鳍。鱼鳍可分为软条和硬棘两种。低等鱼类一般只有一个背鳍，胸鳍腹位，这类鱼的小刺多，如鲢鱼；较高等的鱼类，一般由二个或二个以上的背鳍构成（有的连在一起），腹鳍胸位或喉位，或没有腹鳍，这类鱼没有小刺或小刺很少，如鳜鱼、大黄鱼等。

（3）**侧线** 侧线是鱼体两侧面的两条直线，侧线是鱼类用来测水温、水流、水压的器官。

（4）**鱼鳃** 鱼鳃是鱼的呼吸器官，主要部分是鳃丝，上面布满细密的血管呈鲜红色。大多数鱼的鳃位于头后部的两侧，外有鳃盖。鱼鳃颜色的变化可判断其新鲜程度。鱼鼻孔无呼吸作用，有嗅觉功能。

（5）**鱼眼** 鱼眼大多数没有眼睑，不能闭合。位于头部背面或腹面的主要属于海洋鱼类。

（6）**口** 口是鱼类的摄入器官。不同的鱼类其口的部位、口的形状不同，有的上翘，有的居中，有的偏下短。口的大小与食性有关，一般凶猛鱼类及以浮游生物为食的鱼类的口都大。如带鱼、鲇鱼短等。

（7）**触须** 触须是鱼的一种感觉器官。触须上有发达的神经和味蕾，触觉和味觉的功能。

表 5-1-1　鱼不同部位与食用特征

部位	特　点	食用特征
鱼头	从鱼的身体最前端到鳃盖骨的后缘称为鱼头，主要有口、须、眼、鼻孔和鳃孔等器官	一般食用价值不大。但鲢鱼头、鳙鱼头、牙鲆鱼头等富含脂肪、胶质或肌肉，多清蒸或做汤等
鱼尾	从肛门至尾鳍基部的部分称为鱼尾	食用价值一般，但淡水青鱼的尾部肥美，俗称"划水"，可红烧
鱼肉	鱼体肌肉组织主要由骨骼肌组成，分布于躯干部脊骨的两侧，分为背肌和腹肌。根据肉色可分普通肉（白色肉）和血合肉（暗色肉）	鱼类运用得最多的可食部位，白色肉食用价值大
鱼鳞	保护鱼皮的重要组织，由坚韧的含钙物质所构成。少数鱼头部无鳞，刺河豚的鳞片转化为骨刺	鱼鳞一般无食用价值，通常刮除。鲥鱼、刀鳞、鳞鱼等鱼类鳞片较薄，鳞下脂肪较丰富，新鲜入烹时可以不去鳞
鱼皮	鱼皮外层为薄的表皮层，内层为厚的真皮层　真皮层具有各种腺体细胞，无鳞鱼腺体细胞更发达，能分泌蛋白质黏液	鱼皮脂肪量为 5%～10%，厚厚的真皮层尤其富含结缔组织，胶原蛋白通常约占其重量的 1/3，因此鱼皮比鱼肉更容易炖煮出浓稠的胶质。鲨鱼、鲢鱼背部厚皮可制成名贵的干货"鱼皮"
鱼鳍	鱼类的鳍有背鳍、胸鳍、腹鳍、臀鳍和尾鳍 5 种。淡水鲇鱼类、鳜鱼类的鳍中有毒棘，烹饪加工时要小心	硬骨鱼类的骨质鳍条一般无食用价值；软骨鱼类（如鲨鱼、鳐鱼）的纤维状角质鳍条，可加工成名贵的烹饪原料"鱼翅"，现全球多地禁捕鲨鱼加工鱼翅
骨骼	一般由背脊骨及与其相连的肋骨组成，通常能整副与鱼肉分离。鲱鱼、鲑鱼等鱼类则有不与主要骨架相连的"浮"刺或"细"刺，能支撑一些结缔组织	部分鱼骨可入菜，西班牙的加泰罗尼亚、日本与印度都有酥炸鱼骨这种料理。鲨鱼、鲢鱼等软骨鱼的软骨以及鲤鱼的头骨可加工成名贵原料"明骨"脊髓的干制品则称为"鱼信"
内脏	肝脏、鱼卵、鱼鳔等富含营养成分。鲨鱼、黄鱼、鳕鱼等的肝脏可提取鱼肝油；鱼卵可提取卵磷脂或加工成营养价值很高的食品；鱼鳔是控制鱼体沉浮的银白色瓒状器官	小型鱼类的内脏无多大食用价值，大型鱼类的肝脏、胃、鱼子可烹饪食用，也可加工食品或药品。所有鱼类的鳔都可食用，大型鱼类的鳔干制后可成为名贵原料"鱼肚"

四、鱼类的去腥方法

鱼类是烹饪运用中最大的一个类群。鱼类在产生鲜美滋味的同时也能产生令人不快的腥味，要除去腥味，就要了解鱼类产生腥味的原因，从而对症下药去除腥味。

1. 鱼类产生腥味的原因

（1）海水鱼腐败臭气产生的主要成分为三甲胺。原因在于新鲜的海水鱼体内氧化三甲胺的含量较高，当鱼死亡后，氧化三甲胺还原成具有腥味的三甲胺。另外，某些海水鱼如鲨鱼、魟等板鳃类鱼肉中尚含有 2%左右的尿素，在一定条件下分解生成氨而产生氨臭味。

（2）淡水鱼的腥气成分主要是泥土中放线菌产生的六氢吡啶类化合物与鱼体表面的乙醛结合，则生成淡水鱼的泥腥味。此外，鱼体表面黏液中所含有的 δ-氨基戊醛和 δ-氨基戊酸也都具有强烈的腥臭味和血腥臭味

（3）体表黏液分泌多的鱼类，与空气接触后往往腥味较重。这是因为黏液中的蛋白质、卵磷脂、氨基酸等被体表的细菌分解产生了氨、甲胺、硫化氢、甲硫醇、吲哚、粪臭素、四氢吡

咯、四氢吡啶等腥臭味物质。

2．去除腥味的方法

（1）由于导致鱼腥气产生的三甲胺、氨、硫化氢、甲硫醇、吲哚等物质都属于碱性物质，所以，烹制鱼类菜肴时添加醋酸、食醋、柠檬汁等会使鱼腥气大大降低。

（2）淡水鱼在初加工时应尽量将血液洗净，去掉鱼腹中的黑膜会使腥味减少。

（3）烹制过程中加入料酒、葱、姜、蒜也可使鱼腥味物质减少或被掩盖。

（4）由于尿素易溶于热水，所以，鲨鱼、魟等鱼类在烹制前宜先在热水中浸泡以去除氨臭味。

第二节　常见水产原料

一、鱼类

海洋性鱼类极其丰富，约有 3080 种之多，分布在世界各大海洋中，并具有洄游的习性。洄游是鱼在一定时间内向一个方向集体迁移的一种现象，可分为生长洄游和生殖洄游。由于鱼的洄游形成鱼的捕捞汛期。所以，海洋鱼类有较强的季节性。

海水鱼类的肉质特点与淡水鱼有一定的差异，如肌间刺少，肌肉富有弹性，有的鱼类其肌肉呈蒜瓣状，风味浓郁。海洋性鱼类由于生长环境的不同，内脏无胆。所以，海洋性鱼类敢于大胆地在大海最生存，也因为如此，海洋性鱼类捕捞后可以直接进行冷藏保鲜。

我国内陆水域辽阔，纵横交叉的江河、星罗棋布的湖泊、遍布各地的水库、池塘，优越的地理和气候条件，构成了淡水鱼生存繁衍的得天独厚的自然环境，养育了淡水鱼鲜美的滋味，因此我们在初加工去除内脏时特别要注意不要弄破鱼胆和去净腹腔内的黑膜。鱼胆不但有苦味，而且有毒，经高温蒸煮也不能消除其苦味和毒性。不小心弄破苦胆要及时处理，最简单的方法是在被胆汁污染的鱼肉上涂些酒，或白醋，或小苏打，或是发酵粉，然后用冷水冲洗，苦味便可消除。

（一）常见鱼类

1．大黄鱼（图 5-2-1）

别名、产地、产季　大黄鱼又称大鲜、大黄鱼、宁波黄鱼、大黄花等。为中国近海主要经济鱼类，是传统"四大海洋经济鱼类"（大黄鱼、小黄鱼、带鱼、乌贼）之一。主要分布于黄海南部、福建、广东和江浙沿海，以广东澳岛和浙江舟山群岛产量为最多。端午节前后是大黄鱼的主要汛期。渔汛旺季广东沿海为 10 月，福建为 12 月至来年 3 月，浙江为 5 月。

外形及品质特点　大黄鱼头部有一对晶莹洁白的耳石，侧扁，尾柄细长。头较大，具发达的黏液腔。下颌稍突出。体黄褐色，腹面金黄色。唇橘红色，嘴唇圆，无须，眼侧上位。肉质细嫩，呈蒜瓣状，刺少肉多，肉易离刺，味鲜美。

图 5-2-1　大黄鱼

烹饪运用　大黄鱼适于多种烹调方法，如红烧、清蒸、干烧、糖醋等，整尾烹制或进行刀工处理，也可加工成淡鲞。其鳔可加工成鱼肚。代表菜式如"炸熘黄鱼""干炸黄鱼""生煎黄鱼""黄鱼羹"等。

2．小黄鱼（图5-2-2）

别名、产地、产季　小黄鱼又称小鲜、黄花鱼、小黄瓜、小王瓜等，主要产于黄海、渤海、东海，产期为3～5月和9～12月。

外形、种类及品质特点　小黄鱼体形类似于大黄鱼，但尾柄较短，鳞片较大。肉质细嫩，呈蒜瓣状，味鲜美。

烹饪运用　烹饪方法同大黄鱼，多整尾烹制。也常加工腌制。

图5-2-2　小黄鱼

大黄鱼与小黄鱼的区别　头部：大黄鱼头部较大，小黄鱼较长；鳞片：大黄鱼鳞片较小，小黄鱼鳞较大；嘴：大黄鱼略圆，小黄鱼略尖；尾部：大黄鱼尾柄较长，小黄鱼较短。

3．带鱼（图5-2-3）

别名、产地、产季　带鱼又称刀鱼、牙带、海刀鱼、白带鱼、裙带鱼、鳞刀鱼、净海龙等。主要产地为山东、浙江、河北、福建、广东。产季为每年9月～来年3月。

图5-2-3　带鱼

外形及品质特点　带鱼体侧扁，呈带形；尾细长，呈鞭状；口大，具锐牙。背鳍很长，胸鳍小，无腹鳍，臀鳍鳍条退化呈短刺状；鳞片退化成为体表的银白色膜。带鱼为高脂鱼类，肉质肥嫩而鲜香。

烹饪运用及注意事项　常采用蒸、烧、炸、煎、熏等烹制方法，也可腌制、罐制。代表菜式如"红烧带鱼""椒盐带鱼""糖醋带鱼"等。用带鱼制作菜肴时，宜用冷水。用热水烹调会使菜品腥味重。

图5-2-4　黄姑鱼

4．黄姑鱼（图5-2-4）

别名、产地、产季　黄姑鱼又称铜锣鱼、黄婆鸡、藤萝鱼、春水鱼等，我国沿海均产，产季为每年的5～7月。

外形及品质特点　黄姑鱼体形很像大黄鱼，但黄姑鱼体延长，侧扁；头纯圆。眼中等大。体背还橙色，腹部银白色。黄姑鱼肉呈蒜瓣形，味微带酸。

烹饪运用　干烧、红烧、炖等。

5．白姑鱼（图5-2-5）

图5-2-5　白姑鱼

别名、产地、产季　白姑鱼又称白姑子、白米子、白眼鱼、白鳘子、白果子、白梅、白花鱼，画仔鱼等。我国沿海均产之、主要渔场有长江口、舟山、连云港、鸭绿江口一带及渤海。浙江、江苏等南部海区渔期为5～6月份，辽宁、山东等北方沿海渔期为8～9月份。

外形及品质特点　白姑鱼形状如小黄鱼，但全身呈灰白色；鳞片大而疏松，尾鳍楔形，胸鳍及尾鳍均呈淡黄色。白姑鱼肉厚而细嫩。

烹饪运用 红烧、干烧、干煎等。

6. 鮸鱼（图 5-2-6）

别名、产地、产季 鮸鱼又称鳘子鱼、米鱼，分布于江苏、山东、浙江、台湾以及福建的沿海地区，其中浙江舟山群岛的鮸鱼产量较大，产季为 7～10 月。

外形及品质特点 鮸鱼体延长，侧扁。头尖突，口大，腹部银灰色。鮸鱼肉质鲜嫩、坚实、味美。

烹饪运用 溜、烧、清蒸均可。

图 5-2-6　鮸鱼

7. 鳓鱼（图 5-2-7）

别名、产地、产季 鳓鱼在北方称白鳞鱼，在南方称曹白鲞、白鱼，其他还有叫快鱼、响鱼、鲞鱼。主要产区为渤海，产季为每年的 4～7 月。

外形及品质特点 鳓鱼体侧扁，背窄，头部背面通常有 2 条低的纵行隆起脊。眼大、凸起而明亮，口向上翘成近垂直状、两颌、腭骨及舌上均具细牙。体无侧线，全身被银白色薄圆鳞，腹缘有锯齿状棱鳞，头及体背缘灰褐色，体侧为银白色。背鳍短小始于臀鳍前上方，膀鳍甚小，臀鳍长，其基底长约为背鳍基底长的 3 倍，尾鳍深叉象燕尾形。鳓鱼肉质细嫩，刺多细小，软韧。

图 5-2-7　鳓鱼

烹饪运用及注意事项 清蒸最好，代表菜肴"清蒸鳓鱼""煎转鳓鱼"等，新鲜鳓鱼初加工时不要去鳞。

8. 鲳鱼（图 5-2-8）

别名、产地、产季 鲳鱼又称银鲳、镜鱼、鲳鳊鱼、白鲳、平鱼等。我国沿海均产，东海与南海较多。产季为 4～5 月和 9～10 月。

外形、种类及品质特点 鲳鱼体侧扁而高，呈卵圆形，银灰色；头小，吻圆，口小，牙细。鲳鱼肉质厚、洁白细嫩、刺少、骨软、内脏少，肉多。

图 5-2-8　鲳鱼

烹饪运用 烹饪中多整尾使用，适宜于红烧、红焖、清蒸、清炖、熏烤、煎炸等。代表菜式如"红烧鲳鱼""糟醉鲳鱼"等。

9. 加吉鱼（图 5-2-9）

别名、产地、产季 加吉鱼又称真鲷、加级鱼、红加吉、铜盆鱼等，主要产地在辽宁、河北、山东，产季为立夏至初伏。

外形及品质特点 加吉鱼体高侧扁，体呈银红色，有淡蓝色的斑点，尾鳍后绿黑色，头大、口小，上下颌牙前部圆锥形，后部白齿状，体被栉鳞，背鳍和臀鳍具硬棘。加吉鱼刺少且无小刺，肉质白嫩、细腻且紧密。有"海鱼之冠"的美称。

图 5-2-9　加吉鱼

烹饪运用 加吉鱼适宜于多种烹调方法，以清蒸、清炖或白汁、作汤最能体现其本味。除整尾食用外，也可制鱼丸、馅心。代表菜式如"清蒸红加吉""白汁加吉鱼"等。

10．红鳍笛鲷（图 5-2-10）

别名、产地、产季　红鳍笛鲷又名红鱼。大红鱼、红笛鲷，我国产于南海和东海南部，南海北部海区以北部湾水域为盛产区，盛产期四月份。

外形及品质特点　红鳍笛鲷体表侧线上下方鳞片皆后斜，背鳍鳍条基底大于鳍高，鳍后缘略带圆，体表呈红色，腹部浅红色，故称"美国红鱼"或"红鱼"。红鳍笛鲷肉质丰厚坚实，含丰富的蛋白质和脂肪，味鲜美，

烹饪运用　烹饪中最宜清蒸、清炖，其肉质和应用与加吉鱼相同。

图 5-2-10　红鳍笛鲷

11．鲅鱼（图 5-2-11）

别名、产地、产季　鲅鱼又称马鲛鱼、蓝点鲛、蓝点马鲛、燕鱼，主要产区为渤海、黄海，产季为 4～5 月，7～8 月。

外形、种类及品质特点　鲅鱼体延长，侧扁，银灰色，具暗色横纹或斑点。吻尖突，口大，斜裂，牙尖利。鳞细小或退化。背鳍两个，第二背鳍和臀鳍后部各具 7～9 个小鳍。种类较多，常见的有中华马鲛、康氏马鲛、蓝点马鲛、斑点马鲛。鲅鱼肉质特点：肉多刺少，无小刺，肉质坚实，富有弹性，其尾部味道尤佳。山东沿海民间有"加吉鱼头鲅鱼尾之说"。

烹饪运用及注意事项　鲅鱼可红烧、炸、炒、爆、熘等。代表菜式如"红烧鲅鱼""鲅鱼韭菜饺""糖醋鱼条"等。鲅鱼鱼肝不可食用，含有鱼油毒和麻痹毒素。

图 5-2-11　鲅鱼

12．鲐鱼（图 5-2-12）

别名、产地、产季　鲐鱼又称鲭、青花鱼、油筒鱼，主要产于黄海、东海、南海，产季是 3～6 月。

外形及品质特点　鲐鱼体呈纺锤形，尾柄细。背部青色，腹部白色，体侧上部具深蓝色波状条纹。第二背鳍和臀鳍后方各具 5 个小鳍，尾鳍叉形。肉质坚实但较粗糙，呈蒜瓣状，脂肪含量高，味肥美，略带腥酸味。

图 5-2-12　鲐鱼

烹饪运用及注意事项　鲐鱼多鲜用，适宜多种烹调方法，如红烧、清蒸、干烧等。代表菜式如"菠菜炖鲐鱼""清蒸鲐鱼"等。由于肌肉中组氨酸含量高，死后易变成组氨，可导致中毒，所以，应趁鲜食用或干制、腌制。此外，鲐鱼背后部剖开后有一条红线，有毒，加工时应除去洗净。

13．石斑鱼（图 5-2-13）

别名、产地、产季　石斑鱼又称石高鱼、过鱼。我国主要产于南海和东海南部。产期 4～7 月。

外形、种类及品质特点　石斑鱼体中长，侧扁，色彩变化甚多，常呈褐色或红色，并具条纹和斑点。口大，牙细尖。背鳍和臀鳍棘发达。种类颇多，常见的有赤点石斑鱼、青石斑、网纹石斑鱼、宝石石斑鱼等。石斑鱼骨刺少，肉质鲜嫩，肉为蒜瓣状。

烹饪运用　适宜于多种烹调方法，也可制鱼丸、鱼馅。代表菜式如"清蒸红斑""韭黄炒鱼

球""碎蒸鱼腩"等。

图 5-2-13　石斑鱼　　　　　　　　图 5-2-14　东星斑　　　　　　　　微课：东星斑

14．鲈鱼（图 5-2-15）

别名、产地、产季　鲈鱼又称花鲈、鲈子鱼、板鲈。我国沿海均产，以秋季所产为肥美，"有春鳖秋鲈之说"。

外形及品质特点　鲈鱼体侧扁，下颌突出。银灰色，背部和背鳍上有小黑斑。肉质坚实，呈蒜瓣状，没有腥味，细嫩而鲜美，味清香，刺少，为宴席常用鱼类。

图 5-2-15　鲈鱼

烹饪运用　烹饪中可采取多种方法加工，但均应突出其本味，代表菜式如"清蒸鲈鱼""白汁花鲈""鲜熘鲈鱼片""菊花鲈鱼羹"等。除鲜食外，也可用于制罐、熏制。

15．马面鲀（图 5-2-16）

别名、产地、产季　马面鲀又称绿鳍马面鲀、象皮鱼、剥皮鱼、面包鱼。主要产于黄海、渤海、东海。春、夏、冬均产。

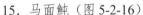

微课：鲈鱼

外形及品质特点　马面鲀体两侧压扁，呈长椭圆形，体表蓝黑色，体侧具不规则暗色斑块。第二背鳍、臀鳍、尾鳍和胸鳍绿色，两个腹鳍退化成短棘，不能活动。吻长、口小、端位。由于马面鲀的皮厚而韧，食用前需剥去。肉质坚实而细嫩，味鲜美。

图 5-2-16　马面鲀

烹饪运用及注意事项　鲜食常清蒸、红焖；煮熟干制后肉质更佳，用前经水发后，可炒、爆、熘、烩、汆汤等，口感柔韧滑爽。由于马面鲀为低脂鱼类，需用重油烹调。代表菜式如"葱烧马面鱼""糖醋马面鱼"等。运用时要注意马面鲀体表覆有一层沙质的皮，厚而韧，食用时应先剥去皮。

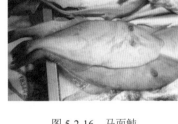

16．鳕鱼（图 5-2-17）

别名、产地、产季　鳕鱼又称为大头鳕、石肠鱼、大头鱼等。分布于北太平洋，我国产于黄海和东海北部，产季为 12 月至翌年 2 月份和 4～7 月份。

图 5-2-17　鳕鱼

外形、种类及品质特点　鳕鱼体延长，稍侧扁；头大，尾小，灰褐色，具不规则暗褐色斑点和斑纹。鳞细小。上下颌和犁骨具细牙，下颌前端下方有一触须。肉质细嫩洁白，水分多、脂肪少、蛋白质含量高。

烹饪运用 烹饪中主要用于红烧、红焖、清炖等，也可熏制。代表菜式如"清蒸鳕鱼""红烧鳕鱼"等。

17．鲱鱼（图 5-2-18）

别名、产地、产季 鲱鱼又称青条鱼、青九红线、海青鱼、鲦。在我国只产于黄海和渤海。每年 12 月到翌年 3～4 月为盛产期。

图 5-2-18 鲱鱼

外形及品质特点 鲱鱼鱼体狭长，侧扁长一般体长 25～35 厘米，体重 20～80 克、眼有脂膜，口小而斜，侧上位，两颌、犁骨与舌上均有细牙、体被薄鳞，鳞片较大。排列稀疏，容易脱落。腹部钝圆，无侧线。腹缘有弱小棱鳞。背鳍始于腹鳍的前方，尾鳍深叉形。背侧为蓝黑色，腹部为银白色。鲱鱼腹部含脂肪较多，腹易破。不耐储存，鲱鱼肉质细嫩肥美，刺多。鲱鱼子极为名贵，有"黄色钻石"之称。

烹饪运用 适宜清蒸、清炖、红烧、炸、煎等烹调方法。

18．沙丁鱼（图 5-2-19）

别名、产地 沙丁鱼又称沙脑鳁、真鳁。我国主要产地广东、福建。

外形、种类及品质特点 沙丁鱼外形体侧扁，银白色，臀鳍最后两鳍条宽大。一般体长 14～20 厘米、体重 20～100 克左右。沙丁鱼有很多的品种，常见的有银白色和金黄色两种。沙丁鱼肉质鲜嫩，富含脂肪，味道鲜美。

图 5-2-19 沙丁鱼

烹饪运用 烹调方法常用为炸、制汤等。沙丁鱼是制做罐头的优良原料。

19．鳐鱼（图 5-2-20）

别名、产地、产季 鳐鱼又称老板鱼、劳子、华子。我国主要产于黄海、东海、南海。夏季盛产。

外形、种类及品质特点 鳐鱼体呈圆形或菱形，胸鳍宽大，由吻端扩伸到细长的尾根部；有些种类具有尖吻，由颅部突出的喙软骨形成。体单色或具有花纹，多数种类脊部有硬刺或棘状结构，有些尾部内有发电能力不强的发电器官。鳐鱼体型大小各异。鳐鱼的头和身体直接连接，

图 5-2-20 鳐鱼

没有脖子。鳐鱼的种类很多，全世界发现的鳐鱼有 100 多种，名种有孔鳐、斑鳐等。鳐鱼全身黏液透明光亮，颜色鲜艳，腹部肉中白中带红，肌肉弹性强，肉质稍为粗糙。

烹饪运用及注意事项 烹饪中以焖、烧、炸为宜。但鳐鱼肉有氨的气味，可在热水中烫或清水浸泡半小时。

20．金枪鱼（图 5-2-21）

别名、产地、产季 金枪鱼别名青干。我国主要产于南海和东海。春季、夏季为盛产期。

外形及品质特点 金枪鱼体长形，粗壮而圆，呈流线型，向后渐细尖而尾基细长，尾鳍叉状或新月形。尾柄两侧有明显的棱脊，背、臀鳍后方各有一行小鳍。肩部有由扩大之鳞片组成

的胸甲。金枪鱼鱼肉赤红，富含脂肪，肉质细嫩，味鲜美，肉多刺少。

烹饪运用　金枪鱼适宜于炸、溜、烧、焖等烹调方法。

21．海鳗（图5-2-22）

别名、产地、产季　海鳗又称狼牙鳝、牙鱼，我国沿海均产，冬至前后为盛期期。

外形、种类及品质特点　海鳗体长，呈圆筒形，背侧灰褐色，腹部白色；背鳍和臀鳍延长，与尾鳍相连，无腹鳍；鳞片细小，埋没在皮肤下。海鳗肉多刺少，肉质细嫩洁白。

烹饪运用　海鳗在烹饪中运用方式多样，适于蒸、炸、烧、熘、烤等。可加工成段、块也可剔下鱼肉制成鱼片或蓉泥。

图 5-2-21　金枪鱼

22．鲻鱼（图5-2-23）

别名、产地、产季　鲻鱼又名乌支、九棍、葵龙、田鱼、乌头、乌鲻、脂鱼、白眼、丁鱼、黑耳鲻等，中国沿海均产，尤以南方沿海较多，渔汛期自10月至翌年12月。

外形及品质特点　鲻鱼体较长，前部近圆筒形，后部侧扁，银灰色、具暗色纵纹，头部扁平，下颌前端有一突起，上颌中央具一凹陷。鲻鱼肉质厚、细嫩、味鲜美，无细骨，鱼肉香醇而不腻，营养丰富。

烹饪运用　鲻鱼的烹饪方法多样。可清蒸、煎炸、油浸，也可做汤，或鱼片生拌。其鱼卵可制作鱼子酱，更是驰名中外的珍馐美味。

图 5-2-22　海鳗

图 5-2-23　鲻鱼

23．弹涂鱼（图5-2-24）

别名、产地、产季　又名弹糊、跳鱼、泥猴等。我国沿海均产，尤以夏秋两季产量较多。

外形及品质特点　弹涂鱼栖息于海水中或河口附近，常出水跳跃，退潮后弹跳跃在泥涂中上觅食，因名弹涂跳鱼。弹涂鱼体长略呈圆柱状，灰褐色，无鳞，眼大突出并能转动，胸鳍基部有一肌柄，可以用作在陆上支撑、爬行的器官，腹鳍愈合成一吸盘，背部颜色较深且具小黑点，腹部灰白，尾鳍圆形。弹涂鱼肉质鲜美细嫩，爽滑可口，富含油质，蛋白质和脂肪含量丰富。日本人称其为"海上人参"，特别是冬令时节弹涂鱼肉肥腥轻，故又有"冬天跳鱼赛河鳗"的说法。

图 5-2-24　弹涂鱼

烹饪运用　弹涂鱼的烹饪方法多样，可清炖、红烧、油炸、氽汤及制鱼干等。中国宁波一带的人常以弹涂鱼配豆腐和笋片做汤，如是加入了火腿或香菇，其味更鲜美，如"乌龙（弹涂鱼）铭白玉（豆腐）"是一道驰名的佳肴。

24．比目鱼

比目鱼因其眼睛长在一侧故名比目鱼，它包括鳒、鲆、鲽、鳎、舌鳎等。其共同特点是体侧扁呈扁片状，不对称，两眼在一侧，有眼的一侧预提灰褐色或有斑点，鳞为栉鳞，无眼一侧预提白色有细小圆鳍背鳍、腹鳍臀鳍均长，尾鳍截形，全身一根大刺。

　　比目鱼因其表现有一层厚的黏性蛋白液，极易被细菌污染而引起变质，所以不易储存。新鲜鱼经冷冻后其肉质也会因脱水而变得松散无力，因此最好趁新鲜时烹制。比目鱼在烹制菜肴时忌大火长时间烧煮，否则鱼肉会烂成糊状。

　　（1）牙鲆（图 5-2-25）

　　别名、产地、产季　牙鲆又称左口、牙偏，我国沿海均产，春季、夏季盛产。

　　外形、种类及品质特点　牙鲆是比目鱼的一类，为重要的海产名贵鱼类之一。体侧扁，呈长圆形，两眼均在体的左侧。有眼的一侧褐色，具暗色或黑色斑点；无眼的一侧白色。口大，左右对称。鳞细小，背鳍和臀鳍被鳞。肉质细嫩而洁白，味鲜美而丰腴，刺少。

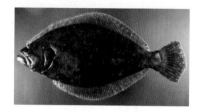

图 5-2-25　牙鲆

　　烹饪运用及注意事项　烹饪中适于刀工处理成条、块、丁、片、蓉等，可用于多种烹调方法，也可干制、腌制、罐制。代表菜式如"白汁偏口""清蒸牙鲆"等。由于易腐败，须注意保管。

　　（2）高眼鲽（图 5-2-26）

　　别名、产地、产季　高眼鲽又称为高眼、长脖、大嘴，产于东海、黄海和渤海，春季、夏季盛产。

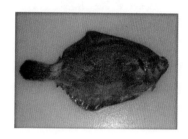

图 5-2-26　高眼鲽

　　外形、种类及品质特点　高眼鲽是比目鱼的一类。高眼鲽体侧扁，呈长圆形，两眼均在体的右侧。有眼的一侧褐色，无眼的一侧白色。口大，左右对称，鳞细小。肉质及风味较牙鲆差。

　　烹饪运用　烹饪中多进行刀工处理，常用于爆、炒、炸、熘等烹制方法。也可腌制、熏制。代表菜式如"清蒸鲽鱼"等。

　　（3）星鲽（图 5-2-27）

　　别名、产地、产季　星鲽也称花片、花、鲆等。产于东海、黄海和渤海。春季、夏季盛产。

　　外形、种类及品质特点　星鲽两眼都在右侧，鱼鳍有斑点。星鲽肉质细嫩，味鲜美。

　　烹饪运用　烹饪中多进行刀工处理，常用于爆、炒、炸、熘等烹制方法。也可腌制、熏制。代表菜式如鲜熘鱼片等。

图 5-2-27　星鲽

　　牙鲆与星鲽的区别　牙鲆与星鲽外形相似，区别是牙鲆的眼睛长在鱼体左，而星鲽眼睛长在右侧。牙鲆有眼的一侧体表有灰色或深褐色曲斑点，星鲽无斑点。牙鲆背鳍起始于上眼前上方，星鲽背鳍起始于上眼后缘。

　　（4）条鳎（图 5-2-28）

　　别名、产地、产季　条鳎又称花鲬鳎、花板、花牛舌、花鞋底、花利、虎皮、花条鳎、花手绢、猫利、九平分、万平分。我国沿海一带均产，尤以东海产量最多。产季在每年的 11 月至来年的 1 月。

外形、种类及品质特点 条鳎是比目鱼的一类。条鳎体延长，舌状或卵圆形。眼睛小，眼间隔平坦，两眼均在头的右侧。头前部的鳞变形为绒毛状感觉突。头短，口小呈弧形，左右不对称。有眼一侧（背面）呈淡黄褐色，并具深褐色横带花纹，上下均延伸至背鳍和臀鳍；无眼一侧胸鳍退化，体呈乳白色，尾端背面有艳黄色纵点花纹。背鳍、臀鳍和尾鳍全相连接。侧线明显，呈直线状。条鳎肉质坚实而肥美。

图 5-2-28　条鳎

烹饪运用及注意事项 条鳎适宜多种烹调方法。由于条鳎的鱼皮也易脱落且很易粘锅，烹调前需挂糊煎炸或在初加工时撕去鱼皮。

（5）舌鳎（图 5-2-29）

别名、产地、产季 舌鳎又称为牛舌、龙利、箬鳎鱼，我国沿海均产，春季、夏季盛产。

外形、种类及品质特点 舌鳎是比目鱼的一类。鳎鱼体侧扁，不对称，两眼均在左侧。口下位，吻部下弯如勾。背鳍和臀鳍完全与尾鳍相连，无胸鳍。种类较多，常见的有宽体舌鳎、斑头舌鳎和半滑舌鳎等。舌鳎肉质坚实细嫩而肥美。

图 5-2-29　舌鳎

烹饪运用及注意事项 适于多种烹调方法，代表菜式如名菜红烧鳎板中段、清蒸鳎鱼。由于鳎鱼的鱼皮易脱落且很易粘锅，烹调前需挂糊煎炸或在初加工时撕去鱼皮。

条鳎与舌鳎的区别 条鳎与舌鳎的外形比较相似，其区别是条鳎的双眼长在鱼体右侧，舌鳎双眼长在左侧；条鳎体高头大，舌鳎体长添大；条鳎有一条侧线且平直，舌鳎有三条侧线均在有眼的一侧；条鳎背鳍起始于上眼前缘，臀鳍起始于胸鳍的下方，舌鳎背鳍起始于头顶端，无胸鳍。

25．**中华鲟**（图 5-2-30）

别名、产地、产季 中华鲟又称鲟鱼、鳇鲟、大癞子、黄鲟、着甲、腊子、覃龙、鳇鱼鲟鲨等。是世界上现有鱼类中体形大、寿命长、最古老的一种鱼类，迄今已有 2 亿多年的历史，称之为"水中活化石""长江鱼王"。主要分布于新疆、黑龙江、长江、珠江各河流及沿海。每年秋季为捕捞期旺季。

图 5-2-30　中华鲟

外形及品质特点 中华鲟是一种大型洄游性鱼类，为我国特产鱼类，它们生在江河里，长在海洋中。属于软骨硬鳞鱼类。身体长梭形，尾部犁状，基部宽厚，尾端尖，略向上翘。口下位，尾歪形，体背 5 行骨板。中华鲟为高蛋白多脂肪性鱼类，肉质肥美。

烹饪运用及注意事项 适宜清蒸、清炖、红烧、炸、煎等烹调方法，但要注意不能捕杀野生的中华鲟鱼。

26．**鲥鱼**（图 5-2-31）

别名、产地、产季 鲥鱼又称为时鱼、三来、三黎、惜鳞鱼等，我国主要产于长江、珠江、钱塘江。以长江下游所产最多最肥，江苏镇江焦山最负盛名，端午节前后 20 天左右最为肥美。

图 5-2-31　鲥鱼

外形、种类及品质特点　鲥鱼体侧扁，体背部灰黑色，略带蓝色光泽，体侧及腹部银白色；体被大而薄的圆鳞，腹部具棱鳞。鲥鱼体内脂肪肥厚，蒜瓣肉，肉厚，质白嫩，细腻鲜美。

烹饪运用及注意事项　鲥鱼最宜清蒸，如清蒸鲥鱼、酒酿蒸鲥鱼等。鲥鱼鳞片下富含脂肪，烹制时脂肪溶于肌肉中，增加肉的鲜香，所以，鲥鱼初加工时不去鳞。

27．银鱼（图 5-2-32）

别名、产地、产季　银鱼又称面长鱼、面条鱼。分布于我国、日本、朝鲜等地，栖息近海、河口或淡水，三、四月在长江口区产卵，渔获量大。

外形、种类及品质特点　银鱼体细长，透明；头平扁，口大，具锐牙；背鳍和脂鳍各一个；体表光滑，雄鱼臀鳍上方具一纵行扩大鳞片，体型较小。我国种类较多，常见的有大银鱼、太湖新银鱼、间银鱼等。银鱼肉嫩刺软，具独特鲜香风味。

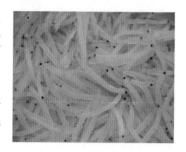

图 5-2-32　银鱼

烹饪运用　银鱼在烹饪中适于炸、炒、熘、氽、作汤等，也常用于干制。代表菜式如"银鱼炒鸡蛋""软炸银鱼""银鱼紫菜汤"等。

28．鲚鱼（图 5-2-33）

别名、产地、产季　鲚鱼异名鮤、鱴刀、江鲚、野毛鱼等，我国沿海河口均产，3～8 月为盛产期。

外形、种类及品质特点　鲚鱼体狭而扁，头小，口大，脊鳍短，臀鳍甚长，生活在近海，春季上溯于江河而产卵。有"凤鲚"和"刀鲚"两个种类。凤鲚又称"凤尾鱼""烤子鱼"，刀鲚又称"刀鱼""野毛鲚""毛花鱼"等。鲚鱼鲚鳞片小，刺细软，肉质鲜美。

图 5-2-33　鲚鱼

烹饪运用　鲚鱼宜清蒸、炸等烹调方法。

29．鲤鱼（图 5-2-34）

别名、产地、产季　鲤鱼又称为龙鱼、拐子、毛子等，地方名叫龙门鲤。产于我国各地的河、湖、池塘、水库及河沟。一年四季均产，春秋两季产量最多，以 2～3 月产的最肥。

外形、种类及品质特点　鲤鱼身体侧扁，背鳍、臀鳍均具硬刺，最后一刺的后缘具锯齿，口部具两对须。鲤鱼的品种较多，根据生长地区可分为江鲤、河鲤、池鲤三类。著名黄河鲤鱼体色金黄，有金属光泽；长江鲤鱼鳞肉均为白色；池鲤鱼鳞黑刺硬。鲤鱼肉质坚实而厚，细嫩刺少，味鲜美。

图 5-2-34　鲤鱼

烹饪运用　鲤鱼适于多种烹调方法及调味，常整尾入烹，也可行多种刀工处理。著名菜肴有山东的"糖醋黄河鲤鱼""红烧鲤鱼"，河南的"软熘鲤鱼焙面"等。

30．鲫鱼（图 5-2-35）

别名、产地、产季　鲫鱼又称鲋，鲫瓜子、刀子鱼等，古称脊，我国各地湖水最均产，2～4 月和 8～12 月所产最肥美。

外形、种类及品质特点　鲫鱼身体侧扁，青黑色或红色，背

图 5-2-35　鲫鱼

鳍和臀鳍具硬刺，最后一刺的后缘具锯齿，口部无须。鲫鱼的品种很多，常分为银鲫（质量较好，味鲜而肥嫩）、黑鲫（质量较次，稍有土腥味）两大品系。鲫鱼肉质细嫩，味鲜美，但刺较多。

烹饪运用　适宜于煮、烧、炸、熏、蒸等多种烹制方法，一般整尾入烹，代表菜式如"豆腐鲫鱼""葱酥鲫鱼""清蒸鲫鱼等"。

31．青鱼（图 5-2-36）

别名、产地、产季　青鱼又称青鲩、黑鲩、乌青、螺蛳青等，为我国四大淡水养殖鱼类之一，也是我国四大家鱼之一。全国各地均产，以秋季、冬季产量较好。

图 5-2-36　青鱼

外形及品质特点　青鱼身体呈亚圆筒形，青黑色，鳍为灰黑色，头宽而扁平，无须，背鳍无硬刺。青鱼肉厚而多脂，刺少味鲜美。

烹饪运用　适宜于多种烹调方法及味型，可切段或制鱼片、鱼蓉、鱼条等，也可干制或腊制，代表菜式如"菊花青鱼""红烧青鱼"等。

32．草鱼（图 5-2-37）

别名、产地、产季　草鱼又名鲩鱼、草根鱼、鲲鱼等，为我国四大淡水养殖鱼类之一，也是我国四大家鱼之一。我国南北方一年四季均产，9～10月的质量为最优。

图 5-2-37　草鱼

外形及品质特点　草鱼身体呈亚圆筒形，青黄色，鳍为灰色，头宽平，无须，背鳍无硬刺。草鱼肉厚色白，质地细嫩，富有弹性，少刺味鲜美。

烹饪运用　适宜于多种加工方法，可整用或加工成片、块、条、蓉等，代表菜式如"西湖醋鱼""清蒸鲩鱼""蒜香草鱼"等。

33．鲢鱼（图 5-2-38）

别名、产地、产季　鲢鱼又称白鲢、鲢、鲢子鱼等。为我国四大淡水养殖鱼类之一，也是我国四大家鱼之一，与鳙鱼、草鱼、青鱼合称"四大家鱼"。多产于长江以南的淡水湖中，以冬季产的为最好。

图 5-2-38　鲢鱼

外形及品质特点　鲢鱼身体侧扁，银灰色，鳞片细小，腹面腹鳍前后均具肉棱。肉薄，质细嫩，味鲜美，含水量高，易变质，体较大者肉质更佳，但小刺较多。

烹饪运用　一般适宜于红烧、炖焖、糖醋及油炸等烹制方法，常整用，有时经刀工处理，代表菜式如"红烧全鱼""豆瓣鲜鱼"等。

34．鳙鱼（图 5-2-39）

别名、产地、产季　鳙鱼又称花鲢、胖头鱼、大头鱼、黑鲢、松黑等。为我国四大淡水养殖鱼类之一，也是我国四大家鱼之一。全国各地均产。以冬季所产为最佳。

图 5-2-39　鳙鱼

外形及品质特点　鳙鱼背部暗黑色，具不规则小黑斑，头大，约为体长的三分之一，腹面从腹鳍至肛门具脂棱。肉质细嫩，但小刺较多，味鲜美。

微课：鳙鱼

烹饪运用　主要适于烧、焖、炖、炸的方法，整用或经刀工处理。鳙鱼的头大而肥美，常单独烹制成菜，如"砂锅鱼头""青炖鱼头""鱼头火锅"等。

> **知识拓展：四大家鱼**

淡水养殖的四大家鱼是指最为中国人所熟悉的四种食用鱼类，分别是青鱼、草鱼、鳙鱼、鲢鱼，经过一千多年的人工选择成为优良的水产品种。在中国的淡水养殖品种结构中，四大家鱼一直占据主要位置。四大家鱼的产量约为淡水鱼类总产量的80%，长江产区鱼苗产量最高时有300多亿尾。四大家鱼广泛分布在中国各大水系，养殖和天然都有。

青鱼生活在水的下层，主要吃螺、蚌等水底动物；草鱼生活在水的中层，主要吃水生植物的茎和叶；鲢鱼生活在水的中上层，主要吃浮游植物；鳙鱼栖息在水的中上层，仅次于鲢鱼那样接近水面，主食浮游动物，但成鱼期也食一些浮游植物。

35. 鳜鱼（图 5-2-40）

别名、产地、产季　鳜鱼亦称桂鱼、鳌花鱼、花鲫鱼等，主要产于南方的淡水湖中，为名贵淡水食用鱼类之一，2～3月最肥美。

微课：鳜鱼

外形及品质特点　鳜鱼身体侧扁，背部隆起，青黄色，具不规则黑色斑块；背鳍一个，硬刺发达；口大，下颌突出；鳞细小，圆形。眼睛较大，背部较低。肉质细嫩，刺少，肉呈蒜瓣状，味鲜美。

图 5-2-40　鳜鱼

烹饪运用及注意事项　适于多种烹调方法，最宜清蒸、糖醋、红烧、干烧；可整尾入烹，也可切片，代表菜式如"红烧鳜鱼""松鼠鳜鱼""白汁鳜鱼"等。由于鳜鱼的背鳍硬刺有毒，初加工时应小心。

36. 鳊鱼（图 5-2-41）

别名、产地、产季　鳊鱼又称长身鳊。分布全国各地，夏季盛产。

外形及品质特点　鳊鱼体侧扁，略呈菱形，体指微黑色，腹侧淡白色，胸鳍黄棕色，其他各鳍色较淡。头小，口端位，背鳍有光滑硬刺。鳊鱼肉质嫩滑，味道鲜美，

图 5-2-41　鳊鱼

烹饪运用　最宜清蒸、干烧、红烧等，如"清蒸鳊鱼""红烧鳊鱼"等。

37. 团头鲂（图 5-2-42）

别名、产地、产季　团头鲂又称团头鳊、平胸鳊、武昌鱼。团头鲂仅分布于长江中下游附属中型湖泊，以湖北产的最为著名，秋季盛产。

外形及品质特点　团头鲂体高而侧扁，呈菱形，银灰色；腹面在腹鳍后部具肉棱；头小，口宽，鳞片中等大小，基部灰

图 5-2-42　团头鲂

黑色，边缘较淡，因而体侧出现数条灰白色纵纹。肉质细嫩，脂肪含量高，味鲜美。

烹饪运用 团头鲂最宜清蒸、干烧、红烧等，代表菜式如"清蒸武昌鱼""油焖武昌鱼"等。

38．鳡鱼（图5-2-43）

别名、产地、产季 鳡鱼又称黄钻、黄颊、黄鳟、竿鱼、水老虎、大口鳡、鳏、鳏等。分布甚广，我国自北至南的平原地区各水系，一年四季皆产此鱼。

图 5-2-43　鳡鱼

外形及品质特点 鳡鱼体形长，亚圆筒形，头尖长，吻尖，呈喙状。口大，无须，眼小，稍突出。鳞细小。体背灰褐色，腹部银白色，背鳍、尾鳍深灰色，颊部及其他各鳍淡黄色。性凶猛，行动敏捷，常袭击和追捕其他鱼类，一旦受其追击就难有逃脱者，为淡水养殖的害鱼，属典型的掠食性鱼类。但肉质鲜嫩，为上等食用鱼类。

烹饪应用 可用于焖、炖等烹调方法。

39．非洲鲫鱼（图5-2-44）

别名、产地、产季 非洲鲫鱼又称罗非鱼、南洋鲫鱼、越南鱼等。原产热带非洲，后广泛移植于东南亚，后传入我国。以秋冬季所产的质量最好。

图 5-2-44　非洲鲫鱼

外形及品质特点 非洲鲫鱼体形似鲫鱼，灰褐色或暗褐色；背鳍棘部发达，臀鳍具三棘，尾鳍截形。肉质比鲫鱼细嫩而微甜，刺少但粗硬。

烹饪运用 非洲鲫鱼适宜于煮、烧、炸、熏、蒸等多种烹制方法，一般整尾入烹，代表菜式如"清蒸罗非鱼""干烧越南鱼"等。

40．江团（图5-2-45）

别名、产地、产季 江团又称为长吻鮠、肥沱、鮰鱼、肥王鱼等。为名贵食用鱼类。主产于我国长江、淮河、珠江流域，以岷江的乐山江段、长江的重庆江段所产质量最佳，夏季盛产。

外形及品质特点 江团体延长，前部平扁，后部侧扁，浅灰色；背鳍和臀鳍均具硬刺，脂鳍低而延长；吻圆突，口腹位，具须四对；眼小；无鳞。江团肉质细嫩，味鲜美，细刺少。

图 5-2-45　江团

烹饪运用 江团最宜于清蒸、红烧、粉蒸、清炖、氽汤等，代表菜式如"清蒸江团""氽鮰鱼""奶汁肥王鱼"等。其鱼鳔肥厚，干制后为名贵鱼肚。

41．虹鳟鱼（图5-2-46）

产地、产季 虹鳟鱼原产美国加利福尼亚山溪中，凶猛性鲑科鱼类。1959年从朝鲜引进，每年11月至翌年5月捕捞。

外形及品质特点 虹鳟鱼体长而侧扁，似草鱼。头部较小，吻园钝、中等长，口大端位。体背暗绿色，腹面灰白色，侧面银白色，体侧中央侧线部位有一红色纵带似彩虹，如同彩虹，因此得名"虹鳟"。虹鳟鱼肉质厚实，刺少肉多，肉鲜味美。

图 5-2-46　虹鳟鱼

烹饪运用 虹鳟一般用清炖、红烧、清蒸等方法制作，如

"红烧虹鳟"等。

42．黑鱼（图 5-2-47）

别名、产地、产季 古时称鳢鱼、铜鱼。亦称鳢，又名乌鱼、活头、乌棒、乌鳢等。产于淡水湖或河中，四季均产，以冬季产的最肥。

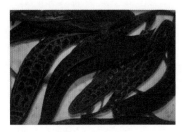

图 5-2-47 黑鱼

外形及品质特点 黑鱼身体呈亚圆筒形，青褐色，具三纵行黑色斑块，背鳍、臀鳍均延长，口大，牙尖。黑鱼肉多刺少，肉厚而致密，味鲜美，熟后发白。

烹饪运用 黑鱼适于多种烹调方法，尤其适于清炖、熬汤。经过刀工处理，出肉后切片、丝、丁、条均可。如"将军过桥""炝乌鱼片""清蒸黑鱼""清汤鱼圆"等。

43．鳝鱼（图 5-2-48）

别名、产地、产季 鳝鱼又名黄鳝、长鱼、长鳝等，全国各地均产，以 6～8 月最肥，民间有"小暑鳝鱼赛人参之说"。

外形及品质特点 鳝鱼体细长，呈蛇形，黄褐色，具暗色斑点，无胸鳍和腹鳍，背鳍和臀鳍低平，与尾鳍相连，头大，口大，眼小。全身只有一根三棱刺。鳝鱼肉厚刺少，鲜味独特。

图 5-2-48 鳝鱼

烹饪运用及注意事项 鳝鱼适于多种烹调方法和调味，常切段、丝、条入烹。烹制时宜与蒜瓣相配，成菜后加胡椒粉风味更佳。代表菜式如"干煸鳝丝""红烧鳝段""脆鳝"等。鳝鱼死后体内丰富的组氨酸迅速分解成有毒物质，故死鳝鱼不能食用。

44．河鳗（图 5-2-49）

别名、产地、产季 河鳗又称白鳗、简称鳗鱼、鳗鲡等。河鳗似蛇，但无鳞，一般产于咸淡水交界海域。主要分布在长江、珠江流域及江河湖泊中。一年四季均产，冬春季最肥。

外形及品质特点 河鳗头狭小，鱼体长，前部呈圆筒形，后部侧扁，背侧为灰褐色，背侧下方为白色，背鳍和臀鳍狭长与尾鳍相连，无腹鳍。鳞细小，隐没皮下。河鳗肉质细腻，色洁白，富含脂肪，滋味鲜美，为上等食用鱼类。

图 5-2-49 河鳗

烹饪运用及注意事项 河鳗适宜于清蒸、清炖、红烧、焖等

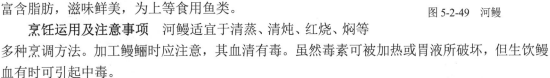

多种烹调方法。加工鳗鲡时应注意，其血清有毒。虽然毒素可被加热或胃液所破坏，但生饮鳗血有时可引起中毒。

河鳗与海鳗的区别 河鳗与海鳗外形有些相似，但河鳗有细小的鳞，海鳗则身体光滑无鳞；河鳗背部暗褐色，下方白色，海鳗体为银灰色；河鳗眼小口小，上下颌无犬牙，只有细齿，海鳗眼大口大，上下颌有犬牙；河鳗体近圆筒形，海鳗体呈亚圆筒形。

45．黄颡鱼（图 5-2-50）

别名、产地、产季 黄颡鱼又称嘎牙鱼、嘎鱼、黄鳍鱼、黄

图 5-2-50 黄颡鱼

腊丁、黄骨鱼等。我国各地均产，为常见中小型食用鱼类。四季均产，以秋季较好。

外形及品质特点　黄颡鱼身体延长，前部平扁，后部侧扁，青黄色，大多具不规则褐色斑纹；背鳍和胸鳍各具一硬刺，脂鳍低平，尾鳍分叉；口宽，下位，具四对须；无鳞。肉质细腻滑嫩，刺少，脂肪含量高，味鲜美。

微课：黄颡鱼

烹饪运用　黄颡鱼适宜于烧、焖、炖、煮汤等。代表菜式如"黄焖黄颡鱼""麻辣黄腊丁""清蒸黄骨鱼"等。

46．鲶鱼（图 5-2-51）

别名、产地、产季　鲶鱼又称为土鲶、鲇鱼、土鲇、鲇、鳀等。分布于我国各地淡水中，9～10 月肉质最佳。

外形、种类及品质特点　鲶鱼身体前部平扁，后部侧扁，灰黑色，有不规则暗色斑块，臀鳍长，与尾鳍相连，胸鳍具一硬刺，口宽大，有须两对，眼小，无鳞，皮肤富黏液腺。肉质细密柔嫩，刺少，脂肪含量为鱼类之冠，味腴而鲜美，为上等食用鱼类。

图 5-2-51　鲶鱼

烹饪运用及注意事项　鲶鱼适宜于多种烹调方法，尤以烧、蒸最为常用，代表菜式如"大蒜烧鲢鱼""清蒸鲶鱼"等。烹调中应注意鲶鱼体表粘且腥，烹调前应先焯水去腥或用黄洒、香辛料等去除；卵有毒，但可为高温破坏，食用时应高温烹制；其胸鳍硬刺也有毒，刺伤皮肤可以引起剧痛，初加工时应小心。

47．泥鳅（图 5-2-52）

别名、产地、产季　泥鳅又称鳛、鳅、鳅、求鱼等。我国除青藏高原外，各地淡水中均产，5～6 月为最佳食用期。

外形及品质特点　泥鳅身体呈亚圆筒形，具不规则黑色斑点，尾鳍呈圆形，口小，有须五对，鳞细小且埋于皮下。肉质细嫩，刺少，味鲜美。

图 5-2-52　泥鳅

烹饪运用　泥鳅主要适于烧、炸及氽汤的烹制方法，代表菜式如"酥炸泥鳅""软烧泥鳅""泥鳅钻豆腐"等。

48．塘鲤鱼（图 5-2-53）

别名、产地、产季　塘鲤鱼又叫土部、鲈鳢、荡部、荡鱼、吐哺、土附、菜花鱼、土甜、河塘鳢等。分布江苏、浙江、安徽、福建、湖北、湖南等地。清明时节最为肥美，有"清明土部鱼初美"之说。

外形及品质特点　塘鲤鱼体粗壮，前部呈圆筒形，后部侧扁，头大而阔，稍扁平，腹部浑圆，口大，上位，斜裂达眼中心的下方。上下颌具细齿。犁骨无齿。眼小，突出。背鳍两个，各

图 5-2-53　塘鲤鱼

自分离。各鳍均无硬刺。胸鳍大，圆形；尾鳍后缘稍圆。无侧线。体呈黑褐色，带有黄色光彩，腹部淡黄，体侧有不规则的大块黑色斑纹，各鳍都有淡黄色与黑色相间的条纹。塘鲤鱼个体虽小，但其含肉量高，肉质细嫩可口。

烹饪运用　塘鲤鱼可滑炒、红烧、清炖、清蒸等。

（二）鱼类品质鉴别的标准

鱼类的品质鉴别的方法有感官鉴别和理化鉴别两种，行业中最常用的是感官鉴别方法。市场上出售的商品鱼有活鱼、鲜鱼和冰冻鱼三类。选购时应注意这三类鱼的品质特点。

微课：鱼类品质鉴别及储存保鲜

1．活鱼

由于海洋性鱼类在捕捞后脱离海水环境会很快死亡，市场上的活鱼主要是淡水鱼。质量好的活鱼活泼好动，反应敏捷，游动自如，体表有一层清洁透亮的黏液，各部位无伤残。质量差的活鱼行动迟缓，容易翻背，体表常有伤残部位。

2．鲜鱼

鲜鱼是指死后不久的鱼。根据新鲜程度可分为新鲜鱼、不新鲜鱼和腐败鱼三类。其感官鉴别的方法及指标见表 5-2-1。

表 5-2-1　新鱼的感官鉴别方法及指标

指标＼类别	新鲜鱼	不新鲜鱼	腐败鱼
鱼鳃	鳃盖紧闭质密，鳃内整洁，鳃板鲜红或粉红，黏液较少并呈透明状，无异味	鳃盖松弛，表面污秽，鳃内不洁，鳃板黑灰，黏液多并有异味	鱼鳃呈灰白色、有黏液污物，有异味
鱼眼	眼球饱满稍凸出，眼澄清而透明，并且很完整，周围没有充血的现象	鱼眼多少有些塌陷，色泽灰暗，有时由于内部溢血而发红	眼球破裂，并移动位置
鱼鳞	鱼鳞鲜明，有光泽，附着牢固，不易脱落，无黏液或表面有透明无异臭味的少量黏液	鱼鳞光泽稍差，黏液较多	鱼鳞很容易脱落，光泽暗淡，表面黏液多，且浑浊黏腻，有异臭味
鱼鳍	表皮完好	部分表皮破裂，光泽减退	鱼鳍表皮消失，翅骨暴露而散开
鱼唇	鱼唇肉紧实，不变色	吻部肉苍白无光泽	唇肉苍白并与骨分离开裂
鱼皮表面	表皮上黏液较少，体表清洁，鱼皮未变色，有弹性，用手压下的凹陷随马上恢复，肛门周围呈一圆坑形，硬实皮白，肚腹不膨胀	黏液增多，透明度下降，鱼背较软，苍白色，用手压入凹陷不能平复，失去弹性	肛门较多突出，同时肠内充满因细菌活动而产生的气体使腹膨胀，有腐臭味
鱼肉	组织紧密而有弹性，肋骨与脊骨处的鱼肉组织很结实	鱼肉松弛，用手拉脊骨与肋骨极易脱离	有霉味、酸味

3．冰冻鱼

冰冻鱼是利用冷冻方法保鲜的海洋性鱼类和淡水性鱼类，其质量好坏与冷冻前鱼的质量有密切关系，其新鲜度因冷冻不易鉴别。一般应观察以下特征。

（1）鱼外表

质量好的冻鱼，鱼鳞完整，色泽鲜亮，肌体无残缺；质量差的冻鱼，鱼鳞不完整，皮色暗淡无光，体表不整洁，肌体有残缺。

（2）鱼眼

质量好的冻鱼，眼球凸起，角膜清亮。质量差的冻鱼，眼球下陷，没有光泽，黑白不分明，常有污物。

（3）鱼肛门

质量好的冻鱼，肛门完整不裂，外形紧缩不凸出。质量差的冻鱼，由于体内不新鲜，导致肛门松弛、凸出，甚至腐烂有破裂。

知识拓展：如何鉴别污染鱼类

有些水域受到大量化学物质的污染，生活在这种水域中的鱼把富含有毒物质的食物摄入体内，通过"食物链"的放大作用，使得各种鱼特别是食肉性鱼类的体内大量聚集有毒物质，一旦被食用就会严重地威胁人们的身体健康。受到污染的鱼，可以从四个方面加以鉴别：

看鱼形 受污染较严重的鱼其体形一般有变化，如外形不整齐，脊柱弯曲，与同类鱼比较其头大尾小，鱼鳞部分脱落，尾部发青，肌肉有紫色的淤点。

辨鱼鳃 正常鱼鳃是鲜红色。被污染的鱼因其水中毒物聚集鳃中，使鱼鳃大多变成暗红色，不光滑，比较粗糙。

观鱼眼 有些受污染的鱼体型和鱼鳃都比较正常，但眼睛出现异常，如鱼眼浑浊，失去正常的光泽，甚至向外鼓出。

尝鱼味 污染严重的鱼经煮熟后，食用时一般都有怪味，特别是煤油味。这种怪味是由于生活在受污染水域中的鱼，鱼鳃及体表沾有较多的污染物，煮熟后吃到嘴里便有一股煤油味或其他不正常的味，无论如何清洗及其他方法处理，这种不正常的味道始终不会去掉。所以不能食用。

（三）鱼类储存保鲜的方法

从市场采购回的鱼类，有些是刚捕获的，有些是经过短时间储存的，有些是经过长时间冷冻的。因此，鱼类在储存保鲜过程中应针对不同的情况，采用科学的方法，选择正确的储存保鲜方法，保存鱼的新鲜度。

1．活养

活的淡水鱼适宜于清水活养，部分海洋性鱼类可采用海水活养。养鱼的鱼池要求干净、宽阔，让鱼能游动自如。要求根据鱼池所养鱼的不同，分别选用不同水质的水。如果养海洋性鱼类，最好选用无污染的海水，如果没有海水，可以使用"海水晶"（根据海水特点配制成的一种结晶体，使用时按比例冲入清水中即可制成与海水相似的水），也可以在清水中加入适量的盐；如果养淡水鱼，可以用清水，但池水要清，不能有污水、污物，尤其是不能有油腻物混入。现在行业中造的养鱼池大多使用循环水，且有过滤，因此，基本1个月左右才换水。大部分鱼最适宜的水温在20～30℃，因此，鱼池必须装有制冷和供氧设备，防止夏天天气炎热而造成鱼的死亡。

此外，还应注意将不同鱼类分别装入不同的鱼池，防止它们在同一池内互相残杀，或把适应不同生活环境的鱼放入同一鱼池，并应注意池里的鱼不能太拥挤。

2．冷冻、冷藏法

对于已经死亡的各种鱼类，储存保鲜以冷冻保藏为主。冷冻、冷藏时应先把鱼体洗净，去净内脏，滤干水分。冷冻、冷藏的温度视不同情况而定，一般应控制在-4℃以下，如果数量太多，需储存较长时间，温度宜控制在-20℃左右。冷藏时应注意堆放，但不宜叠堆过多，否则冷气进不了鱼体内部就会引起外面冻而内部变质的现象。冷藏鱼烹制前，应充分解冻，最好采用自然解冻的方法。

（四）鱼类干货制品

鱼类制品是以新鲜鱼类或局部经过脱水干制、腌制、糟制等加工方法制作成的产品。根据加工方法的不同，可分为鱼类干货制品、鱼类腌制品、鱼类糟醉制品等。

鱼类的储存保鲜以低温及气调储存保鲜为主。储存保鲜时应注意库房的通风、透气、干燥、凉爽，避免日光长时间照射，避免受闷生虫、受潮发霉、腐败。并注意一些气味较重的原料分开存放，防止串味，影响食用。

1. 鲞

鲞是鱼类、软体动物类等水产品的腌干或淡干的干货制品的统称。鲞的种类很多，因加工方法及加工季节的不同而异。主要品种有黄鱼鲞、鳗鱼鲞、鲨鱼鲞等。

（1）黄鱼鲞（图5-2-54）

图 5-2-54　黄鱼鲞

别名、产地、产季　黄鱼鲞以大黄鱼加工而成，故又称大黄鱼干。黄鱼鲞主要产于浙江、福建沿海。以每年的三伏天所产者为好，头伏产者最佳。

外形、种类及品质特点　黄鱼鲞洁白、形圆。味鲜、咸淡适口。背开盐渍后经漂洗晒干的称"淡鲞"或"白鲞"，质优；不经漂洗直接晒干的称"老鲞"。整条盐渍后晒干的称"瓜鲞"，质量较"淡鲞"差。黄鱼鲞肉质厚实、细嫩鲜美、口味独特。

品质鉴别　以洁净有光泽、刀口整齐、盐度轻干度足为上品。

烹饪运用　黄鱼鲞的吃法一般是切条煨汤、蒸食等，或与白菜、豆腐同熬，味甚鲜美。名菜有"白鲞烤猪肉"等，风味独特。

（2）鳗鱼鲞（图5-2-55）

图 5-2-55　鳗鱼鲞

别名、产地、产季　鳗鱼鲞别名海鳗鲞、风鲞。浙江、福建、广东等地较多出产。冬季最适合制作鳗鱼干。

品质特点　鳗鱼鲞是将鲜海鳗加工风干而成的淡干品。鳗鱼鲞肉厚，风味佳美，为南方群众所喜食的鱼干制品。

品质鉴别　鳗鱼鲞的质量以体呈长扁形，剖面淡黄色，肉厚坚实，形体完整无损，干度足者为上品。

烹饪运用　鳗鱼鲞宜蒸，做冷菜。

（3）鲨鱼鲞（图5-2-56）

图 5-2-56　鲨鱼鲞

别名、产地、产季　鲨鱼鲞别名鲨鱼干。主要产地为浙江、福建沿海，一年四季均产。

外形及品质特点　鲨鱼鲞多以小鲨鱼加工而成。体长一般不超过60厘米，背部为浅灰色，腹部灰白或淡黄色。鲨鱼鲞肉厚

181

而结实。

品质鉴别　鲨鱼鲞以盐度轻、干度足，刀口平直，鱼片板平，无残缺，洁净有光泽者上品。

烹饪运用及注意事项　食用鲨鱼鲞时先用开水泡 5 分钟，再用凉水去掉盾鳞，用于红烧、清炖等烹调方法。

2．鱼皮（图 5-2-57）

产地、产季　鱼皮主要产于烟台、连云港、舟山、汕头等沿海地区。一年四季均产。

种类及品质特点　鱼皮是指鲨鱼及鳐鱼的皮干制而成的干货制品。鱼皮按加工精度可分未去沙的鱼皮和去沙的鱼皮两种。未去沙的鱼皮质硬、厚，表面布满沙粒，不平整，鲨鱼皮呈灰色或灰黑色，鳐鱼皮呈黄褐色，这一种在涨发时要去沙。另一种是去沙洗涤的干货制品，其皮薄，光洁，半透明状，淡黄色，使用方便，可直接涨发。

图 5-2-57　鱼皮

品质鉴别　鱼皮按其加工精度可分为两种：一种是未去沙的，鱼皮质硬，较厚，表面布满沙粒，不平整，鲨鱼皮呈灰色或灰黑色，鳐鱼皮呈黄褐色，在涨发时要先去沙；另一种是经去沙洗涤的干制品，较薄，光洁，呈半透明状，淡黄色，使用时较方便，可直接涨发。

烹饪运用及注意事项　经涨发后，采用烧、烩、扒、焖等烹制方法制作菜肴。因本味不显，需赋鲜味。代表菜式如"白汁鱼皮""干烧鱼皮""凉拌鱼皮"等。

3．鱼唇（图 5-2-58）

别名、产地、产季　鱼唇又称鱼嘴，主要产于福建、广东、浙江、山东、辽宁等，一年四季均产。

外形及品质特点　鱼唇为鲟鱼、黄鱼、鲨鱼、犁头鳐等鱼的唇部软肉的干制品。通常从唇中间劈开分为左右相连的两片，带有两条薄片状软骨。鱼唇质脆嫩，味鲜美，营养丰富，略呈透明状。

品质鉴别　以干燥体大，有光泽，有透明感，干净，无污残无虫蛀为上品。

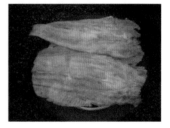

图 5-2-58　鱼唇

烹饪运用及注意事项　本味不显，烹制时需用上汤赋味或与鸡、火腿、干贝等鲜美原料合烹。用水涨发后，可采用烧、扒、蒸、煮、煨、烩等方法制作菜肴、羹汤。代表菜式如"红烧鱼唇""白扒鱼唇""肉末鱼唇"等。

4．鱼骨（图 5-2-59）

别名、产地、产季　鱼骨又称为明骨、鱼脑石、鱼脆等，主要产于我国海南、广东、广西、福建等沿海地区，7～11 月为生产旺季。

外形、种类及品质特点　鱼骨以鲟鱼、鳇鱼的鳃脑骨、鼻骨或鲨鱼、鳐鱼等软骨鱼类的头骨、鳍基骨等部位的软骨加工干制而成。成品为长形或方形，白色或米色，半透明，有光泽，坚硬。由于鱼的种类及原料骨的位置不同，质量有所区别。通常以头骨或颚骨制得的为佳，尤以鲟鱼的鼻骨制成的为名贵鱼骨，称为龙骨。

图 5-2-59　鱼骨

品质鉴别　以体大完整，干燥洁净，色白、半透明者为佳。

烹饪运用及注意事项 烹制前需用水胀发，然后用上汤赋味或与鲜美原料合烹，采用烧、烩、煮、煨等方法做汤、羹菜式；也可配以果品制作甜菜。代表菜式如"芙蓉鱼骨""清汤鱼骨""桂花鱼脆"等。

5. 鱼信（图 5-2-60）

别名、产地、产季 鱼信又称为鱼筋、鱼骨髓。主要产于烟台、旅大、连云港、舟山、汕头等地，一年四季均产。

外形及品质特点 鱼信为鲨鱼、鲟鱼、鳇鱼等鱼类的脊髓干制品。成品呈长条状，色白，质地较脆，产量较低，为名贵原料。

品质鉴别 以条形粗大，色白，质地干燥者为佳。

烹饪运用及注意事项 烹制前用温水洗净，然后上笼蒸至涨发。由于本味不显，需用高汤赋味或与肉类、鱼类、鸡鸭、虾蟹等鲜美原料合烹。代表菜式如"鲜熘鱼信""蟹黄鱼信""芙蓉鱼信"等。

图 5-2-60 鱼信

微课：鱼肚

6. 鱼肚

别名、产地、产季 鱼肚又称鱼胶，自古便属于海珍之一，我国主要产于浙江、福建、广东等地，一年四季均产。

种类及品质特点 鱼肚为大中型鱼类的鳔的干制品。根据加工的鱼种不同，可分为黄唇肚、鳖肚、黄鱼肚、鳝肚、鮰鱼肚、毛鲿肚、鮸鱼肚、鲟鱼肚等多种。

（1）黄唇肚（图 5-2-61） 是用黄唇鱼的鳔加工而成的。椭圆形，扁平，金黄色、鲜艳有光泽、具有鼓状波纹，稀少而名贵。

（2）鳖肚（图 5-2-62） 又称为广肚，产于广东，是鱼肚中最好的一种。鳖肚是用鳖鱼的鳔干制而成。鳖肚体大肉厚干洁，色泽明亮。

（3）黄鱼肚（图 5-2-63） 以大黄鱼的鱼鳔干制而成。片厚、体大者为"提片"，质量最好；体薄较小者为"吊片"；几片小鱼肚搭在一起而成大片晒干的为"搭片"。

（4）鳝肚（图 5-2-64） 鳝肚由海鳗的鱼鳔干制而成。鳝肚色白透明，呈长圆筒形，两头尖。鳝肚的质量仅次于鳖肚，也是上乘的干货制品。

图 5-2-61 黄唇肚

图 5-2-62 鳖肚

图 5-2-63 黄鱼肚

图 5-2-64 鳝肚

（5）鮰鱼肚（图 5-2-65） 鮰鱼肚是鮰鱼的鳔干制而成。鮰鱼鳔个大肥厚，故得名"笔架鱼肚"。形如笔架、色似白玉，细嫩如脂、又重又滑，口感松软香甜、入口即化，易于吸收。富含水溶性高级胶原蛋白、多种氨基酸、维生素和微量元素，不含胆固醇，早在宋代即被列为朝中贡品。

（6）**毛鲿肚**（图5-2-66）　以毛鲿鱼的鱼鳔干制而成的制品。雄的形如马鞍，色淡红，有皱纹，体厚，涨发率高；雌的形略圆，平展、质薄、涨发率低。

（7）**鮸鱼肚**（图5-2-67）　以鮸鱼的膘干制而成。呈椭圆形，片状，凹面光滑，色淡黄、有光泽、半透明。

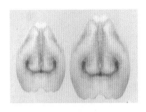
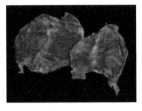

图5-2-65　鮰鱼肚　　　　图5-2-66　毛鲿肚　　　　图5-2-67　鮸鱼肚

品质鉴别　鱼肚以干净、无血筋，色淡黄、明亮，片大整齐，干燥、无虫蛀者为好。

烹饪运用及注意事项　鱼肚的涨发常采用油发、水发或盐发。发好的鱼肚色白、松软、柔糯。烹饪中常采用烧、扒、烩、炖等方法成菜，但烹制时间不必太长；且需用高汤以及鲜美的配料赋味。代表菜式如"红烧鱼肚""奶汤鱼肚""虾仁鱼肚""干贝广肚""氽鱼肚卷"等。

7. 银鱼干（图5-2-68）

产地、产季　银鱼干用鲜银鱼干制而成。主要产于江苏太湖、洪泽湖，安徽巢湖、芜湖等地。

外形及品质特点　银鱼干身条细小，呈半透明银白色，光滑无鳞，肉质细嫩，味道鲜美，营养价值很高。

品质鉴别　以鱼体完整均匀，乳白色，有光泽者为佳。

烹饪运用　既可做汤又可蒸菜，是不可多得的美味佳肴。

8. 鱼籽

图5-2-68　银鱼干

别名、产地　鱼籽又称鱼子，主要产于黑龙江、乌苏里江，四川、山东半岛及黄海沿岸。

外形、种类及品质特点　鱼籽是某些的卵腌制或干制而成的产品。用大麻哈鱼卵加工制成的称为红鱼籽（图5-2-69），色鲜红，形如大豆，颗粒上黏液，半透明。用鲟鳇鱼卵制成的为墨鱼籽（图5-2-70），色褐色，形似绿豆大小的圆粒，外附黏液，晶亮半透明。鲱鱼籽是以鲱鱼的卵加工而成的鱼籽（图5-2-71），色泽金黄，晶莹半透明，有"黄色钻石"之称。

图5-2-69　红鱼籽　　　　图5-2-70　黑鱼籽　　　　图5-2-71　鲱鱼籽

品质鉴别　颗粒肥硕、饱满圆润，色泽透明清亮者为佳。

烹饪运用　一般作小吃，或冷菜、冷点的赋味及装饰用料。也可用于少司的制作，如莫斯科少司等。是高档的烹饪原料。

9. 鱼类腌制品

鱼类的腌制加工在我国历史悠久，是传统的鱼类加工储存方法之一。由于其投资少，工艺简单，并具独特的风味，被各地渔区广泛使用。主要品种有咸鲤鱼、咸黄花鱼、酶香鳓鱼、咸鲐鱼等。

10. 鱼类糟醉制品

鱼类糟醉制品是将鱼类原料经处理、盐渍、糟醉、封存等步骤制成的。国内鱼类糟醉制品以春季为多，主要品种有糟小黄鱼、糟鳓鱼、糟青鱼等。

11. 熟制品

（1）熏鱼　熏鱼是采用淡水鱼类的青鱼、草鱼、鲤鱼、鲢鱼，海水鱼类的鲵鱼、鲳鱼等，经过初步加工去鳞、去鳃、去内脏，洗净，然后开片、切块，再用食盐盐渍，而后油炸，用葱、姜、香料、白砂糖、黄酒、味精、酱油等调味，再经适当的熏制即可。

（2）鱼松　鱼松是用鱼类肌肉制成的金黄色或褐黄色绒毛状的调味干制品，鱼松具有味道鲜美、营养丰富、携带方便、保藏期长等特点。鱼松选用白色肉鱼类制成的质量较好，目前多以带鱼、鲱鱼、鲐鱼、黄鱼、鲨鱼、马面鲀等为主要原料，亦可用鲤鱼、鲢鱼等为原料制作。制作鱼松先将原料去鳞、鳍、内脏、头等，洗去血污、杂质，沥水，再蒸熟取肉，压榨搓松，调味炒干即成。

（3）烤鱼片　烤鱼片是用鱼类原料经调味处理后的烘烤（或烘干）制品。它具有鲜香味美、直接食用、便于保藏、携带方便、营养丰富等特点。

烤鱼片选用马面鲀、小带鱼、大鲨鱼等一些低值鱼类为原料制成。以马面鲀为原料制成的烤鱼片为例简单介绍其加工程序：先去头、皮、内脏，再剖片、检片、漂洗、调味、摊片（配片）、烘干、揭片、烘烤、滚压拉松即成。

12. 鱼糜制品

（1）鱼香肠　鱼香肠是以鱼肉为主要原料灌制的香肠。它有外包衣（畜肠衣或塑肠衣），使鱼肉与外界隔绝，便于运输，清洁卫生。鱼香肠选用的原料一般是以新鲜的小杂鱼为主，适当搭配一定数量的其他鱼肉和少量的畜肉，并添加适当的调料，使之具有独特的口味。

鱼香肠的加工程序一般是将原料先擂溃，即将原料经空磨、盐磨。搅磨，再添加调味品，然后灌肠，加热熟制，再冷却、展皱、包装即成。

（2）鱼丸　鱼丸又称鱼圆。它是圆形鱼糜制品。鱼丸有水发和油炸之分，这里介绍水发鱼圆。水发鱼丸对原料鱼及淀粉要求较高。如海鳗、鲵鱼、白姑鱼、鲨鱼、乌贼、草鱼、鲢鱼，主要选用弹性强的白色鱼肉，淀粉应选色泽洁白、黏性好的上等淀粉。鱼丸制作程序一般是取鱼肉，绞鱼肉，擂溃，加调味品，成型，熟制，冷却即可。鱼圆以色泽洁白、表面光滑、富有弹性、圆正、大小均匀咸淡适宜、味道鲜美者为佳。夹馅鱼丸要求肉馅鲜美，不破裂。

二、甲壳类

（一）甲壳类原料

1. 对虾（图 5-2-72）

别名、产地、产季　对虾又称明虾、大虾。主要分布于渤海和黄海。以山东、河北、辽宁三省近海产量最大。对虾的春汛在 3～5 月，秋汛在 10～11 月。

外形、种类及品质特点　对虾因在北方市场上常成对销售而得名。对虾体较长，侧扁，整个身体分头胸部和腹部，头胸部有坚硬的头胸盔，腹部披有甲壳，有 5 对腹足，尾部有扇状尾肢。中国对虾与墨西哥棕虾、圭亚那白虾并称为"世界三大名虾"。我国所产对虾的品种有近 50 种左右，称谓也多。雌体青蓝色，又称青虾；雄体略呈棕黄色，又称黄虾。对虾体大肉多，肉色透明，肉质细嫩，味道鲜美，是典型的高蛋白低脂肪营养原料。

图 5-2-72　对虾

烹饪运用　对虾烹调应用广泛，可整只食用，也可加工成段片。亦可烧炸烹等，如"烹虾段""三吃大虾"等。

2．鹰爪虾（图 5-2-73）

别名、产地、产季　鹰爪虾又称鹰爪糙对虾等。我国南北各海区都产，特别在黄海，渤海沿岸的烟台、威海两地沿海产量最大，质量好。

图 5-2-73　鹰爪虾

外形及品质特点　鹰爪虾甲壳厚而粗糙，棕红色，腹部弯曲像鹰爪。是对虾科中的一种中型虾类。

烹饪运用　可鲜食，去头，剥皮后制作炒虾仁，炸虾仁灯彩等，还可加工成海米。

3．龙虾（图 5-2-74）

产地、产季　龙虾为爬行虾类，我国主要产于广东、浙江、福建和台湾等沿海地区，夏秋季盛产。

外形及品质特点　龙虾是虾类中最大的一类。体粗壮，色鲜艳，常有美丽斑纹。头胸甲壳近圆筒形，腹部较短，背腹稍扁，腹部附肢退化。尾节方形，尾扇较大。龙虾体大肉厚，味鲜美，是名贵的海产品

微课：龙虾

图 5-2-74　龙虾

烹饪运用及注意事项　可活虾煮、蒸后剥肉蘸姜醋汁食用最能体现龙虾本味，也可拆肉入烹。龙虾死后肉质发生变化不可食用龙虾在接近死亡时会出现慢爪状态，以至褪色，即其头背之间的颈部会有一道明显陷落的肉痕，色泽似荔枝肉，愈近死亡肉痕越深，头部与身躯宛如分开两节。

4．青虾（图 5-2-75）

别名、产地、产季　青虾即沼虾，又名大青虾。主要产于淡水湖、河、池塘，我国的河北白洋淀、山东微山湖、江苏太湖所产佳，青虾的产期在每年的 4～9 月。

图 5-2-75　青虾

外形及品质特点　青虾全身淡青色，头胸粗大，甲壳厚而硬，前两步足钳状，第二步足超过体长，腹部短小。青虾肉质鲜嫩、味美。

烹饪运用　整只使用，可制作盐水虾，油爆虾，炝虾等。去头壳后的完整虾肉就是虾仁，可制作"炒虾仁""炸虾仁"等。

5. 白虾（图 5-2-76）

产地、产季　我国特产，沿海均有分布，以黄海和渤海为最多，产期为 3～5 月。

外形及品质特点　白虾甲壳较薄，体色透明，微带蓝色或红色小点，腹部各节后缘体色较深。白虾肉质细嫩，滋味鲜美。

烹饪运用　白虾适于爆、炒、烧等方法。

6. 基围虾（图 5-2-77）

产地、产季　基围虾主要产于广东、福建一带，一年四季均产。

外形及品质特点　基围是指人工挖掘的海滩塘堰。趁涨潮时在基围内引入海水，同时引入海虾，养一定时期，趁月色下退潮放水，用网在闸口捕虾，即称基围虾。基围虾体长而肉多，肉爽嫩结实，肥而鲜美但略有腥味。

烹饪运用　常用于爆、煮、烤等。可制成"白灼基围虾"等名菜。

7. 虾姑（图 5-2-78）

别名、产地、产季　虾姑又称螳螂虾、爬虾、口虾蛄、富贵虾、赖尿虾、皮皮虾、虾耙子等，喜栖于浅水泥沙或礁石裂缝内，我国沿海均有分布，黄海、渤海产量最多，春季所产最佳。

外形及品质特点　虾蛄体形平扁，背面头胸甲与胸节明显。腹部 7 节，分界亦明显，且较头胸部大而宽，第 6 对肢发达，与尾节组成尾扇。虾蛄肉质鲜甜嫩滑，以卵块成熟时品质最佳。

烹饪运用　常用于炸、煮、蒸后剥食。可制成"盐水爬虾"等菜肴。

8. 小龙虾（图 5-2-79）

别名、产地、产季　小龙虾又称螯虾、大头虾、蝲蛄等。原产北美，后从日本传入我国，主要产于江苏等地，夏季盛产。

外形及品质特点　螯虾体形粗壮，头胸部特别粗大，几乎占体长的一半，体表有坚硬的外骨骼，头尖，有大钳。腹部发达，有明显分节，体表深红色或红黄色。壳厚肉少，味鲜美。

烹饪运用及注意事项　适宜于烧、炸、煮、炒等烹调方法。螯虾为肺吸虫的中间宿主，故烹调时需熟后食用。

9. 三疣梭子蟹（图 5-2-80）

别名、产地、产季　三疣梭子蟹又名梭子蟹、枪蟹、海蟹等。我国沿海均产，每年 3～4 月为最肥。

外形及品质特点　三疣梭子蟹的头胸甲呈梭形，两侧具长棘，十分宽。背面有三个疣状突起。螯足长大，长节呈棱柱形，内缘具钝齿。第四对步足扁平似桨，适于游泳。雄蟹背面茶绿色，雌蟹背面紫色，腹面均为灰白色。三疣梭子蟹肉多，脂膏肥满，味鲜美。

烹饪运用　烹饪中可整只蒸煮剥食，也可拆出蟹肉、蟹黄制作各式菜肴。还可盐渍加工，

图 5-2-76　白虾

图 5-2-77　基围虾

图 5-2-78　虾姑

图 5-2-79　小龙虾

图 5-2-80　三疣梭子蟹

便于储存运输。

10. 蝤蛑（图 5-2-81）

别名、产地、产季 地方名为青蟹，又名蟳、海蟳、赤甲红、石其角、石蟹等。分布于东海和南海。以浙江、福建、台湾、广东等地沿海产量较多，产期多在 9～11 月。

图 5-2-81 蝤蛑

外形及品质特点 蝤蛑外形近似梭子蟹。头胸甲隆起而光滑，呈青绿色，前两螯足强大，不对称。蝤蛑的肉质肥嫩，味鲜美，营养丰富，可食率达 70%。

烹饪运用 烹饪中可整只蒸、煮后剥食，也可出蟹肉炒、烩、炸等制成各种菜肴，如"芙蓉蒸青蟹"等。

11. 中华绒螯蟹（图 5-2-82）

别名、产地、产季 中华绒螯蟹又称螃蟹、河蟹、湖蟹、毛蟹、清水大闸蟹、绒螯蟹等。以江苏常熟的阳澄湖所产最著名，中秋前后为盛产期。

图 5-2-82 中华绒螯蟹

外形、种类及品质特点 中华绒螯蟹是我国产量最大的淡水蟹类。根据生活环境分为江蟹、河蟹、湖蟹三种。中华绒螯蟹头胸甲呈方圆形，褐绿色。螯足强大，密生绒毛，步足长而侧扁，顶端尖锐。背面墨绿色，腹面灰白色。雌蟹的腹部为圆形，雄蟹腹部为三角形。中华绒螯蟹肉味鲜美，以重阳节前后质量最好。蟹黄丰满的雌蟹称膏蟹，肥大多肉的雄蟹称肉蟹。民间有九月团脐十月尖说法。农历 9 月吃雌蟹，农历 10 月选雄蟹。

烹饪运用及注意事项 可整只蒸煮后剥食，亦可剥取蟹肉、蟹黄制作高档菜点。河蟹不能生吃，因为螃蟹是肺吸虫的中间宿主，生吃容易感染肺吸虫病。将螃蟹用沸水煮 20 分钟以上，才可以杀死体内的病菌和肺吸虫囊蚴，无论何种加热方法都必须使其熟透，达到杀灭病菌的目的。蟹爱吃腐败的东西，因此蟹胃成了藏污纳垢的地方，故蟹胃不能食。蟹的心脏性大寒，莫食。蟹性寒，食用时要有姜醋佐食既可暖胃祛寒，又可杀菌消毒，还可去腥增加美味。蟹不能与柿子同食，否则引起腹泻等胃肠不适。从科学角度分析，死的河蟹不能食用。因为当螃蟹垂死或已死时，蟹体内的组氨酸会分解产生组胺。组胺为一种有毒的物质。随着死亡时间的延长，蟹体积累的组胺越来越多，毒气越来越大，即使蟹煮熟了，这种毒素也不易被破坏。

（二）甲壳类制品

1. 虾米（图 5-2-83）

别名、产地、产季 虾米别名开洋、海米、金钩等，主要产于我国沿海及内陆地区，一年四季均产。

外形及品质特点 虾米是用多种中小型虾经盐水煮、晒干、去头、去壳后的干制品。因其色红黄，形如钩故又称金钩。虾米肉质细密，鲜味浓郁。

品质鉴别 海米以体形完整、大小均匀、干燥、盐度轻，光洁无壳，弯如钩，鲜艳有光泽者为佳。

烹饪运用 虾米味道鲜美，具有很强的增鲜味作用，用开水浸

图 5-2-83 虾米

泡至软即可入菜。适合炖、煮、烩、拌、炒等烹调方法，多用作菜肴的配料，也可作馅料以及火锅的增鲜原料。

2. 虾皮（图 5-2-84）

别名、产地、产季 虾皮又称虾米皮、皮米。主要产于我国沿海地区，一年四季均产。

外形、种类及品质特点 虾皮是用海产的毛虾制成的干虾，因体小，肉质不明显称为虾皮。有生虾皮和熟虾皮之分。

品质鉴别 以个大、体形完整、干燥、色泽微黄或发白、盐分少、无杂质者为好。

烹饪运用 虾皮味鲜香，常用作菜肴的增鲜配料，用于制馅、作汤和凉拌菜。

图 5-2-84 虾皮

3. 虾籽（图 5-2-85）

产地、产季 主要产于山东、江苏、河北及河湖地区，产季为春、秋季。

外形及品质特点 虾籽是鲜虾卵经清洗后干制而成。虾籽呈细小圆颗粒状，色泽浅红色或橘红色，有光泽，味鲜浓。

品质鉴别 虾籽以无杂质、干燥、颗粒松散、色泽鲜艳、有光泽、鲜味浓为佳品。

烹饪运用 可作为烹饪中的鲜味调料或辅料，也可加在调味品中，运用较多。

图 5-2-85 虾籽

4. 蟹粉（图 5-2-86）

别名、产地、产季 蟹粉主要产于我国浙江舟山、渤海湾及江苏沿海地区，上市旺季为每年的 5 月和 10 月。

外形及品质特点 蟹粉是将体形较大的蟹煮熟后，拆取蟹肉、蟹黄干制而成。成品蟹粉色泽油黄，包含桔红色卵块和白色或灰白色的蟹肉。蟹粉味道鲜美，营养丰富。

品质鉴别 以色泽鲜艳，饱满光滑，味淡者为佳。

烹饪运用 烹饪中可作菜肴的主料或配料，适用于炒、烩、扒、炖等方法。

图 5-2-86 蟹粉

（三）虾的品质鉴别

虾的品质是通过感官根据虾的外形、色泽、肉质等方面来鉴别。

（1）新鲜的虾

新鲜的虾，虾头尾完整，爪须齐全，有一定弯曲度，壳硬度较高，虾身较挺，皮壳发亮，呈青绿色或青白色，肉质坚实，细嫩。

（2）不新鲜的虾

不新鲜的虾，虾头尾容易脱落或脱离，不能保持原有弯曲度。虾皮壳发暗，色度红色或灰红色，肉质松软。

2．蟹的品质鉴别

河蟹以死活作为标准。市场只能出售活蟹，死蟹不能出售，以免引起食物中毒。

梭子蟹为海蟹，只有刚捕捞出水时为活的，离开海水后很快就会死亡。

新鲜蟹 身体完整，腿肉坚实，肥壮有力，用手捏有硬感，脐部饱满，分量较重。外壳青色泛亮，腹部发白，团脐有蟹黄，肉质新鲜。好的河蟹动作灵活，翻过来能很快翻转，能不断吐沫并有响声。海蟹腿关节有弹性。

不新鲜的蟹 蟹腿肉空，分量较轻，壳背呈青灰色，肉质松软。河蟹行动迟缓不活泼，海蟹腿关节僵硬。

（四）虾、蟹类原料储存保鲜的方法

1．虾的储存保鲜

活虾应用水池养。活养时要根据不同品种分别调节好水温、比重，水要洁净，氧气要充足。死虾的储存保鲜应用冷藏法。对虾冷藏时，容器里先放一层冰，再撒一层盐，中间放上一些冰块，将对虾拉直围绕冰块堆放三层，再铺一层冰，然后用麻袋或草袋封口，最后放入冷库。对于青虾、小虾，只要和碎冰放在一起就可入冷库。

2．蟹的储存保鲜

河蟹很容易死亡，死亡后不宜食用。储存蟹时，一般须用笋筐装好，笋筐面上用湿草席覆盖，每天分早、午、晚三次用水喷洒，保持筐内湿润。如果发现有死的、慢爪的，要及时取出处理，忌蚂蚁及烟灰。

三、软体类

软体动物是指身体柔软的一类无脊椎动物。软体动物一般具有左右对称的体型，但某些软体动物由于身体扭转而出现各种奇特的形状。它们常常有一个外壳，没有体节，大多可分为头、足、内脏囊等三部分。外层皮肤从背部褶皱成一层皮膜，叫做外套。外套把身体包围起来，并分泌出石灰质。软体动物的贝壳就是由外套分泌的石灰质所形成的。软体动物是动物界的第二大门类，世界上的软体动物现在有8万多种。软体动物因大多数都有贝壳，所以又称贝类。烹饪中常用的软体动物有腹足类、头足类、瓣鳃类等。软体动物除头足类外，大多采用活养的储存保鲜方法。

1．鲍鱼及制品

（1）鲍鱼（图5-2-87）

别名、产地、产季 鲍鱼也称大鲍，海耳，古称鳆。依产量多寡排序为澳洲、日本、新西兰、南非、中国、墨西哥、欧洲、美国、加拿大和中东等国家和地区。以日本、南非所产的鲍鱼为最佳。我国沿海均产，7～8月为捕捞季节。

图5-2-87　鲍鱼

外形、种类及品质特点 鲍鱼单壳，生活于低潮线下的浅海，以腹足吸附在岩礁上。其贝壳呈耳状，质坚厚，螺旋部很小，体螺层极大，几乎占壳的全部；壳表面有螺纹，侧边缘有4～9个小孔；贝壳多为绿褐色，壳内有珍珠光泽；足部肥厚，是主要的食用部分。主要品种有澳洲黑边鲍、青边鲍、棕边鲍和幼鲍；日本网鲍、窝麻鲍和吉品鲍，其中网鲍为鲍中极

微课：鲍鱼

品；我国北部沿海常见的是皱纹盘鲍、南部沿海常见的为杂色鲍。鲍鱼的肉足软嫩而肥厚，鲜美脆嫩，是名贵的烹饪原料。

烹饪运用　烹饪中常用生鲜品、速冻品、罐头制品和干制品。生鲜品和速冻品多用于爆、炒、焓等短时加热的方法成菜，也可煮后白灼，以保持其风味口感。干鲍涨发后可用扒、烧、炖、烩、煨、蒸等烹调方法，也可制汤。罐头制品在装罐后经过高温杀菌，开罐即可食用，也可经烹调后食用。

（2）干鲍鱼（图5-2-88）

干鲍鱼又称鲍鱼干、干鲍。是用生鲜鲍鱼去壳，去内脏加工晒干后的制品。分为淡干鲍和咸干鲍两种，以淡干鲍为好，干鲍鱼品种有紫鲍、明鲍、灰鲍等。干鲍鱼的品质要求个头厚大，肉质的丰腴与汁液的甘美清香。因干鲍鱼是鲜鲍经煮熟后

图5-2-88　干鲍鱼

再干制的熟干品，原料中的蛋白质凝固变性，从而造成制品坚硬固结，复水性差。涨发干鲍最佳的方法，就是利用沸水焖发，涨发后的鲍鱼，整体发软，肉质膨胀，通常会比原体积大了一半左右，同时干制过程中所加入的盐分和石灰质都被抽取出来，而鲍鱼的味道没有流失。发制好后，制作菜肴，品种甚多，应用与鲜鲍鱼相同，但干鲍鱼的鲜香滋味浓醇，胜于鲜鲍。干鲍鱼烹制一般需时较长，要用精制的顶汤反复烹制，使干鲍鱼能够充分吸收其他物料的味道，故香味浓郁，肉质甘腴。

2．海螺（图5-2-89）

别名、产地、产季　海螺又称红螺，我国以山东、河北、辽宁沿海产量最多，产季多在5～8月。

图5-2-89　海螺

外形及品质特点　海螺贝壳边缘轮廓略呈四方形，大而坚厚，壳口内为杏红色，有珍珠光泽。螺肉丰腴细腻，味道鲜美，肉质脆嫩，素有"盘中明珠"的美誉。

烹饪运用及注意事项　烹饪中常切片后进行爆、炒、汆、烧、蒸或水煮后蘸调味汁食用。海螺制作菜肴时切忌加热过度。

3．香螺（图5-2-90）

产地、产季　香螺主产于黄海和渤海，产季多在夏、秋季。

外形及品质特点　香螺贝壳近棱形，壳质较坚硬，螺层约7层。每一层有肩角，肩角的上下部略呈直角。在基部的肩角上有发达的棘状或翘起的鳞片状突起。壳表面被有褐色壳皮。壳口较宽大，卵圆形，内面灰白色。厣角质，椭圆形。香螺肉质鲜嫩脆爽，具清香气。

图5-2-90　香螺

烹饪运用　食用方法与红螺相似。

4. 田螺（图5-2-91）

产地、产季 田螺产于我国华北和黄河平原，长江流域等湖泊、沼泽、河流、水田处。夏、秋季盛产。

外形、种类及品质特点 田螺贝壳右卷且为卵形，螺壳由若干螺层组成，最后一个螺层宽大。壳表面光滑，呈黄褐色或绿褐色。厣为黄褐色卵圆形薄片。淡水中常见有中国圆田螺、中华圆田螺等。

图 5-2-91　田螺

烹饪运用 田螺可整用也可取肉烹制，可用爆、炒、炝等快速成菜，体现其脆嫩的特点；也可带壳用烧、煮、酿等方法成菜。

5. 螺蛳（图5-2-926）

产地、产季 螺蛳分布广，常栖息于河溪、湖泊、池塘及水田，以长江、珠江两大流域出产较多。以春季捕捞为佳。

外形及品质特点 螺蛳呈螺旋形，壳高4厘米左右。螺蛳水分多，质地脆嫩，亦有结缔组织，肉味鲜美。

图 5-2-92　螺蛳

烹饪运用及注意事项 螺蛳在烹调中多以旺火速成为主，适宜于爆、炒、炝等烹调方法，调味多以清淡为主，以突出螺蛳自身的鲜味。但在烹调前要清洗表面污物，清水养3天左右，每天换水，直至体内污物全部排除为止。螺蛳基本没有刀工，可制成"油爆螺蛳""辣子炒螺蛳""酱爆螺蛳"等菜肴。

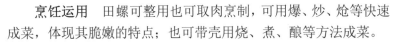

知识拓展：如何区分田螺与福寿螺？

福寿螺，又称苹果螺，是一种外来入侵物种，原产于美洲，于1981年作为食用螺引入我国。福寿螺属于腹足纲的瓶螺科，体长约2-7厘米，一般呈黄褐色或灰褐色，体表具有明显的斑点和螺纹。福寿螺具有旺盛的生命力，对环境的适应性也极强，其生长繁殖速度非常快。福寿螺可能会成为一些疾病的传播媒介，如钩虫、弓形虫等寄生虫病。人类食用未煮熟的螺肉后，很容易被污染患病。食用生的或加热不彻底的福寿螺会感染脑膜脑炎，引起头痛、发热、颈部强硬等症状，严重者可致痴呆甚至死亡，因此应尽量避免食用福寿螺，食用时要注意彻底加热。可以从以下几个方面区分普通田螺与福寿螺。

图 5-2-93　福寿螺与田螺

（1）福寿螺的外壳颜色比一般田螺要浅，通常为黄褐色，田螺为青褐色；

（2）锥尾：福寿螺尾平而短促，田螺长而尖；

（3）螺盖：福寿螺偏扁，田螺偏圆；

（4）螺肉：福寿螺多为黄白色，田螺多为青褐色；

（5）卵：福寿螺卵呈红色，田螺卵呈透明色。

5．乌贼及制品

（1）乌贼（图5-2-94）

别名、产地、产季　乌贼亦称墨鱼、乌鱼、目鱼，我国沿海各地均有，舟山群岛产量多，产于春、夏、秋季。

外形、种类及品质特点　体呈袋形，背腹略扁平，侧缘绕以狭鳍。头发达，眼大。头部前端有五对腕，其中一对较长，腕顶端长有许多小吸盘，其他四对短，上面生有四列吸盘。背肉中间有一块背骨，通称乌贼骨即中药材海螵蛸，雄性背部有花点，雌性肉鳍发黑。乌贼体内墨囊发达。墨鱼与大黄鱼、小黄鱼、带鱼并称四大海洋经济鱼类，常见有金乌贼和无针乌贼。乌贼肉色洁白，脯肉柔软，鲜嫩味美。

品质鉴别　以体形匀称，体肉平展，肉腕完整，肉质厚，脯肉柔软，有特殊的清香味，呈粉红色且半透明者为佳。

烹饪运用　刀工成型以乌鱼卷、乌鱼花较多，主要菜肴有"氽乌鱼花""芫爆乌鱼卷"，适宜爆、炒、拌、烩等烹调方法。

（2）乌贼干（图5-2-95）

乌贼干又称螟脯鲞、明脯、墨鱼干、乌鱼干等，是鲜乌贼的干制品。乌贼干以形体匀称，平展无残缺，厚实而有白粉者为上品。乌贼干可用碱水、石灰水等涨发后制作爆、炒、烧、烩、焖等菜肴。

（3）乌鱼蛋（图5-2-96）

乌鱼蛋是雌性乌贼鱼的产卵腺，名为蛋，实质是众多成圆形状的卵片，因整齐排列在膜皮的包裹下而呈卵圆形故名。主要产于山东日照。乌鱼蛋鲜品可直接应用，干货制品需涨发后使用。乌鱼在烹饪中多作主料，适宜于烩或制汤等。可制作烩乌鱼蛋、酸辣乌鱼蛋等菜肴。乌鱼蛋应本身形体小，在烹调中无需刀工处理，多为原形使用。

图5-2-94　乌贼　　　　　　　图5-2-95　乌贼干　　　　　　　图5-2-96　乌鱼蛋

6．鱿鱼及其制品

（1）鱿鱼（图5-2-97）

别名、产地、产季　学名枪乌贼、柔鱼，我国沿海均有分布，产期在每年4~5月和8~

9 月。

外形及品质特点　鱿鱼体稍长,在后端左右内鳍相合呈菱形,是与乌贼在外形上最大的区别腹部为长筒形,头部有一对触腕,四对腕,皆有吸盘。肉色洁白,肉质柔软,鲜嫩味美。

烹饪运用　适宜爆、炒、焓等旺火快熟的烹调方法,如"爆鱿鱼卷"等。

(2)鱿鱼干(图 5-2-98)

鱿鱼干是鲜鱿鱼的干制品。鱿鱼干以色泽鲜艳,肉质金黄中带微红,气味清香,表面少盐霜者为上品。鱿鱼干肉味鲜美,甘香爽脆,有特殊的香味。运用前先用清水浸泡数小时,刮去体表上的黏液,再用热碱水(7%纯碱、3%石灰水、90%开水)泡发。烹饪上以烘烤、炒爆为多。

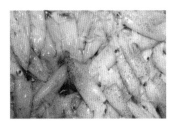 

图 5-2-97　鱿鱼　　　　　　　图 5-2-98　鱿鱼干

7. 章鱼(图 5-2-99)

别名、产地、产季　章鱼又称蛸、八带蛸、八带鱼,我国沿海均产,3~6 月捕捞章鱼旺季。

外形、种类及品质特点　章鱼体短,呈卵圆形,无鳍无骨,头上生有发达的 8 条腕,故称八带鱼。各腕均较长,内壳退化。常见种有短蛸、长蛸、真蛸。章鱼肉色较白,肉质柔软,鲜嫩味美。

图 5-2-99　章鱼

烹饪运用　章鱼在烹调中刀工较少,宜于爆炒、焓、拌等烹调方法,也可以加工成章鱼干。

8. 牡蛎(图 5-2-100)

别名、产地、产季　牡蛎又称蚝、蠔、海蛎子,主要产于广东、辽宁、山东等地,产期是 9 月到来年的 3 月。

外形、种类及品质特点　牡蛎的壳形不规则,两壳不对称。壳厚重,表面生有鳞片。足退化,无足丝,我国约有 20 多种。牡蛎肉质细嫩,色洁白,味极鲜美。

图 5-2-100　牡蛎

烹饪运用　用牡蛎制作菜肴基本不用刀工,适宜于炸、汆汤、炒等烹调方法,口味多以咸鲜为主,可制作许多名菜,如山东菜"炸蛎黄""金银裹蛎子""清汆海蛎子",福建的"酥包蛎""堀海蛎",浙江的"蛎房跑蛋",广东的"炸芙蓉蚝""生炒明蚝",亦可作卤浇面条。牡蛎肉还可干制成牡蛎干,广东称蚝豉,亦可制作鲜味调味品蚝油等。

9. 贻贝

(1)生鲜贻贝(图 5-2-100)

别名、产地、产季　贻贝又称淡菜、壳菜、海红、青口等,主要产于南海和渤海,产期是

1~4 月。

外形、种类及品质特点　贻贝两壳相等，左右对称，略呈长三角形，壳表面有细密生长纹，被有黑褐色壳皮，脱落后呈白色；壳内面白色带青紫。前闭壳肌发达，后闭壳肌退化或消失。壳顶尖，壳质脆薄，壳面紫黑色。常见的有紫贻贝、厚壳贻贝和翡翠贻贝。贻贝肉质细嫩，滋味鲜美。

烹饪运用　贻贝适宜于爆、炸、炒、氽汤、拌、烩等烹调方法。可制作"烩海红""拌海红""葱白扒贻贝"等菜品。

（2）淡菜（图 5-2-102）

淡菜是生鲜贻贝的干制品，因其味美而淡故名"淡菜"。淡菜以身干，色艳，肉肥者为佳。烹饪上宜扒、炖、扣等烹调方法。

图 5-2-101　贻贝　　　　　　　图 5-2-102　淡菜

10．蚶子

别名、产地、产季　蚶子又称瓦楞子。我国沿海均有分布，要分布于潮间带或浅海泥沙中，产期为春秋两季。

外形、种类及品质特点　蚶子的贝壳壳质坚厚，较膨胀，壳表面有自壳顶发出的放射肋，肋上有小结节，状似瓦垄。壳面白色，被棕色带毛状物的表皮。壳咬合部有细密的垂直小齿。足宽大，大部分有足丝。常见的有泥蚶（图 5-2-103）、毛蚶（又称毛蛤，图 5-2-104）、魁蚶（俗名：焦边毛蚶、大毛蛤、赤贝、血贝，图 5-2-105）。蚶子的肉质较肥嫩，味鲜美。

图 5-2-103　泥蚶　　　　　　图 5-2-104　毛蚶　　　　　　图 5-2-105　魁蚶

烹饪运用　常用爆、炒等方法成菜；也可烫后凉拌或蘸味汁食用。

11．蛏

产地、产季　分布于我国沿海，为浙江、福建重要的养殖品种，盛产期是夏季。

外形、种类及品质特点　蛏子的贝壳长形，壳质薄脆，外面淡黄色，里面白色。烹饪上常用的品种有竹蛏（又称蛏子，图 5-2-106）和缢蛏（图 5-2-107）。蛏的足部肌肉特别发达，肉质细嫩、味鲜美。

图 5-2-106　竹蛏

图 5-2-107　缢蛏

烹饪运用　味极鲜美，适用于氽、爆、炒等烹调方法。可制作"油爆蛏子""木樨蛏子""肉片蛏子"等菜肴。

12. 文蛤（图 5-2-108）

产地、产季　文蛤主要山东莱州湾，长江口以北沿岸，以夏季出产的质量较好。

外形及品质特点　文蛤贝壳呈弧线三角形，厚而坚实，两壳大小相等，壳面滑似瓷质，色泽多变，具放射状褐色斑纹，内面白色。文蛤是蛤中上品，肉肥厚。

烹饪运用及注意事项　初加工时要洗净，否则有泥沙。文蛤肉制作菜肴忌加热过度，适宜旺火速成烹调方法，如爆、炒、氽等。

图 5-2-108　文蛤

13. 西施舌（图 5-2-109）

别名、产地、产季　西施舌本名车蛤，福建、山东产量高，夏季盛产。

外形及品质特点　西施舌壳大而薄，略呈三角形，壳顶在中央稍前方。壳表黄褐色而光亮，顶部淡紫色，像美女红润的面颊，故名。西施舌肉呈舌白色，细嫩，味鲜美，为海味上品。

图 5-2-109　西施舌

烹饪运用　适合旺火速成烹调方法。

14. 蛤蜊（图 5-2-110）

别名、产地、产季　蛤蜊也称蛤仔，蛤蜊生活于浅海泥沙中，我国沿海均产，夏、秋季盛产。

外形及品质特点　蛤蜊形似文蛤，壳略呈三角形，两壳大小相等，壳表光滑，披有一层黄褐色壳皮，壳面有花纹，壳顶突出。蛤蜊肉鲜美可口，营养价值高。

烹饪运用　适宜于氽 、爆、炒、蒸、烧、煮等烹调方法。

15. 扇贝（图 5-2-111）

别名、产地、产季　扇贝又名海扇，产于我国沿海地区，7月下旬为捕捞旺季。

图 5-2-110　蛤蜊

外形及品质特点　扇贝因贝壳呈扇形得名，扇贝表面有放射肋表面颜色有紫红或橙红色，极美丽，开闭壳肌发达，取下即为鲜贝。鲜贝肉质细嫩洁白，味道鲜爽。

烹饪运用　在烹调中作主料，刀工少，适宜爆、炒、炸、扒汆等烹调方法，口味由咸鲜向多种口味延伸，可制作"油爆鲜贝"等菜肴。

16. 日月贝（图5-2-112）

别名、产地、产季　日月贝又称飞螺、带子等，日月贝产于南海，尤以北部湾为多，春秋两季为捕捞季节。

外形及品质特点　贝壳接近圆形，质薄，略透明，表面光滑，左壳肉红色，右壳肉白色，故取名日月贝。有清晰的放射肋纹和细的同心生长线。鲜品肉质柔嫩，色乳白，汁水多。

图5-2-111　扇贝

烹饪运用　常用蒸、炒、爆、汆、烧等烹调方法。

17. 江珧（图5-2-113）

别名、产地、产季　江珧又称为江瑶、玉珧、大海红等，我国沿海均产，1～3月为捕捞季节。

外形及品质特点　江珧的贝壳极大，壳薄，壳前尖后广，呈楔形，表面具有放射肋和生长纹，壳面浅褐色至褐色。壳内颜色与壳表略同。足丝呈发状，且较发达。江珧的后闭壳肌极发达。江珧肉质脆嫩，色乳白，味鲜美。

图5-2-112　日月贝

图5-2-113　江珧

烹饪运用　多用蒸、爆、炒等烹调方法。

18. 干贝（图5-2-114）

产地、产季　辽宁山东浙江以山东石岛、长岛所产最佳。

外形、种类及品质特点　干贝是以软体动物的贝类的闭壳肌干制而成的干货制品的统称。干贝的种类很多，以扇贝的闭壳肌制成的干贝质量最好；江珧的闭壳肌称江珧柱，体大肌纤维粗，但风味不如干贝；日月贝的闭壳肌称带子，风味近似干贝；西施舌的闭壳肌称为海蚌柱，风味与干贝相近。干贝外形呈短圆柱状，淡黄色，质地坚硬。口味异常鲜美，用于增鲜提味。

图5-2-114　干贝

品质鉴别　干贝以粒形整齐、不碎、圆整、均匀、淡黄、干燥，有香味，无杂质为上品。

烹饪运用　干贝是名贵的海产品，适宜红烧、白扒、蒸等烹调方法。可制作"绣球干贝""芙蓉干贝"等菜肴。

197

19. 沙蚕（图 5-2-115）

别名、产地　沙蚕又名沙虫，学名星虫。俗称海虫、海蛆、海蜈蚣、海蚂蟥。广东雷州半岛和广西北海一带出产较多。

图 5-2-115　沙蚕

外形及品质特点　沙蚕为长圆筒形，像陆地上的蚯蚓，全身里外都有沙子。体前端有一圈触手，伸张时呈星状。肛节开在身体一侧，离口不远，消化道成 U 字形的管子，靠肌肉收缩前进。沙蚕肉嫩，营养丰富。

烹饪运用　鲜沙蚕烹饪上使用广泛，可炒、炸、蒸、氽汤，以蒸、氽为佳。沙蚕煮汤白如牛奶，味极鲜美，且浓度大，有"天然味精"之称。油炸后酥松香脆，为下酒佳肴。

四、棘皮、刺胞类

1. 海参

别名、产地、产季　海参又名海鼠、沙噀，我国南海、黄海、渤海均有海参及海参干货，一年四季出产。

外形、种类及品质特点　海参是生活在海底的一种棘皮动物。海参体圆柱状，口在前端，肛门在后端，周围有触手，骨骼为各种微小的石灰质骨片，体质柔软。生长于海底细沙和岩石礁底，环境要求水流缓慢，有丰富的海藻。海参的种类约有 1000 多种，但具有食用价值的只有 40 多种，其中我国有 20 多种，日常所见均为干货。海参根据外形特征，分为有肉疣的刺参和无肉疣的光参两大类。海参口感软糯而滑爽。为高蛋白、低脂肪食品，并含有人体必需的多种氨基酸。

（1）刺参

刺参身体表面有肉刺，大多为黑灰色，体壁厚实而柔软，口感好，水发胀性大，质量较好。常见的品种有灰参、梅花参、方刺参等。

①**灰参**　灰参又称灰刺参、刺参、仿刺参、辽参等。产于我国北部沿海的辽宁大连、山东烟台长山岛。灰参体近圆柱形，背面隆起，有 4～6 行肉刺；腹面较平坦。口偏于腹面。体色一般背面为黄褐色，腹面为浅黄褐色或赤褐色。刺参体壁厚而软糯，富于胶质，是食用海参中质量最好的品种。

图 5-2-116　灰参

图 5-2-117　梅花参

图 5-2-118　方刺参

②**梅花参**　梅花参又称凤梨参，是海参中体型最大的一种。长筒形，背面肉刺多，每 3～11 个肉刺的基部相连呈梅花状。腹面平坦，管足小而密。生活时背面橙黄色或橙红色，散布黄色和褐色斑点；腹面带赤色。属名贵海参，产于南海的西沙群岛等地。

③**方刺参** 体呈四棱形，平直有四行肉刺，肥壮肉厚，品质较好，产于广西北海、南海、西沙群岛等地。

（2）光参

身体表面光滑无肉刺，或有平缓突起的肉疣，多为黄褐色或黑色，质量参差不齐。常见的品种有大乌参、黄玉参、茄参等。

①**大乌参**（图5-2-119） 大乌参体壮短粗、黑褐色、皮平展无皱褶、无刺、肉厚嫩、为光参中的上品。产于南海诸岛。

②**黄玉参**（图5-2-120） 黄玉参体近圆柱状，两端钝圆，背有疣状凸起，疣上有小颗粒，形如秃刺。体短粗，肉肥厚，鲜嫩，较为名贵。产于广西、广东沿海及海南等地。

③**茄参**（图5-2-121） 茄参又称乌虫参、香参等。呈纺锤形，体色浅棕色，体壮肉厚，物美价廉。产于海南岛、广东。

图5-2-119 大乌参　　　　　图5-2-120 黄玉参　　　　　图5-2-121 茄参

品质鉴别 海参以体形饱满、质重、皮薄、肉壁肥厚、水发后涨性大、糯而爽滑、有弹性、无砂粒者为上品。

烹饪运用 海参是名贵的海产品，在烹调中常做宴会的头菜。干海参必须经过涨发后才能使用。刀工成形可切大片、丝、丁等形，或整形使用。多作主料，适宜烧扒炒拌蒸或制汤等烹调方法。可制作"鸡丝海参""奶汤海参""虾子大乌参""葱烧海参"等。

2．海蜇（图5-2-122）

别名、产地、产季 海蜇为腔肠动物，学名水母。海蜇盛产于南海、东海、黄海、渤海四大海区内海近岸。夏秋为捕捞旺季。

外形、种类及品质特点 海蜇体呈青蓝色，分伞部（蜇皮）和口腕部（蜇头）两部分。伞部高而厚，呈半球形馒头状，表面光滑，伞缘直径30～50厘米，大的可达1米。体壁由内外两层细胞及其间非细胞的中胶层构成。中胶层厚而硬，是蛋白质和黏多糖形成的凝胶，也是供食的主要部位。口腕八枚，各枚裂成许多瓣片。鲜海蜇用明矾、食盐加工处理。按产地分为南蜇（福建、浙江产的为最好，片大脆嫩，水分少，色黄白）、东蜇（产于山东，肉厚不脆，质量一般）、北蜇（产于天津，皮薄，个小、色白、质量较差）。

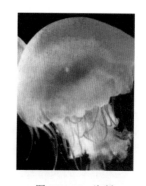

图5-2-122 海蜇

品质鉴别 海蜇皮以片大、完整、黄白色、无血丝、无泥沙、脆嫩者为上品；海蜇头以完整均匀、米黄色稍有淡红色、光亮、松脆、无泥沙及夹杂物者为上品。

烹饪运用 蜇皮多直切成细丝，蜇头多批切成片。多凉拌入馔，可制成咸鲜、酸甜、麻辣、葱油等口味，作为筵席的凉菜；也可制成热菜。现在还有加工成真空包装或软罐头的即食海蜇。

新鲜海蜇头的刺丝囊内含有毒素，不宜食用。

3. 海肠子（图 5-2-123）

别名、产地、产季　海肠子，学名单环刺螠，在胶东渔民中又称海鸡子。渤海湾、温州海滩大量出产。海肠子的季节性很强，只有在早春大风浪的天气里才能捞到。

外形及品质特点　海肠子是一种长圆筒形软体动物。软乎乎地蠕动，浑身无毛刺，浅黄色。幼体有分节，成体无分节。有些地方人们把它叫做"裸体海参"。海肠子营养丰富，一般人群均能食用，具有温补肝肾、壮阳固精的作用，特别适合男性食用。

图 5-2-123　海肠子

烹饪运用及注意事项　海肠子必须是活的，用剪刀将海肠两头带刺的部分剪掉，把内脏和血液洗净。炒时动作要快，以免变老。海肠是鲁菜、温州菜中的重要原料，它的烹调方法也很多，用海肠子配以头刀韭菜制作的"韭菜海肠"是胶东名菜，此外"干海肠""氽海肠汤""肉末海肠"等都是很有地方特色的菜肴。鲜海肠子还可调制水饺、包子馅等。它的干制品又是不可多得的调味品。

五、两栖、爬行类

两栖类动物是从水生生活向陆地生活过渡的一类动物。身体分为头、躯干、四肢三部分；皮肤裸露，有丰富的腺体，可分泌粘液使皮肤保持湿润，皮肤上还有大量的微血管用以进行气体交换，以帮助呼吸。体温不恒定。从幼体至成体的发育过程中，部分种类发生变态。两栖类动物类原料必须是鲜活宰杀后立即食用。

微课：牛蛙

1. 牛蛙（图 5-2-124）

别名、产地、产季　牛蛙又称喧蛙、食用蛙。原产北美洲南部及墨西哥东部，20 世纪 60 年代引入我国，现广泛养殖。一年四季均产，产季主要在秋冬季。

外形及品质特点　牛蛙为蛙类中体型较大的一种，因其叫声大而得名，鸣叫声洪亮酷似牛叫，故名牛蛙。雄蛙背部深绿色，雌蛙背部褐色；雄蛙咽喉部黄色，雌蛙有淡黑色斑点。后肢很长，趾间全蹼。牛蛙肉蛋白质含量高，脂肪少，质嫩味香。

图 5-2-124　牛蛙

烹饪运用　牛蛙适于烧、炒、炖、煨、炸、爆、煮等烹调方法，制作多种菜肴，代表菜式如"泡椒牛蛙""家常牛蛙""干炸牛蛙腿""牛蛙炖土豆"等。

2. 棘胸蛙（图 5-2-125）

别名、产地、产季　石鸡又称石鸡、石蛙、石鳞、棘蛙等。分布于湖北、湖南、安徽、江苏、江西、浙江、云南、贵州、福建、两广等地区。棘胸蛙蛙事最盛的季节为夏季。

外形及品质特点　棘胸蛙为庐山三石（石鸡、石鱼、石耳）之一。棘胸蛙皮肤粗糙。雄蛙背部有成行的长疣，胸部有大团的刺疣。雌蛙背部为分散的小圆疣，腹面光滑。棘胸蛙的肉质细嫩，滋味鲜甜，可与仔鸡相媲美。是难得的珍稀佳肴，被国内外美食家誉为"百蛙之王"。此外，棘胸蛙肉还有药用价值。

图 5-2-125　棘胸蛙

烹饪运用　烹调中适用于炸、熘、炖、炒等方法，尤以软炸味道最美。代表菜式如"软炸石鸡""清蒸石鸡""香糟石鳞腿"等。用石鸡炖汤，汤色雪白，香美异常。

图 5-2-126　蛤士蟆

3．蛤士蟆

（1）蛤士蟆（图 5-2-126）

别名、产地、产季　蛤士蟆又称中国林蛙、雪蛤、田鸡等。主产于我国黑龙江、吉林、辽宁和内蒙古等地，一般生活于阴暗潮湿的阔叶林中。每年四、五月配对产卵后在土壤中生殖休眠 15 天左右，然后上山活动，9～11 月是捕杀蛤士蟆的最佳季节。

外形及品质特点　蛤士蟆体色随季节而有变化。通常背部呈草绿色或棕黄色，雄蛙腹面乳白色，雌蛙一般为棕红色。背腹两面均散布黄、红色斑点。四肢背面有许多褐色的横斑。鼓膜处有一黑色三角形斑。生长期一般五年到七年。蛤士蟆肉质细嫩，味道鲜香。

烹饪运用　蛤士蟆以鲜品或干品入烹。民间将其与熊掌、猴头蘑、飞龙一起称为"东北四大山珍"，成为宴席上的珍品。烹饪中采用烧、炖、蒸、炸、煨等烹调方法成菜，代表菜式如"宫保田鸡腿""海米烧蛤士蟆"等。

（2）蛤士蟆油（图 5-2-127）

别名、产地、产季　蛤士蟆油又称雪蛤油、雪蛤膏、田鸡油等。主要产于黑龙江、吉林、辽宁、内蒙古等地。产季为 9～11 月。

外形及品质特点　蛤士蟆油是雌性蛤士蟆的卵巢、输卵管及所附脂肪的干制品。形状大小不一，呈不规则的胶质块状，颜色洁白或黄白色，有脂肪样光泽。外有薄膜状干皮，手摸有滑腻感。遇水可膨胀 10～15 倍，微有腥味。

图 5-2-127　蛤士蟆油

品质鉴别　以块大、干燥、无膜、无杂质、白色或黄白色为佳。

烹饪运用　蛤士蟆油的鲜品、干品均可入烹，制作美味的名贵甜羹及优良的滋补药膳，代表菜式有"什锦田鸡油""冰糖蛤士蟆油""清汤蛤士蟆油"等。

4．龟（图 5-2-128）

别名、产地、产季　乌龟又称金龟、水龟、花龟、泥龟等。在我国黄河流域及其以南地区均有分布，成群栖息于川泽湖泊中，生命力强，断食数月不死，全年均可捕捉，秋冬季为多。

外形、种类及品质特点　乌龟背腹皆具硬甲，在侧面联合形成完整的龟壳，背甲上具有三条纵走的棱嵴。肉质较老，但肉味鲜美。

图 5-2-128　乌龟

烹饪运用　乌龟适于烧、焖、炖、煨、蒸等长时间加热的烹调方法，如"红烧八卦肉""瓦罐龟肉汤""气锅金龟"等。龟还具有很高的药用价值，中医认为龟肉性平味甘，能滋阴补血、止血，可治久咳咯血、血痢、筋骨疼痛等症，常配以沙参、虫草等中药材制作药膳，如龟羊汤、龟苓膏等。

5．鳖（图 5-2-129）

别名、产地、产季　鳖又称水鱼、团鱼、圆鱼、脚鱼、甲鱼等，学名中华鳖。鳖在我国除西藏、青海、宁夏外均有分布，栖息于江河、湖泊、池塘、水库等中，现已人工养殖。以六七月食用最肥美。

外形及品质特点 鳖的外形是鳖体圆扁，吻突尖长，体表甲板外覆有革质皮，尾短不突出体外，头、颈能缩入甲内。背腹甲由结缔组织相连形成厚实的裙边。腹部乳白色，趾间具蹼，能爬行游泳。其肉质细嫩，味厚鲜美，尤以裙边富含胶质、色泽玉白、软嫩滑爽、适口性强而为最佳食用部位。

微课：甲鱼

图 5-2-129　鳖

烹饪运用及注意事项 鳖在烹饪中应用较为广泛，既可整只烹制也可拆肉烹调；既可单独成菜，也可以与其他原料合烹。但总的来说甲鱼在烹调中适于较为清淡的调味，且最好配以鸡汤佐味。由于结缔组织含量较高，甲鱼入烹适用于烧、炖、蒸、扒、烩、煮闷等长时烹调方法，如"红烧甲鱼""清蒸甲鱼""霸王别姬"等。烹制鳖时必须注意，自然死亡的甲鱼不能食用。因为甲鱼死后，不仅极易腐败变质，而且肉中大量的组胺酸被分解后产生有毒的组胺，食用后容易引起食物中毒。另外，甲鱼的血液中可能寄生着对人体有害的寄生虫，也不宜生饮。

5．裙边（图 5-2-130）

别名、产地、产季 裙边别名甲裙、鱼裙、鳖裙等。

外形及品质特点 裙边是以鳖甲边缘的软肉干制而成：裙边宽厚，富含胶质，有筋性。营养丰富。

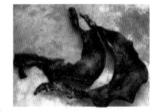

图 5-2-130　裙边

品质鉴别 以干燥、宽厚、表面平滑光洁无虫蛀为佳品。

烹饪运用 裙边为烹饪原料中的珍品，在烹调中多作为高档菜肴的原料。作主料适宜于扒烧、烩等烹调方法，可制作"扒裙边""红烧裙边"等。

7．蛇

别名、产地、产季 蛇为爬行动物中种类最多的一类，我国约有 170 多种，主要分布在热带和亚热带地区，其中以两广、海南、福建、云南等地最多，一年四季均产。

外形、种类及品质特点 蛇的体型细长，体表被有角质鳞片，附肢退化。体分为头、躯干、尾三部分。舌细长而深分叉，左右下颌骨在前端以弹性韧带相连，所以蛇口可张的很大，用于吞食比自己头大几倍的食物。无胸骨，大部分为陆生。蛇有毒蛇与无毒蛇之分。毒蛇的头一般呈三角形，口内有毒牙，牙根部有毒腺，能分泌毒液，一般情况下尾很短，并突然变细。无毒蛇头部呈椭圆形，口内无毒牙，尾部是逐渐变细。

烹饪运用及注意事项 除蛇肉外，蛇皮、蛇胆、蛇肝、蛇肠、蛇血等也可入馔。烹调中适于烩、炒、焖、煎、炸、熘、爆等多种烹调方法。除单独成菜外，还可与其他原料如鲍鱼、鸡等配合使用。蛇在加工过程中，一般要先剥去皮，也可不剥皮而刮鳞，但加工时应该注意蛇肉不可水浸，否则肉就会变得老韧，达不到细嫩的效果。有毒蛇应请专业人员宰杀，慎防伤害事故。吃蛇的最佳季节是秋冬季，此时蛇最肥美，故民间有"秋风起，三蛇肥"之说。以蛇入馔的名菜有"竹丝鸡烩五蛇""龙虎斗"等。禁止食用国家保护的野生动物，包括人工繁育、人工饲养的野生动物。

同步练习───────────────────────────────────

一、填空题

1. "长江三鲜"是指＿＿＿＿＿＿、＿＿＿＿＿＿、＿＿＿＿＿＿。

2. 我国四大家鱼是＿＿＿＿＿、＿＿＿＿＿、＿＿＿＿＿＿、＿＿＿＿＿。

3. 银鱼常见的有＿＿＿＿＿＿、＿＿＿＿＿＿＿、＿＿＿＿＿＿＿＿。

4. 鲤鱼的种类很多，按其生长水域可分为＿＿＿＿＿、＿＿＿＿＿、＿＿＿＿＿。

5. 蟹性寒，所以食蟹时要有姜、醋佐食，这样即可＿＿＿＿＿＿，又可＿＿＿＿＿＿＿，还可＿＿＿＿＿＿＿＿。

6. 鱼类的品质检验主要从＿＿＿＿＿＿＿、＿＿＿＿＿＿＿、＿＿＿＿＿＿、＿＿＿＿＿＿、＿＿＿＿＿＿等几方面检验其新鲜程度。

7. 贻贝又称＿＿＿＿＿、＿＿＿＿＿、＿＿＿＿＿等，营养丰富，被誉为＿＿＿＿＿＿。

8. 生蟹不能吃，因为螃蟹是＿＿＿＿＿的中间宿主，生食容易感染＿＿＿＿＿病。

9. 山东产的金钩海米是由＿＿＿＿＿＿加工而成的。

10. 鲶鱼又称＿＿＿＿＿，以＿＿＿＿＿＿月最为肥美。

11. 泥鳅土腥味重，烹制前可放入清水盆中，滴几滴＿＿＿＿＿＿活养，让其排尽体内污物后，再加工，其制作时口味以＿＿＿＿＿＿为主。

12. 扇贝常见的为＿＿＿＿＿＿，每年＿＿＿＿＿＿为捕捞季节。

13. 甲鱼又称＿＿＿＿＿、＿＿＿＿＿＿，骨质甲四周有一圈软组织，俗称为＿＿＿＿＿＿。

14. 鱼类制品按加工方法主要可分为＿＿＿＿＿、＿＿＿＿＿＿、＿＿＿＿＿＿、＿＿＿＿＿＿、＿＿＿＿＿＿等。

二、选择题

1. 下列原料中，均属海产鱼类的是＿＿＿＿＿。
　　A. 黄鱼　鲍鱼　　　　　　B. 带鱼　鲴鱼　　　　C. 鲈鱼　石斑鱼　　D. 海鳗　鲂鱼

2. 下列水产品中，属于"软体类"的是＿＿＿＿＿。
　　A. 海螺　　　　　　　B. 海蜇　　　　　　　C. 海参　　　　　D. 海象

3. 下列哪种鱼不属于洄游鱼类＿＿＿＿＿。
　　A. 鲥鱼　　　　　　　B. 白鱼　　　　　　　C. 刀鲚　　　　　D. 大麻哈鱼

4. 两眼均在右侧的是＿＿＿＿＿。
　　A. 鲆　　　　　　　　B. 鲽　　　　　　　　C. 鳎目　　　　　D. 舌鳎

5. 鲥鱼以＿＿＿＿＿所产久负盛名。
　　A. 长江　　　　　　　B. 珠江　　　　　　　C. 钱塘江　　　　D. 镇江焦山

6. 蟹不能与＿＿＿＿＿同食，否则会引起肠胃不适。
　　A. 红枣　　　　　　　B. 枸杞　　　　　　　C. 柿子　　　　　D. 桔子

7. 有"鱼中之王"之称的是＿＿＿＿＿。
　　A. 鳗鲡　　　　　　　B. 刀鱼　　　　　　　C. 鲥鱼　　　　　D. 鳜鱼

8. 鳜鱼最肥美的季节是_____。

    A. 9～10 月   B. 5～6 月   C. 4～5 月   D. 2～3 月

9. 下列原料中，肌肉成型条件好，适宜剁成蓉制作蓉类成型菜的是_____。

    A. 鳜鱼   B. 鲫鱼   C. 鳝鱼   D. 鹅肉

三、判断题

1. 小黄鱼俗称小鲜，大黄鱼俗称大鲜。（   ）

2. 成熟的雄蟹腹部呈现三锐形，雌蟹腹部呈半圆形。（   ）

3. 螃蟹只要是活的，就是新鲜的。（   ）

4. 鲅鱼和鲐鱼外形很相似，它们的主要区别就是鲅鱼的体形较鲐鱼大。（   ）

5. 三疣梭子蟹以中秋前后为盛产期。（   ）

6. 水产品都应用清水活养的方法来保鲜。（   ）

四、问答题

1. 对鱼的品质鉴定，应从哪些方面进行？

2. 小黄鱼与大黄鱼有何区别？

3. 鲢鱼与鳙鱼外形上有何区别？

4. 鱼类产生腥味的主要原因是什么？去腥味的常用方法是什么？

5. 如何鉴别污染鱼类？

六、综合训练

水产品危害调查

（一）训练目标

了解烹饪中食品安全的重要性，掌握常见水产品危害因素及相对应的食材处理方法。

（二）训练内容

1. 知识准备

水产品的安全是指水产品中可能含有的一些对人体造成危害的物质，当人体摄入一定量的危害物质后，可能造成机体的食源性疾病。危害物可分成生物危害、化学危害和物理危害三类。

国家市场监督管理总局于 2018 年发布关于水产品的食品安全监督抽检结果 29 次，其中海水蟹的合格率仅为 77.8%，淡水虾的合格率为 89.7%，鱼类的合格率 96.8%，相对较高。海水虾和海水蟹的不合格原因主要是重金属镉污染超标，鱼类的不合格原因主要是恩诺沙星残留超标，贝类的不合格原因主要是检出禁用兽药氯霉素。此外还检测到禁药孔雀石绿、硝基呋喃类、地西泮等。

2. 网络调查

通过网络调查具体的水产品危害因素，网站有中国食品安全网（http://www.cfsn.cn/）、国家卫生健康委员会（http://www.nhc.gov.cn/）、国家市场监督管理总局（http://www.samr.gov.cn/）、食品伙伴网（http://www.foodmate.net/）、食品论坛（http://bbs.foodmate.net/forum.php）、中国水产信息网（http://www.aquainfo.cn/）。

（三）训练要求

1. 学生分工完成"水产品危害调查表"样表。

表　水产品危害调查表

分工	危害类型	具体因素	案例内容	发生原因	解决方法
学生 A		霍乱弧菌			
学生 B	生物危害	沙门氏菌			
……		……			
……		河豚毒素			
……	化学危害	孔雀石绿			
……		……			
……	……	……			

2. 选择某一代表性案例，网络检索该案例的详细内容、发生原因、解决方法、案例类型，加工成介绍案例的文档，再依据文档，结合网络检索的图片、视频资源，设计 PPT 交流。

第六章 调辅料

学习目标

【知识目标】

1. 了解调味料的概念、分类和作用以及调味料的掺假与鉴别。

2. 掌握常见调味料的特点、烹饪应用与品质检验。

3. 掌握辅助料的种类、特点、烹饪应用、检验和贮存。

【能力目标】

1. 能识别各种常见的调味料，鉴别常用的调味料的优劣。

2. 能在烹饪中合理使用各种基础调味料和复合调味料。

3. 能在烹饪中合理节约用水，正确使用淀粉、油脂，按法规使用食品添加剂。

第一节　调辅料概述

微课：调味品的作用和分类

调味品又称为调味原料、调料，是在烹调过程中主要用于调和食物口味（滋味）的一类原料的统称，在菜点制作中起着定味、上色、去除异味、杀菌防腐等作用。

调味品是人们日常生活中必不可少的，我国对调味品的制造和运用有着悠久的历史。据《吕氏春秋·本味篇》记载，周代就有酱和醋等调味品。《周礼天官食医》根据季节变化总结了"凡和，春多酸，夏多苦，秋多辛，冬多咸"的运用规律。在具体的调味过程中，则提出"酸而不酷，咸而不减，甘而不浓，澹而不薄，辛而不烈"的用味原则。这些经验对调味品的认识和运用，对发展我国烹调技术及形成地方菜肴的风味特点起着重要作用。

1. 调味品在烹饪中的作用

调味原料在烹饪中虽然用量不大，却应用广泛，变化很大。在烹调过程中，调味原料的呈味成分连同菜点主配料的呈味成分一起，共同形成了菜点的不同风味特色。

（1）去除异味

烹饪中很多原料都带有异味，尤其是禽畜及水产品中的牛、羊、鱼及家畜的内脏都有不同程度的腥膻气味。在烹调过程中，虽然可除去一部分异味，但是不能完全除净，加入调味品类原料，如黄酒、葱、生姜、大蒜、花椒等，就可去除菜肴中的异味，以确保菜肴的鲜美口味。

（2）突出和确定菜肴的口味

我国菜肴的品种很多，每一种菜肴都有它的特殊滋味，如："五香型"类的菜肴、"甜酸型"类的菜肴、"酸甜型"类的菜肴，这些菜肴口味的确定，都是在烹调过程中适当的加入调味品来突出和确定的，通过调味品，给人以丰富多彩的味觉享受，满足人们的多种口味需要。

（3）增加营养

调味品虽然在烹调中起调味作用，但是在调味品中还含有人体需要的营养素，虽然含量少，但是在一定程度上对增加菜肴的营养，提高人的健康水平起着重要的作用。如食盐能维持人体指出的渗透压和体内酸碱平衡；蜂蜜中含有人体较易吸收的葡萄糖和果糖；甜面酱和味精含有人体所需的蛋白质等。

（4）增加菜肴的色泽

有些调味品本身带有特殊的色泽，在烹调过程中加入这些调味品后，能使菜肴具有特有的色泽。如：用番茄酱来制作菜肴，能使菜肴红润明亮；用咖喱调制菜肴，能使菜肴金黄明亮。

（5）增加菜肴的鲜味和美味

在烹饪原料中，有些原料本身没有什么滋味，如海参、鱼翅、鱼肚等。用这些原料烹制菜肴时必须依靠调味品来增加它们的鲜美滋味，从而使菜肴美味可口。另外，许多菜肴的香味也是在烹制过程中加入呈香味的调味品而体现出来的。如酱制品、卤制品等，通过加入辛香味调味品，使菜肴具有芳香气味。

（6）具有杀菌消毒和保护营养素的作用

有些调味品具有杀菌的作用。如食盐、醋、葱、姜等能杀死微生物中的病毒，提高菜肴的卫生质量。另外，食醋不仅能起到灭菌的作用，同时又可以保持维生素 C 少受损失。

2. 调味品的分类

我国调味品原料种类较多，有多种分类方法。按照传统的分法，味可以分为基本味和复合味两大类：基本味是指单一的味道，人们习惯上认为有七种基本味，即咸味、苦味、甜味、酸味、辣味、鲜味、香味；复合味是指由两种以上的单一味调配而成。这种分法的优点是显而易见的，但是不够准确，因为所谓的七种单一味并不是单纯的。如苦味，茶叶的苦味与咖啡的苦味是完全不同的；酸味中醋的味道与柠檬、橘子的酸味也是完全不同的；辣味、甜味、鲜味、香味甚至咸味也都有同样的情况。这种情况下，要说它们是单一味当然是很不准确的，可以默认在烹调过程中所遇到的调味料基本的复合味的调味料。合理的分类有助于调味品性质的理解与运用，结合相关调味料分类标准及餐饮业特点，将调辅料分为基础调味料、复合调味料、辅助料和食品添加剂大类，见表 6-1-1。

表 6-1-1　调辅料的分类

类型	调味料
基础调味料	咸味料：食盐、酱油、酱类、豆豉、腐乳、味噌等
	甜味料：食糖、麦芽糖、蜂蜜等

续表

类型	调味料
基础调味料	酸味料：食醋、柠檬汁、番茄酱、草莓酱等
	鲜味料：味精、鸡精、鱼露、蚝油、虾油等
	香辛料：花椒、辣椒、胡椒等及其加工的粉、油、汁等
	酒香料：料酒、香槽、葡萄酒、白酒、糟油等
复合调味料	固态复合调味料：鸡精、鸡粉、牛肉粉、排骨粉、海鲜粉等
	液态复合调味料：鲍鱼汁、香槽卤、浓缩鸡汁、南乳汁等
	复合调味酱：各种风味酱、沙拉酱、蛋黄酱等
	专用调味料：火锅底料、火锅蘸料、麻婆豆腐调料等
辅助料	生活用水：天然水、自来水、净化水等
	食用淀粉：马铃薯淀粉、木薯淀粉、玉米淀粉、小麦淀粉等
	食用油脂：色拉油、芝麻油、橄榄油、调和油等
	食品添加剂：红曲米、碳酸钠、发酵粉、泡打粉、琼脂、嫩肉粉等
食品添加剂	着色剂：红曲米、姜黄素、焦糖色素、菠菜汁、苋菜红、胭脂红、柠檬黄等
	膨松剂：碳酸氢钠、碳酸氢铵、发酵粉、压榨酵母、活性干酵母等
	增稠剂：琼脂、果胶、明胶
	利嫩剂：大瓜蛋白酶、菠萝蛋白酶

在实际的操作中我们会发现，许多调味品不仅只有一种味。如生姜是常用来给菜肴增香去腥的，但在"姜汁肉"这一菜肴中则是利用了生姜独特的辛辣味。一般按生姜最常见的用途是把用作香味调料中，而不会把它用作麻辣调料，其他调味料的类别区分也有这样的情况。

▌知识拓展：《随园食单》中的须知单—"作料须知"

原文：厨者之作料，如妇人之衣服首饰也。虽有天姿，虽善涂抹，而敝衣蓝缕，西子亦难以为容。善烹调者，酱用优酱，先尝甘否；油用香油，须审生熟；酒用酒酿，应去糟粕；醋用米醋，须求清冽。且酱有清浓之分，油有荤素之别，酒有酸甜之异，醋有陈新之殊，不可丝毫错误。其它葱、椒、姜、桂、糖、盐，虽用之不多，而俱宜选择上品。苏州店卖秋油，有上、中、下三等。镇江醋颜色虽佳，味不甚酸，失醋之本旨矣。以板浦醋为第一，浦口醋次之。

译文：厨师用的作料，就好比女人的衣服首饰。女人虽然有天姿国色，善于化妆打扮，然而衣衫褴褛破旧，就是西施也难以打扮得漂亮。善于烹调的人，十分注意所用的作料，酱要用伏天制作的，用前要先尝一尝味道是否甜；油要用香油，一定要检查油的生熟；酒要用酒酿，还要去掉糟粕；醋要用米醋，必须清冽。同时酱又有清浓之分，油又有荤素之别，酒也有酸甜的差异，醋还有陈醋新醋的区别，这些使用起来不可有丝毫的马虎。其他东西如葱、椒、姜、桂、糖、盐之类，虽用得不多，但都应当选择品质上等的。苏州店出售的秋油（酱油的一种），分为上、中、下三等。镇江的醋颜色虽然不错，但味道不太酸，失去了醋的根本。醋以板浦（现连云港市海州区板浦镇）的最好，浦口（现南京市浦口区）产的次之。

第二节　常见调味料

一、基础调味料

（一）咸味调料

咸味是一种非常重要的基本味，它在调味中有着举足轻重的作用。单一或复合咸味调料中的咸味主要来源于氯化钠。其他盐类如氯化钾、氯化铵、溴化钾、碘化钠等也都具有咸味，但同时也有苦味、涩味等其他的味感，因此，只有氯化钠的咸味最为纯正。

烹饪中常用的咸味调味品是食盐和发酵性咸味调味品。这类调味料吸湿性强，易受潮。因此通常采用储存保鲜方法，存放于干燥、通风处，注意防潮、防霉。

1. 食盐（图 6-2-1）

食盐是人们日常生活中不可缺少的重要调味料之一，称之为"百味之主"。除了部分面点外，不用食盐的菜点几乎是没有的，而且大部分复合味型也必须在咸味的基础上配制。

微课：盐

别名、产地　以沿海一带海盐产量最高，以四川井盐质量为佳。海盐从海水中晒取制成，主要产于辽宁、河北、江苏、山东等沿海地区。井盐是地下咸水熬制而成，主要产于四川、云南、湖北等地。池盐也称湖盐，是从内陆咸水湖中捞取、不经加工即可食用。主要产于青海、内蒙古等地。矿盐也称岩盐，是从地下岩层中开采取得的，主要产于新疆、青海等地。

外形、种类　食盐是白色晶体，因加工粗细不同，结晶有大有小，还可能会有一些颜色。食盐的种类较多。按食盐的来源可分为海盐、井盐、池盐、矿盐等；按加工程度不同分原盐

图 6-2-1　食盐

（粗盐、大盐）、洗涤盐、再制盐（精盐）。此外，根据特殊或普遍的需要，在精盐中添加某些矿质元素制成营养盐，如碘盐、锌盐、铁盐、铜盐、低钠盐等，以此增加对矿质元素的补充或限制对钠的吸收。第三就是加入其他调味品制得的为顺应快节奏的生活、方便人们的生活而产生的复合盐，如香菇盐、海鲜盐、香辣盐等。

品质鉴别　色泽洁白，结晶小，疏松而不结块，咸味纯正，无苦涩味为佳。

烹饪运用　食盐在烹调中食盐不仅起调味、提鲜、去腥、解腻的作用，而且还具有促进胃液分泌，增进消化及维持人体正常的渗透压力，体内酸碱平衡和神经肌肉的正常兴奋性功能。同时还可以利用盐的渗透力和杀菌力，对原料进行解味、除异、防腐及腌制。

注意事项　烹调中应注意盐的投放时间。制汤时不宜早放盐，否则会使得原料中的蛋白质不易溶于汤中，汤的味道也就不会浓厚鲜醇；炒蔬菜时盐则应早放，以使菜肴快速入味，如果盐加晚了，蔬菜容易炒老；对于加碘盐来说，高油温与长时间加热会使碘损失，所以应在菜肴快炒好时下锅。食盐在使用时还应注意使用量，过量的盐不仅影响菜点的口味，而且会产生高渗透压，不利于人体健康。

2. 酱油（图6-2-2）

酱油是我国的特产调味料，是以大豆、面粉、麸皮等为主要原料，经过微生物或酶的催化水解生成多种氨基酸和糖类，并以这些物质为基础，再经过复杂的生物化学变化，然后合成具有特殊色泽、香气、滋味的调味料。

图6-2-2 酱油

别名、产地、产季 酱油又称豉油、清酱等。全国各地一年四季均产。

外形、种类及品质特点 酱油的品种很多，色、味有别。

（1）按加工方法分。有天然发酵酱油、人工发酵酱油。

（2）按形态分。有液体酱油、固体酱油。

（3）按质量分。有特级酱油、一级酱油、二级酱油、三级酱油等。

（4）按颜色分。有红酱油、白酱油、生抽、老抽。

（5）按风味营养分。有各种风味酱油，如虾子酱油、冬菇酱油、铁质酱油、低盐酱油、口蘑酱油。

现市场上多是按照颜色分为生抽和老抽。

（1）生抽酱油是酱油中的一个品种，以大豆、面粉为主要原料，加入种曲，经天然露晒，发酵而成。其产品色泽红润，滋味鲜美协调，豉味浓郁，体态清澈透明，风味独特。生抽颜色比较淡，呈红褐色，味道比较鲜，做炒菜或者凉菜的时候用得多。

（2）老抽酱油是在生抽酱油的基础上，加焦糖色，经过特殊工艺制成浓色酱油。因加入了焦糖色，所以颜色较深，呈棕褐色，有光泽。老抽味道较威，一般用来给食品着色，比如做红烧等需要上色的菜肴时，使用老抽比较好。

品质鉴别 以色泽红褐，鲜艳透明，香气浓郁，无沉淀物和乳膜，滋味鲜美纯正者为佳。

烹饪运用 酱油在烹调中具有为菜肴确定咸味、增加鲜味的作用；还可增色、增香、去腥解腻。所以酱油多用于冷菜调味和热菜的烧、烩菜品之中。

注意事项 酱油在菜点中的用量受两个因素的制约，菜点的咸度和色泽，还由于加热中会发生增色反应。因此，一般色深、汁浓、味鲜的酱油用于冷菜和上色菜；色浅、汁清、味醇的酱油多用于加热烹调。另外，由于加热时间过长，会使酱油颜色变黑，所以，长时间加热的菜肴不宜使用酱油，而可采用糖色等增色。

3. 甜面酱（图6-2-3）

别名、产地、产季 甜面酱又称面酱、甜酱。

外形及品质特点 甜面酱是以面粉为主要原料，加食盐经发酵制成的酱状调味料。成品红褐色或黄褐色，有光泽、带酱香、味咸甜适口，呈粘稠状半流体。

图6-2-3 甜面酱

品质鉴别 以色泽金红、味道鲜甜、滋润光亮、酱香醇正、浓稠细腻者为佳。

烹饪运用 一般用于烧、炒、拌类菜肴。主要起增香、增色的作用，并可起解腻的作用，如"酱爆肉丁""酱肉丝""酱烧冬笋""回锅肉""酱酥桃仁"等。作为"北京烤鸭""香酥鸭"的葱酱味碟。也可作炸酱包子的馅心、杂酱面的调料。并用于酱菜、酱肉的腌制和酱卤制品的制作，如"京酱肉""酱牛肉"等。

注意事项 烹饪中要掌握好用量及对不同菜肴的色泽味道、干稀度的影响。

4. 豆瓣酱（图 6-2-4）

别名、产地、产季 豆瓣酱又称豆瓣。主要产于四川、北京、安徽等地，以四川郫县所产为佳，一年四季均产。

外形及品质特点 豆瓣酱的主要原料为蚕豆、面粉、辣椒和食盐、味精等，经发酵制成。成品色泽红褐或棕褐色，酱香浓郁、咸淡适口、味鲜醇厚。

品质鉴别 以色泽红亮油润，味辣而鲜，咸味适中，无污染，香味浓郁，无杂质者为佳。

烹饪运用 豆瓣酱是重要的调味料，应用于多种菜品，适宜于炒、遂烧、炖、拌、煮等多种烹调方法。

注意事项 烹饪中要根据菜品的需要掌握好用量对不同菜肴的色泽味道、干稀度的影响。

图 6-2-4 豆瓣酱

5. 豆豉（图 6-2-5）

别名、产地、产季 豆豉古时称幽菽、香豉，豆豉全国各地均有生产，四季都有。

外形、种类及品质特点 豆豉以黄豆或黑豆为原料经过发酵酿制而成，呈黄褐色或黑色，甜香鲜美。按形态分为干豆豉、水豆豉；按口味分为咸豆豉、淡豆豉、臭豆豉；按发酵微生物可分霉菌型豆豉、细菌型豆豉。豆豉质地软糯，咸鲜而香味浓郁。

图 6-2-5 豆豉

品质鉴别 以颗粒饱满，色泽褐黑或褐黄，香味浓郁，咸淡适口，无霉变异味，中心无白点和泥沙者为佳品。

烹饪运用 豆豉在烹调中，主要起提鲜、增香、解腻的作用，并具有赋色的功能。烹饪中可作调味品或单独炒、蒸后佐餐食用；广泛用于蒸、烧、炒、拌制的菜品中，如制作"回锅肉""拌兔丁""豆豉鲮鱼"等菜品时均需使用。

注意事项 豆豉在运用中根据菜品的要求或整用或剁成蓉状，而且用量不宜过多，否则压抑主味。

（二）甜味调料

甜味是最受欢迎的一种基本味型。甜味调味品主要有食糖、蜂蜜等，它们的甜味主要由具有生甜作用的氨基、羟基、亚氨基等基因与负电性氧或氮离子结合的化合物产生。其甜度一般以蔗糖为标准。

甜味调味品在烹饪中的作用是缓和辣味的刺激感，增加咸味的鲜醇、减轻菜肴原料的苦味，并在某些菜点中起着色和增加光泽的作用。

甜味调味品运用时应掌握好温度、加热时间及用量，以保证菜肴的质量要求。

甜味调味品应采用气调储存保鲜。注意防潮、防高温，防鼠，蚂蚁等。

1. 食糖

产地、产季 食糖以广东、广西、福建、台湾、内蒙古及东北地区为主要产区。四季均产。

外形、种类及品质特点 食糖是从甘蔗、甜菜等植物中提取的一种甜味调料，其主要成分是蔗糖。食糖的外形与其加工的精细程度有很大的关系。根据外形、色泽及加工方法的差异，通常分为白砂糖、绵白糖、赤砂糖、冰糖。白砂糖（图6-2-6）又称砂糖，是食糖中质量最好的一种，色泽发白发亮，状如沙粒，溶解慢，易结晶，烹调时多用于烧、炒类菜肴，冷菜类尤其是作蘸食的调料时不宜使用。绵白糖（图6-2-7）又称为绵糖，晶粒细小，均匀，颜色洁白，质地绵软、细腻，但纯度较砂糖低。宜于凉拌菜或蘸食。赤砂糖（图6-2-8）又称红砂糖、赤糖、红糖，颜色较深，呈赤红、赤褐或黄褐色，晶粒连在一起，有糖蜜和甘蔗香味。赤砂糖不耐储存，雨季易溶化。烹调中适宜红烧类菜肴，可产生较好的色泽和香气。冰糖（图6-2-9）是白砂糖的再制品，甜味纯正，块状晶莹，很像冰块，所以称为冰糖。多用于制作甜菜或扒菜。

图6-2-6 白糖　　　　　图6-2-7 绵白糖　　　　　图6-2-8 赤砂糖　　　　　图6-2-9 冰糖

品质鉴别 食糖以色泽明亮，质干味甜，晶粒均匀，无杂质，无返潮，不粘手，不结块，无异味者为佳。

烹饪运用 是菜肴、面点、小吃等常用的甜味调味品，且具有和味的作用；在腌制肉中加入食糖可减轻加盐脱水所致的老韧，保持肉类制品的嫩度；利用蔗糖在不同温度下的变化，可用于制作挂霜、拔丝、琉璃类菜肴以及一些亮浆菜点；还可利用糖的焦糖化反应制作糖色为菜点上色；在发酵面团中加入适量的糖可促进发酵作用，产生良好的发酵效果。此外，利用高浓度的糖溶液对微生物的抑制和致死作用，可用糖渍的方法保存原料。

注意事项 应掌握其用量，在炒制糖色时掌握好火候，炒制过久易发苦。

表6-2-1　食糖的分类及特点

品种			特点
1	白砂糖类	白砂糖	甘蔗汁、甜菜汁或原糖液清净处理后，经浓缩、结晶、分蜜及干燥所制得的洁白蔗糖结晶。有粗砂、中砂、细砂之分，甜味纯正，日常使用最广泛
		精幼砂糖	用原糖或其他蔗糖溶液，经精炼处理后制成的颗粒幼细、速溶的高档食用糖
2	赤砂糖		生产白砂糖的副产品。在加工过程中未经脱色、洗蜜等工序，表面附着糖蜜，还原糖含量高，色泽有红褐、赤红、青褐、黄褐等，不耐贮存
3	绵白糖		在细白砂糖中加入2.5%左右的转化糖后混合均匀而得的产品。甜度高，甜味柔和，晶粒细小均匀，质地绵软细腻，入口即化
4	原糖		甘蔗汁经清净、煮炼、分蜜制成的带有糖蜜的蔗糖结晶
5	方糖		由粒度适中的白砂糖类加入少量水或糖浆，经压（或铸）制成方块的糖
6	红糖		以甘蔗为原料，经提取糖汁，清净处理后，直接煮炼不经分蜜制炼而成的金黄色至红褐色的糖，含有维生素与微量元素，营养成分比白砂糖高
7	冰片糖		用冰糖蜜或砂糖蜜加砂糖为原料加工而成的片状糖制品，两面呈金黄色至棕色、蜡光面，供食品工业作原料，也可供食用和药物辅料之用

续表

	品种		特点
8	冰糖类	单晶体	砂糖经再溶、清净处理、重结晶而制得大颗粒结晶糖，单一晶体的大颗粒冰糖，每粒重 1.5～2.0g
		多晶体	砂糖经再溶、清净处理、重结晶而制得大颗粒结晶糖，由多颗晶体并聚而成的大块冰糖，包括白冰糖、黄冰糖和琥珀冰糖
9	其他糖类	液体糖	以甘蔗、甜菜为原料的半成品或成品，经加工或转化工艺制炼而成的液态糖
		其他糖	包括但不限于糖霜、姜汁（粉）红糖等

2. 饴糖（图 6-2-10）

别名、产地、产季　饴糖又名麦芽糖、糖稀、水饴，全国各地一年四季均产。

外形及品质特点　饴糖有软、硬两种。是以粮食淀粉为主要原料，经过加工后用淀粉酶液化，再利用麦芽中的酶使原料中的淀粉糖化，经浓缩过滤后制成的一种糊稠状调味料。其色艳，汁稠，味甜香爽口。

品质鉴别　以颜色鲜艳，浓稠味纯，洁净无杂质，无酸味者为佳。

烹饪运用　在烹饪中主要用于烘烤食品的上色。

注意事项　使用时应掌握好温度、加热时间及用量，以保证菜肴的质量要求。

图 6-2-10　饴糖

3. 蜂蜜（图 6-2-11）

产地、产季　蜂蜜因为花源的不同，色、香、味和成分也不同，各国所产的蜂蜜也因花源的不同而有不同的颜色和形态。如紫云英蜜：色淡、微香、少异味；苜蓿花蜜：全世界产量最多，有浓郁的香味和甜味，口感温和；槐花蜜：颜色较淡浅，甜而不腻，不易结晶，有洋槐特有的清香；荔枝蜜：颜色较淡，气味清香，易结晶，有荔枝香味；柑橘花蜜：色淡、微酸、结晶细腻；依不同季节则因不同花源而产生文旦蜜、柑橘蜜、苹果蜜、哈密瓜蜜、咸丰草蜜、蔓泽兰蜜、向日葵蜜等，主要不同在香味上。

外形及品质特点　蜂蜜由蜜蜂采集花蜜后经过反复酿造而成的甜而有粘性、透明或半透明的胶状液体。

品质鉴别　以色泽黄白、半透明、水分少、味纯正、无杂质、无酸味者为佳。

烹饪运用　烹饪中主要用来代替食糖调味，具有调味、增白、起色等作用。

图 6-2-11　蜂蜜

注意事项　蜂蜜具有很强的吸湿性和黏着性。烹调使用时应注意用量，防止使用时过多而造成制品吸水变软，相互粘连。同时要掌握好加热时间和温度，防止制品发硬或焦煳。

▎ 知识拓展：如何鉴别蜂蜜

蜂蜜中主要含葡萄糖、果糖和蔗糖，还含有丰富的蛋白质、氨基酸、有机酸及多种维生素和矿物质等，特别是其含有多种活性酶类，如淀粉酶、蔗糖转化酶、过氧化氢酶和脂酶等。因

此蜂蜜是一种富有营养的天然食品不同蜂蜜的特点见 6-2-2。近年来，发现有些不法商贩向蜂蜜中掺杂使假、以次充优，坑害消费者以获得高利。蜂蜜中常见的掺假物质有糖、盐、明矾、淀粉等物质、羧甲基纤维素等，更有甚者掺入尿素，严重损害了广大消费者的利益和健康。可采用物理、化学等简易方法对蜂蜜的掺假进行快速鉴别检验、表 6-2-3 介绍伪造蜜和有毒蜂蜜的感官鉴别，方法简便易行、检测结果明显。

表 6-2-2　不同蜂蜜的特点

种类	特点
紫云英蜜	呈淡白微青色，有清香气，味鲜洁，甜而不腻，不易结晶，结晶后呈粒状
苕子蜜	色味均与紫云英蜜相似，但不如紫云英味鲜洁，甜味也略差
油菜蜜	浅白黄色，有油菜花清香味，稍有混浊，味甜润，最易结晶，浅黄色，呈油状结晶
棉花蜜	呈浅黄色，味甜而稍涩，结晶颗粒较粗
乌桕蜜	呈浅黄，具轻微酵酸甜味，回味较重，润喉较差，易结晶，呈粗粒状
芝麻蜜	呈浅黄色，味甜，一般清香
荞麦蜜	呈金黄色，味甜细腻，入口重，有强烈荞麦气味，颇有刺激性，结晶呈粒状
柑橘蜜	品种繁多，色泽不一，一般呈浅黄色，具有柑橘香甜味，食之微有酸味，结晶粒粗呈油脂状结晶
槐花蜜	色淡白，香气浓郁，带有杏仁味，甜味鲜洁，结晶后呈细粒状
枇杷蜜	微黄或淡黄色，具荔枝香气，有刺喉粗浊之感的味道
龙眼蜜	淡黄色，具龙眼花香气味，纯甜、没有刺喉味道
橙树蜜	浅黄或金黄色，具有令人悦口的特殊香味，蜂巢椴权蜜带有薄荷般的清香味道
葵花蜜	浅琥珀色，味芳香甜润，易结晶
荆条蜜	白色，气味芳香、甜润，结晶后细腻色白
草木犀蜜	浅琥珀或乳白色，浓稠透明，气鼓掌芳香，味甜润
草木犀蜜	浅琥珀或乳白色，浓稠透明，气味芳香，味甜润
甘露蜜	暗褐或暗绿色，没有芳香气味，味甜
山花椒蜜	深琥珀或深棕色，半透明黏液体，味甜，有刺喉异味
桉树蜜	深琥珀色或深棕色，味甜有桉树腥臭，有刺激味
百花蜜	颜色深，是多种花蜜的混合蜂蜜，味甜，具有天然蜜的香气，花粉组成复杂，一般有 5 到 6 种以上花粉
结晶蜂蜜	此种蜜多称为春蜜或冬蜜，透明差，放置日久多有结晶沉淀，结晶多呈膏状，花粉组成复杂，风味不一，味甜

表 6-2-3　蜂蜜的感官鉴别

项目	特点
看色泽	每一种蜂蜜都有固定的颜色，如刺槐蜜、紫云英蜜为水白色或浅琥珀色，芝麻蜜呈浅黄色，枣花蜜、油菜花蜜为黄色琥珀色。纯正的蜂蜜一般色淡、透明度好，如掺有糖类或淀粉则色泽昏暗，液体混浊并有沉淀物
品味道	质量好的蜂蜜，嗅、尝均有花香；掺糖加水的蜂蜜，花香皆无，且有糖水味；好蜂蜜吃起来有清甜的葡萄糖鼓掌，而劣质的蜂蜜蔗糖味浓
试性能	纯正的蜂蜜用筷子挑起来可拉起柔韧的长丝，断后断头回缩并形成下粗上细的塔头并慢慢消失；低劣的蜂蜜挑起后呈糊状并自然下沉，不会形成塔状物
查结晶	纯蜂蜜结晶是呈黄白色，细腻、柔软；假蜂蜜结晶粗糙、透明

（三）酸味调料

酸味是一种基本味，是有机酸、无机酸和盐类分解为氢离子所产生的。酸味的主要成分是醋酸、乳酸、酒石酸、柠檬酸等。在烹调中酸味不能单独使用，但酸味是构成多种复合味的基本味。烹饪菜肴的过程中加入适量的酸味，可使甜味缓和，咸味减弱，辣味降低。在烹调中常用的酸味调味品有食醋、柠檬汁、番茄酱、草莓酱、山楂酱、木瓜酱、酸菜汁等。

常用酸味调味料宜采用气调储存保鲜法。将酸味调味料置于阴凉、干燥处。

1. 食醋

产地、产季　以山西、四川、福建、浙江所产为佳，全国一年四季均产。

外形、种类及品质特点　食醋是饮食生活中常用的一种液体酸味调味品。中国已有两千多年的酿造历史，品种多。不论是烹制醋熘类、糖醋类、酸辣类等菜肴，还是食用小笼汤包、水饺、凉面等，均需使用食醋。醋的种类根据制作方法不同，一般分为发酵醋和合成醋两类。发酵醋即酿造醋，它是含淀粉类的粮食为主料，谷糠、麸皮、盐为辅料，经发酵酿造而成，酸味柔和、鲜香。主要品种有米

图 6-2-12　米醋　　　　图 6-2-13　合成醋

醋（图 6-2-12），以高粱、黄米、麸皮、米糠、盐为主要原料经醋曲发酵后制成的黄褐色调味料；合成醋（图 6-2-13），合成醋亦称醋精，是用食用冰醋酸、水或加以食用色素配制而成，主要分有色醋（淡茶色）和白醋两种，酸味单一，不柔和，缺乏鲜香味，具有刺激感。全国有许多著名的传统食醋的品种。如山西的老陈醋（用高粱作原料）、江苏镇江的香醋（用糯米作原料）、四川的保宁醋（用麸皮作原料）、浙江的玫瑰米醋（用大米作原料）等。

品质鉴别　优质食醋呈琥珀色、棕红色或白色，液态澄清，无悬浮物和沉淀物，无霉花浮膜，酸味柔和，稍有甜口，无其他不良异味，具有食醋固有的气味和醋酸气味。

烹饪运用　食醋在烹调中可起赋酸、增鲜香、去腥膻的作用，是调制酸辣、糖醋、鱼香、荔枝等复合味型的重要原料。食醋还有杀菌和去腥除异的作用，如凉拌菜调味时，常加入些许醋，起消毒杀菌作用；而食用生鱼片时，配青芥辣醋碟，可压抑原料的腥味。醋还能减少原料中维生素 C 的损失、保持蔬菜的脆嫩、促进骨组织中的钙质溶解、防止植物原料的褐变，并且还可使肉质坚硬的原料肌肉组织软化，起到嫩肉剂的作用。

注意事项　由于醋酸不耐高温，易挥发，在使用时应根据需要来决定醋的用量和投放时间。如是在烧鱼时用于腥味的去除，应在烹制开始时加入；如果制作酸辣汤等呈酸菜肴，应在起锅时加入，或是在汤碗内加醋调制；如果用于凉拌菜起杀菌的作用，则应在腌渍时加入。烹调时注意加入的时间和顺序，可以保持菜品的风味特点和口感。

2. 番茄酱（图 6-2-14）

产地、产季　全国各地均产，夏季盛产。

外形及品质特点　番茄酱是指将新鲜成熟的番茄洗净、去皮、去籽、磨细，经加工制成的一种酱状调味品原料。是烹饪中

图 6-2-14　番茄酱

常用的一种酸味调味品。番茄酱色泽红艳、味酸甜，质地细腻，具有一定的番茄果香味。

品质鉴别 以色泽红亮，味纯正，质细腻，酸味适中，有特殊的风味，无杂质者为佳。

烹饪运用及 番茄酱的风味介于糖醋和荔枝味之间，除直接用于佐餐外，烹饪中主要用于甜酸味浓的菜品，突出其色泽和特殊的风味，使菜肴甜酸醇正而爽口，如茄汁味。在冷菜中常用于糖粘菜品，如"茄酥花生"等；在热菜中常用于炸熘和干烧菜品，如"茄汁瓦块鱼""茄汁冬笋""番茄兔丁""茄汁鱼片"等。烹调中一般多选用浓度高、口味好的番茄酱，这不仅是因为便于控制卤汁，而且可使菜肴色泽红艳、味道鲜香。

注意事项 番茄酱使用前需炒制，使其增色、增味，若酸味不够可添加柠檬酸补足。

表 6-2-4 番茄酱与番茄沙司的区别

项目	番茄酱	番茄沙司
原料	主要为成熟的红番茄、水	番茄酱、盐、糖等调味品
制作工艺	成熟红番茄经破碎、打浆、去皮和籽后，经浓缩、装罐、杀菌而成	以番茄酱为原料、稀释后添加其他调味料而制成的调味品
味道	单一的番茄味，呈鲜红色酱体，酸甜味	复合型的酸甜味
用途	常用作鱼、肉、蔬菜等食物的烹饪佐料，是增色、添酸、助鲜、增香的调味	主要用于西餐，如汉堡、薯条、炸鸡等

（四）鲜味调料

鲜味是最诱人的味道，鲜也是一种优美适口、激发食欲的味觉体验。产生鲜味的物质主要有呈味性核苷酸、氨基酸、酰酸、肽及有机酸等。鲜味不能独立成味，需在咸味的基础上才能体现。

菜肴中的鲜味来源于调味料和原料本身两个方面，在许多情况下，原料本身的鲜味总是会有些不足，这就需要在菜肴中添加各种各样的鲜味剂。鲜味可使菜点风味变得柔和、诱人，能促进唾液分泌、增强食欲，所以在烹饪中，应充分发挥鲜味调味料和主配原料自身所含鲜味物质的作用，以达到最佳呈味效果。在没有咸味的情况下，人的舌头是尝不出鲜味的，但这并不表示鲜味调味料可以没有选择、没有限制地使用而不会产生负面的影响。过多地添加鲜味调味料不仅会抑制其他的味道，还会抑制人的食欲。所以，在烹饪中，应充分发挥鲜味调味品和主配原料自身所含鲜味物质的作用，以达到最佳呈味效果。

鲜味调味料运用一般应注意其用量及投放时间与顺序。液体类的鲜味调味料尤其要注意不可加热过度。鲜味调味料一般采用气调储存保鲜法，注意防潮、防高温，并将鲜味调味料置于干燥、凉爽、通风处。

1. 味精（图 6-2-15）

别名、产地、产季 味精又称为味粉、味素、味之素，全国各地一年四季均产。

外形、种类及品质特点 味精是从大豆、小麦面筋或含蛋白质较多的物质中提取的。味精主要的呈味成分是谷氨酸钠，此外还含有食盐及矿物质等。一般分为普通味精、特鲜味精、复合味精、营养强化味精四大类。普通味精为白色柱状结晶体或结晶性粉末，不溶于酒精，易溶于水，吸性强。

品质鉴别 味精以不结块，咸味低者为佳。

烹饪运用　味精是现代中餐烹调中应用最广的鲜味调味品，可以增进菜肴本味，促进菜肴产生鲜美滋味，增进人们的食欲，有助于食物的消化吸收，并且可起缓解咸味、酸味和苦味的作用，减少菜肴的某些异味。

图 6-2-15　普通味精　　　　　图 6-2-16　鸡精

注意事项　烹调时切忌在高温下加味精，一般在菜肴出锅时加入，因温度过高，味精会变成焦谷氨酸钠，不但无鲜味，还会产生轻微的毒素；味精最适宜的溶解温度为 70～90℃，所以凉拌菜加味精，要用热水化开，晾凉后浇入；味精是咸味的助鲜剂，不宜用于碱性或酸性食物。在碱性溶液中，味精会引起化学变化，产生一种不良气味的谷氨酸二钠；把味精放在酸性菜肴中，酸性越大越不易溶解，效果也越差，影响调味作用；使用味精还要适量，用量过多时，会产生一种似咸非咸，似涩非涩的怪味。

知识拓展：味精与鸡精、鸡粉、鸡汁

　　味精、鸡精、鸡粉和鸡汁都是增鲜调味品，但差别较大。鸡精和鸡粉都是以味精、食用盐、鸡肉/鸡骨的粉末或其浓缩抽提物、呈味核苷酸二钠及其淀粉等辅料为原料，添加或不添加香辛料/或食用香料等增香剂经混合、干燥加工而成，具有鸡的鲜味和香味的复合调味料。鸡精和鸡粉只是形态和配方标准不一样：鸡精为粉状、小颗粒状或块状，每 100g 鸡精中味精含量≥35g，呈味核苷酸二钠≥1.1g，食盐≤40g；鸡粉为粉状，每 100g 鸡粉中味精含量≥10g，呈味核苷酸二钠≥0.3g，食盐≤45g。鸡汁是以磨碎的鸡肉或鸡骨或其浓缩抽提物以及其他辅料等为原料，添加或不添加香辛料和（或）食用香料等增香剂，加工而成的、具有鸡的浓郁鲜味和香味的汁状复合调味料。

　　味精是一种单一鲜味的基础调味品；鸡精、鸡粉和鸡汁都是具有鲜味和香味的复合调味品。味精是生物发酵工程技术的结晶，其工艺科技含量较高；鸡汁是采用现代生物酶解抽提技术开发的新一代调味品；而鸡精和鸡粉生产则是相对简单的复合、造粒、膨化工艺。鸡精和鸡粉的主要原料仍然是味精，也就是说鸡精和鸡粉只是味精的一种再加工产品。鸡汁有鸡肉原有的营养成分，口味浓鲜，香味自然醇厚。烹调时，入味快，沉淀极少，厚味及回味优于其他增鲜调味品。

2. 蚝油（图 6-2-17）

产地、产季　蚝油是我国福建、广东一带的特产调味料，一年四季均产。

外形及品质特点　蚝油是鲜牡蛎加工干制品时的汤经浓缩而制成的一种浓稠状液体调味料。蚝油含有鲜牡蛎肉浸出物中的各种呈味物质。色泽红褐，具有浓郁的鲜香味。

品质鉴别　以色泽红褐，汁稠滋润，鲜味浓郁，无焦、苦、涩等异味和霉味，无腐败或发

酵异味，无杂质者为佳。

烹饪运用　在烹调中可作为鲜味调味料和调色料，也可作为菜肴的味碟。

3. 鱼露（图 6-2-18）

别名、产地、产季　鱼露又称鱼卤、鱼酱油、水产酱油，主要产于福建、广东、浙江、广西等地，一年四季均产。

外形及品质特点　鱼露是以小杂鱼为原料，经腌制发酵后提炼的一种调味品，其色泽棕红或橙黄色，具有特殊鲜味。

品质鉴别　以呈粉红色或琥珀色，澄清者为上品。

烹饪运用　在烹调中主要起提鲜、增香的作用，使菜肴具有独特的风味。适宜拌、炒、炖等烹调方法。

4. 虾油（图 6-2-19）

产地、产季　我国虾油，主要产于天津、河北、辽宁、福建、浙江以及山东半岛一些沿海地区，以每年春节前后的产品最佳。

图 6-2-17　蚝油　　　图 6-2-18　鱼露　　　图 6-2-19　虾油

外形及品质特点　虾油是生产虾制品时浸出来的卤汁，经发酵后制成一种液体调味料。虾油色泽黄亮，汁液浓稠，清香爽口，味道鲜美。

品质鉴别　虾油以色泽暗红、透明、无杂质、香味浓、口味鲜美为上品。

烹饪运用　适用于炒、扒、烧、烩、炸、熘等菜肴的调味增鲜，使菜肴的风味别致，鲜醇爽口。虾油是一种有特殊香气、滋味鲜美的调味品，爱吃的人常用它蘸饺子、涮羊肉或拌面、凉菜，以及制卤味和供菜汤调味等。在南方的一些城市，不少人用虾油浸白鸡，不仅能延长其贮存时间，而且比"白斩鸡"更有风味，别具一格。

5. 南乳汁（图 6-2-20）

别名、产地、产季　南乳汁又称腐乳、豆腐乳、酱豆腐等。尤以江苏的苏州、无锡和浙江的绍兴及广东、广西、四川、湖南等地所产最为出名，一年四季均产。

图 6-2-20　南乳汁

外形及品质特点　将豆腐坯加入菌种，霉制后再加盐腌渍，加入红曲等发酵而成的液体调味料。具有强烈的鲜味和特殊的香气和咸味，色泽红润，味道鲜美。

品质鉴别　以质地细腻、色泽红润，口感酥糯、清爽纯正、郁香鲜美者为佳。

烹饪运用　烹调中主要起提鲜、增香、增色作用。既可凉拌菜肴,还可以烧,如南乳肉等。

（五）麻辣味调料

麻辣味是一种刺激性很强的味道,它包括麻味和辣味两大类。麻辣味由于口感刺激,很受欢迎,尤其是辣味,更是当今的流行味。辣味又称辛味,是一些不挥发的刺激成分刺激口腔粘膜所产生的感觉。辣味一般分为热辣和辛辣两大类:热辣是一种在口腔引起烧灼感的辣味,如辣椒的味道;辛辣的味道不是那么热辣辣的,但同时还有一种冲鼻刺激感的辣味,如胡椒、芥末、姜、葱等。

麻辣味在烹饪中不能单独使用,需与其他味道配合才能发挥作用。在烹调中可起到上色、增香、解腻、去腥等作用,还有刺激食欲、帮助消化的功能,并具有杀菌的作用。同时也要注意,由于麻辣味具有强刺激性,用量过大则会盖住其他味,使人难以下咽。此外,不同的麻辣味调料的性质差异很大,在烹调中的用途是不同的。在使用时,麻辣味应根据进食对象的不同及气候、环境、季节的变化来掌握用量及加入时间。另外,菜肴的温度对麻辣味效果的体现有着非常大的影响,菜肴温度高时,麻辣味重,而当菜肴温度降低时,麻辣味会变淡。

麻辣味调味料适宜气调储存保鲜法,置于干燥,阴凉处。注意防潮。

1. 辣椒及制品

别名、产地、产季　辣椒又称番椒、海椒、秦椒、辣角、辣子、辣虎、大胡椒、腊椒、腊茄等,产于我国四川、云南、贵州、湖南、山东、陕西等地,秋冬季为主要产期。

外形、种类及品质特点　辣椒是世界性的一种辣味调料,烹饪运用主要有干辣椒（图6-2-21）、辣椒面（也称辣椒粉,图6-2-22）、辣椒油（图6-2-23）、辣椒酱（图6-2-24）、泡辣椒（图6-2-25）、鲊辣椒（图6-2-26）等。鲜辣椒一般作主料或配料。干辣椒是鲜辣椒的脱水制品,常切段炝锅作炝爆菜品的调味料,如"宫保肉丁""炝炒土豆丝"等。将干辣椒剪成节,炒干、酥,磨制而成的粉状原料是辣椒面,可用于凉菜和热菜的调味。用油脂将其辣椒面中的呈香、辣和色的物质提炼出来的油状调味品称辣椒油,主要用于凉菜和味碟。当辣椒果实由青转红时,可将其腌制成泡辣椒,为烹制鱼香味的主要调料。而四川特有的辣椒酱即豆瓣酱是将红辣椒剁细后,加入或不加蚕豆瓣,再加入花椒、盐、植物油脂等配料和调味料,然后装坛经过发酵而制成,是制作麻婆豆腐、豆瓣鱼、回锅肉等菜肴及调制"家常味"必备的调料。鲊辣椒是将红辣椒剁细,与糯米粉、粳米粉、食盐等调味原料拌和均匀,装坛密封发酵而成,辣香中带酸味,可直接炒食或作配料运用。

品质鉴别　干辣椒以色泽红艳,油光晶亮,皮肉肥厚,身干籽少,辣中带香,无霉烂者为佳;辣椒粉以色红,质细,籽少,味香辣为佳;泡辣椒以色泽红亮,滋润柔软,肉厚籽少,味道咸鲜,兼带香辣,体完整,无霉烂者为佳。

烹饪运用　辣椒在烹调中具有为菜品增色、提辣、增香的作用,常用于调制多种复合味型,如红油味、糊辣味、鱼香味、家常味。单独使用时以多种形式用在炝、炒、烧、炸收、蒸、拌等菜肴中起增色、增香和赋辣的作用。

注意事项　由于辣椒呈色、呈香的物质为脂溶性的,易溶于油脂,微溶于热水中;在水中加热不易被破坏,但在油中加热易受破坏。所以要出辣、出色和出香应用油脂提炼,但油温不宜过高,否则失味、失香且呈色不佳。

图 6-2-21　干辣椒

图 6-2-22　辣椒面

图 6-2-23　辣椒油

图 6-2-24　辣椒酱

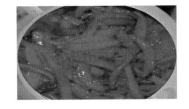

图 6-2-25　泡辣椒

图 6-2-26　鲊辣椒

2．胡椒及胡椒粉

别名、产地、产季　胡椒（图 6-2-27）又称大川、古月。胡椒主要分布在热带、亚热带地区，我国的西南及华南地区也有出产，产期为秋冬季。

外形、种类及品质特点　胡椒是胡椒树结的果实及种子，分白胡椒和黑胡椒两类。黑胡椒是把刚成熟或未完全成熟的果实堆积发酵1～2天，当颜色变成黑褐色时干燥而成。气味芳香，有刺激性，味辛辣；白胡椒是将成熟变红的果实采收，经水浸去皮后干燥而成。此外，还有绿胡椒，即是将未成熟的果实采摘下来，浸渍在盐水、醋里或冻干保存而得。胡椒粉（图 6-2-28）是用干胡椒碾压而成，也分为白胡椒粉和黑胡椒粉两种。

图 6-2-27　胡椒

图 6-2-28　胡椒粉

品质鉴别　黑胡椒以粒大饱满、色黑、皮皱、气味强烈者为佳；白胡椒以个大、粒圆、坚实、色白、气味强烈者为佳。

烹饪运用　烹饪应用中，胡椒有整粒、碎粒和粉状三种使用形式，但由于种子坚硬，粒状的胡椒多压碎后用于煮、炖、卤等烹制方法中，更多的是加工成胡椒粉运用。胡椒适用于咸鲜或清香类菜肴、汤羹、面点、小吃中，起增辣、去异味、增香鲜的作用，如清汤抄手、清炒鳝糊、白味肥肠粉、煮鲫鱼汤等，而且是热菜"酸辣味"的主要调料，也可用于肉类的腌制。

注意事项　胡椒粉的香辛气味易挥发，因此，保存时间不宜太长。

3．芥末（图 6-2-29）

别名、产地、产季　芥末又称芥子末、西洋山芋菜，芥辣粉，我国各地均产，以河南、安徽产量最大，产季为秋冬季。

外形、种类及品质特点　芥末是芥菜的成熟种子碾磨成的一种粉状调料。有深黄、浅黄、绿色之分。芥末微苦，辛辣芳香，对口舌有强烈刺激，味道十分独特，芥末粉润湿后有香气喷出，具有催泪性的强烈刺激性辣味，对味觉、嗅觉均有刺激作用。

品质鉴别　以油性大，辣味足，有香气，无异味，无霉变者为佳。

烹饪运用　可用作泡菜、腌渍生肉或拌沙拉时的调味品。亦可与生抽一起使用，充当生鱼片的美味调料。

注意事项　应注意其用量。使用时加入醋可除苦味，加入少许植物油，增进香味。

图 6-2-29　芥末

> ## 知识拓展：芥末
>
> 　　芥末，又称芥子末、西洋山芋菜、芥辣粉，一般分绿芥末和黄芥末两种。黄芥末源于中国，是芥菜的种子研磨而成；绿芥末（青芥辣）源于欧洲，用辣根（马萝卜）制造，添加色素后呈绿色，其辛辣气味强于黄芥末，且有一种独特的香气。芥末微苦，辛辣芳香，对口舌有强烈刺激，味道十分独特，芥末粉润湿后有香气喷出，具有催泪性的强烈刺激性辣味，对味觉、嗅觉均有刺激作用。可用作泡菜、腌渍生肉或拌沙拉时的调味品。亦可与生抽一起使用，充当生鱼片的美味调料。而日本的"wasabi"其实由山葵根制成的山葵酱。由于山葵根价格昂贵，而且山葵酱保存困难，所以大部分日本料理店会用黄芥末或辣根酱来代替。
>
> 　　山葵、青芥辣、西洋山蓣菜，有人因为不了解把它与中国的芥末酱，混为一谈。日本人食用的是西洋山蓣菜的根，在鲨鱼皮做砂皮上磨出来的酱；中国人食用的是芥末的种子，经过研磨而成的酱，这完全是两种不同的植物。
>
> 　　绿芥末和黄芥末是两种完全不同的调味料。黄芥末呈黄色，微苦，是一种常见的辛辣调料，多用于凉拌菜。除调味外，民间还用黄芥末内服治疗呕吐、脐下绞痛；外敷治疗关节炎等。绿芥末（青芥辣）辛辣气味强于黄芥末，且有一种独特的香气，多用于日本料理。（辣根酱其实是淡黄色食用染色剂调成了绿色，中国很多寿司店都是用的辣根）
>
> 　　辣根是十字花科、辣根属植物。辣根之根有辛辣味，可作菜肴的调味品，植株可作饲料。中国当地民间常用辣根做一种风味蔬菜烹饪，具有刺激鼻窦的香辣味道。在欧洲国家，辣根多用作烤牛肉等菜肴的佐料。

4．花椒（图 6-2-30）

别名、产地、产季　花椒又称椒、大椒、山椒，秦椒、巴椒等。主要分布于湖北、山西、陕西、四川、河南等地，以四川最好。每年 8～9 月采收。

外形及品质特点　花椒的椒皮呈红褐色，如绿豆大小，有龟裂纹，顶端开裂，基部相连，内含黑色种子一粒，圆形，有光泽。

品质鉴别　以粒大均匀，外皮鲜红光艳，香味而麻，果内不含籽，无杂质，无腐烂者为佳品。

图 6-2-30　花椒

烹饪运用 在烹调中花椒起去异增香、增麻味的作用，是制备麻辣味、椒麻味、椒盐味、葱椒味的主要调味料。常用于炒、烧、焅、炖、卤等烹调方法。

（六）香味调料

香味调味料是指在菜肴中主要起增加香气、去除异味等作用的一类调味料。香味调味料种类很多，各自的呈味成分也不相同，它们的香味主要来源于挥发性的成分，包括醇、酮、酯、萜、烃及其衍生物。

香味调味料不仅具有增加菜肴的芳香，去掉或减少腥膻味和其他异味的作用，而且还具有压异、矫味的作用。香味在烹调中也不能独立存在，需要在鲜味或甜味的基础上，才能表现出来。在使用时，一定要根据菜肴特点烹调要求和原料特性来掌握用途。

香味调味料运用时应注意其使用量和投放时间，防止其味掩盖其他正常味的发挥。除液体香味调味料外，尽可能用保洁布包扎起来，以免粘在原料上影响菜肴的美观。香味调味料一般采用气调储存保鲜法，并将香味调味料置于阴凉、干燥、通风处。

1. 黄酒（图 6-2-31）

别名、产地、产季 黄酒又称料酒、绍酒。全国均产，以浙江绍兴产的最为著名。

外形及品质特点 黄酒是用糯米或小麦酿造的有色酒，因色棕黄，故称黄酒。黄酒香气浓郁，味醇厚。

品质鉴别 以色泽橙黄，清澈透明，香气浓郁，味道醇厚，含酒精度低者为佳。

烹饪运用 黄酒在烹调中应用较广，既适宜于原料加工时的腌制，又在菜品的烹制中起腥膻、解腻味，增香味及帮助味的渗透作用，还具有一定的杀菌消毒作用。

图 6-2-31 黄酒

注意事项 使用黄酒应用量恰当，以免压抑主味和留下大量酒味。依据在烹调中的主要作用不同，应在不同的特定时机加入。如烹制前码味时加入，主要是去腥除膻、帮助味的渗透；烹制之中加入主要是为菜品增色和增香；放入芡汁中起锅时加入，主要是为了增加醇香。

2. 香糟（图 6-2-32）

别名、产地、产季 香糟又称酒糟，以福建所产较为著名，一年四季均产。

外形、种类及品质特点 香糟是做黄酒时发酵经蒸馏后余下的残渣再经加工制作而成的汁渣混合物，分为白糟和红糟两种。白糟由黄酒加工制成，初期白色，储存日久渐变黄色，香味也逐渐变浓。红糟由黄酒的酒糟加入 5% 的红曲制成制成，色泽鲜红，具有浓郁的酒香味。

图 6-2-32 香糟

品质鉴别 以干湿适度，香味浓郁，味醇厚者为佳。

烹饪运用 香糟风味独特，起增香、增香、提味的作用。主要用于烧熘爆炒等烹调方法，可制作多种风味菜肴，如"糟熘鱼片""香糟冬笋"等。

3. 桂皮（图 6-2-33）

别名、产地、产季 桂皮又称肉桂、玉桂、牡桂、菌桂、筒桂、紫桂等。主要产于广东、广西、福建、湖南、湖北、四川等地。一般在8～10月或冬季采集加工。

外形及品质特点 桂皮为植物天竺桂、阴香等的树皮，经干燥后制成的卷曲状圆筒形、半槽形、板片状等。表面灰棕色或黑棕色，内面暗红棕色，质硬，味芳香。

品质鉴别 以皮细肉厚，表面灰棕色，内面暗红棕色，油性大，香气浓，无虫蛀者为佳。

烹饪运用 桂皮主要起压异味、增香味的作用。多用于调制卤汤、腌制食品及制作卤菜。

图 6-2-33　桂皮

4. 茴香（图6-2-34）

别名、产地、产季 茴香又称小茴香、谷茴香等，主要产于山西、甘肃、辽宁、内蒙古等地，每年9～10月成熟。

外形及品质特点 茴香果实呈圆柱形，两端稍尖，外表呈黄绿色。气味芳香。

品质鉴别 以颗粒均匀，干燥饱满，色泽黄绿，气味香浓，无杂质者为佳。

烹饪运用 适宜于卤、烧、酱及面食的调味，主要起增香、压异味的作用。

图 6-2-34　茴香

5. 八角（图6-2-35）

别名、产地、产季 八角又称大料、大茴香、大茴、八角香等，主要广东、广西、云南等，广西产量最多，每年8～9月或次年2～3月成熟上市。

外形及品质特点 八角由6～13个小果实集成聚合界，放射状排列，中轴下有一钩状弯曲的果柄，色泽棕红，香气浓郁。

品质鉴别 八角色泽棕红，个大均匀，香气浓郁，干燥，无霉烂无破碎和无脱壳为佳品。

烹饪运用 主要用于炸卤熘烧等烹调方法。

图 6-2-35　八角

6. 丁香（图6-2-36）

别名、产地、产季 丁香又称丁子香，主要产于广东、广西，每年10月到次年3月当花蕾由青转红时采收晒制。

外形、种类及品质特点 丁香呈短棒状，表面呈棕红色或紫棕色，有较细的皱纹，质地坚实有油性，气味强烈芳香，味辛辣麻舌。

品质鉴别 以完整、个大、油性足，紫红色，能沉于水，香味浓郁者为佳。

烹饪运用 适宜于卤、酱、蒸、烧、炸等，起增香、压异味的作用。

图 6-2-36　丁香

7. 草果（图6-2-37）

别名、产地、产季 草果又称草果仁，主要产于云南、广西、贵州等地，每年10～11月果实开始成熟。

223

外形、种类及品质特点　草果呈椭圆形或长钝角三棱形，外皮棕褐色，有显著纵沟及浅棱线，质坚硬，破开后内为灰色，见白色种仁。并散发特异的香味。

品质鉴别　以个大饱满，色泽棕红，干燥、香气浓郁者为佳。

烹饪运用　在烹调中常用于制卤，多用于肉食调味。起增香、去腥的作用。

注意事项　使用时应先拍破，然后纱布包扎并注意用量。

图 6-2-37　草果

8．豆蔻（图 6-2-38）

别名、产地、产季　豆蔻又称漏蔻、草蔻、偶子、草寇仁、白豆蔻、圆豆蔻等，主要产于广东、广西等地，秋季采收。

外形及品质特点　豆蔻呈圆球或椭圆形，表面为灰白色或灰棕色。中间有白色隔膜分成瓣，种子卵圆形多角，表面灰棕色。被一层白色透明嫩种包裹，破开后里面灰白色。可分草豆蔻和肉豆蔻。质坚硬，香味浓郁。

品质鉴别　以体重、个大、坚实、香味浓郁者为佳品。

烹饪运用　多用于酱卤等冷菜制作，也用于烧、蒸等烹调方法。

注意事项　使用时常与其他香味调料配合使用，用量不宜过大，否则菜品苦味较重。

图 6-2-38　豆蔻

9．香叶（图 6-2-39）

别名、产地、产季　香叶又称桂叶、月桂叶，原产地中海沿岸及南欧诸国。每年 10 月至次年 3 月为采收期。

外形及品质特点　香叶为植物月桂的叶，叶长椭圆形，边缘波形，顶端尖锐。具有独特香味。

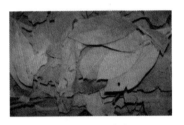

图 6-2-39　香叶

品质鉴别　以芳香浓郁，叶片干燥，色泽黄绿，无异味，无杂质者为佳。

烹饪运用　烹饪中多用于原汁猪肉罐头及肉类、鱼类等菜式中，常见香叶调料见图 6-2-40。

图 6-2-40　常见香味调料

二、复合调味品

复合调味料是指用两种或两种以上的调味料为原料，添加或不添加辅料，经相应工艺加工制成的可呈液态、半固态或固态的产品（GB 31644—2018）。复合调味料在中国有着悠久的发展历史，早在1400多年前的北魏时期就有一种叫作"八和虀"的复合调味料出现。复合 调味料还有着广泛的群众饮食基础，如十三香、五香粉、糟卤、蚝油、豆瓣辣酱、海鲜酱、沙茶酱等都是普通家庭经常使用的复合调味料。餐饮行业的厨师们研发并自制的各种调味汁、火锅底料、火锅调味料、蘸粉、卤汁等也属于复合调味料，复合调味料分类见表6-2-5。

表 6-2-5　复合调味料分类

分类		品种
固态	粉状	咖喱粉、五香粉、十三香、七味辣椒粉（日本）、非钠盐、柠檬风味调味盐、辣椒味调 味盐、洋葱复合调味粉、孜然调味粉、酱粉、酱油粉、水解蛋白粉、海鲜汤料、肉骨提 取物、鸡味鲜汤料、牛肉汤料、口蘑汤料、香菇汤料、金针菇汤料、松茸汤料、野菌粉 末汤料、番茄汤料、日式粉末汤料、饺馅调味粉、麻辣鲜汤料、方便面调味粉、速溶汤 粉、营养蔬菜汤料、腌渍裹炸粉、鸡粉等
	颗粒状	鸡精、牛肉粉、排骨粉、贝精、鲣鱼精、菇精调味料等
	块状	鸡肉味、牛肉味、咖喱味、洋葱味、骨汤味、海鲜味等块状复合调味料
液态		鸡汁、糟卤、提取物类、酱汁类、汤料类、火锅类、日式滋佑汁、意面酱汁、生鲜蔬菜 调味汁、油醋汁、香辛料调味油、香味油脂、蟹油、菌油等
复合调味酱		佐餐花色酱、面条调味酱、肉类及海鲜风味酱、果蔬复合调味酱、肉类风味膏、沙茶 酱、柱侯酱、沙拉酱、蛋黄酱、半固态沙拉酱等

1. 咖喱粉（图 6-2-41）

产地、产季　咖喱粉原产于印度，现在全国各地一年四季均有生产。

外形、种类及品质特点　世界各地销售的咖喱粉的配方、工艺均有较大差异。咖喱粉由10～20多种香辛料构成，一般分为赋香料（如肉豆蔻、芫荽、枯 茗、小茴香、小豆蔻、众香子、月桂叶等，占40%）、赋辛辣料（如胡椒、辣椒、生姜等，占20%）和赋色料（如姜黄、郁金、陈皮、藏红花、红辣椒等，占30%），其中姜黄、芫荽籽、小豆蔻籽、莳萝、丁香、罗勒核和红辣椒是 6 种最常用原料，尤其是姜黄更不可少。是一种辛辣微甜、呈黄色或黄褐色的粉状调味料。

图 6-2-41　咖喱粉

品质鉴别　以色泽深黄，粉质细腻，无结块、无杂质、无异味者为佳。

烹饪运用　咖喱粉具有提辣增香，去腥和味，增进食欲的作用，常见的菜肴有"咖喱鸡块""咖喱炒虾球"等。

2. 沙茶酱（图 6-2-42）

产地、产季 沙茶酱色泽红褐或棕褐，呈糊酱状，味辛辣香美，是辛辣型的复合调味品。沙茶酱是从国外传入的一种复合调味品，它源于印度尼西亚，后传入东南亚及我国广东、福建、香港、澳门等，所以是盛行于福建、广东等地区的一种复合调味品，全年均有生产。

图 6-2-42 沙茶酱

外形、种类及品质特点 沙茶酱由于产地的不同，其用料、制法亦不同。有的用虾米、香葱、海产鱼类等经炸后加入焙炒的花生仁，再经磨碎后加入白糖、食盐、辣椒面、芥末面、五香粉、茴香粉、肉桂粉、芫荽籽粉、芝麻酱、油等，经熬炼而成。亦有用其他原料和制法制成的沙茶酱。

品质鉴别 优质的沙茶酱呈红褐色，有润滑感，配料带有花生米时有颗粒感，黏稠度适中。具有独特的复合味道，鲜香味自然。有虾米、大蒜、葱、姜、辣椒等配料的饱满滋味，伴有微甜辣味。

烹饪运用 沙茶酱可以直接蘸食佐餐，在中餐中主要作为熏、烤、烧、涮等烹调方法的动物性原料制成的菜肴的调味，具有独特的风味，亦可单独食用。我国主要是福建、广东等地区应用较多，如广东菜"沙茶酱涮牛肉"，福建菜"沙茶焖鸡块""沙茶烤猪肉片"。

3. 沙嗲酱（图 6-2-43）

产地、产季 沙嗲是盛行于印度尼西亚、马来西亚和新加坡等东南亚地区的一种风味美食。传入潮州、汕头、广州等地区后，经历代厨师不断改良，取其调料富含辛辣的特点，改用国内香料和主料制作酱料，全年均有生产。

图 6-2-43 沙嗲酱

外形、种类及品质特点 沙嗲酱色泽为橘黄色，质地细腻如膏脂，辛辣香咸味突出，咸味浓，略带甜味，同沙茶酱有明显的差别，而且香味的内涵和力度都与沙茶酱不同。沙嗲酱的品种比较多，比较著名的有印尼沙嗲和马来西亚沙嗲酱。

品质鉴别 呈淡桔红色，卤汁较细腻；辛辣味突出，咸味浓，略带甜味，

烹饪运用 沙嗲酱的烹调应用与沙茶酱相同。在比较正宗的港式菜烹调中，"沙嗲牛肉"和"沙茶牛肉"这两款滑炒牛肉菜，应分别使用沙嗲酱和沙茶酱兑汁，同时，它们各自配伍所用的其他调味品也迥然不同。

4. 卡夫奇妙酱（图 6-2-44）

产地、产季 全国四季均有生产。

外形、种类及品质特点 卡夫奇妙酱是一种调好的具有香、鲜、咸味的蛋黄酱，又称沙律酱。卡夫奇妙酱市场上有出售。它是以精炼油脂为主的一种调味料，由精炼植物油、醋、蛋或蛋黄、糖、盐、芥末粉、白胡椒粉及调味香料经调制而成。它是一种淡黄色的胶稠酱体，组织细腻，乳化均匀，含油量虽高却无油腻感觉。

图 6-2-44 卡夫奇妙酱

品质鉴别　组织细腻，乳化均匀，不油腻为佳。

烹饪运用　卡夫奇妙酱主要用于调制各种色拉，用作煎炸菜点的辅助调料等。卡夫奇妙酱还可与番茄酱等调味品组合成新型的海派复合味，可制作"香酥鲈鱼""挂炉牛肉"等。

5. 番茄沙司

产地、产季　全国四季均有生产。

外形、种类及品质特点　呈鲜红色的黏稠酱体，具有番茄浓郁香味，是增色、添酸、助鲜、郁香而且甜中带咸的调味佳。

品质鉴别　具有番茄浓郁香味，是增色、添酸、助鲜、郁香而且甜中带咸为佳。

烹饪运用　番茄沙司常用作炸、煎、涮等烹调方法制作的菜肴的蘸料，滋味丰富而醇厚，为港、粤菜常用调味品。

图 6-2-45　番茄沙司

第三节　常见辅助料

一、生活饮用水

淡水是人体不可缺少的物质，也是使烹饪工艺顺利进行的不可缺少的物质之一。在烹饪过程中，火候的掌握、热的传递、扩散、渗透和吸附等都与水有直接或间接的关系。这是由于水具有的特殊结构和性质所决定的。食物在烹饪中离不开水就像离不开火一样，热传递由火而开始，质传递则必须在水中进行。例如调味时，所用调味品一般都溶解在水中，然后调味料分子或微粒以水为传质媒介，向食物组织中扩散，从而达到入味的目的。水由于分子小、粘度低，所以具有很强的渗透能力，如干制品的水发就是水的渗入而完成的。

1. 水是烹饪中最常用的传热介质

水是烹饪中最重要、最理想的传热介质。烹饪中许多原料的加工和制作都离不开水来传热加温，通过它的传热，使食物原料或酥或嫩，或脆或软，成为色香味形俱佳的菜肴。烹饪中有时需要降低制作菜肴的温度，加入少量的冷水就可以把温度迅速降下来，而不需要将锅移开火源。单独用水作为传热介质的烹调方法就有煮、汆、涮、烫、焖、卤、炖、煨、烩等。一些原料的初步熟处理，也是在水中进行，如焯水。水除了以液态的形式作为传热介质外，还能以汽态的形式作为传热介质。烹调方法中的蒸就是以水蒸气作为传热介质，原料一般蒸 13～15 分钟即可熟烂，且营养成分损失少，便于消化。用水作为传热介质不仅可以使原料传热，改变组织，促成原料软嫩酥烂和入味等，而且可以长时间保持温度，利于菜点成熟。因此，水是烹饪中最常用的传热介质。

2. 水是烹饪中最主要的溶剂和分散稀释剂

水在烹饪中能溶解多种成分并与许多物质形成水合物。烹调中的调味、制汤就是利用了水具有良好的溶解能力，把原料中的呈味物质溶解或渗透到水中，制成美味鲜汤并表现其菜肴口味。许多物质能很好地溶于水中，即使某些不溶于水的物质，如脂肪和某些蛋白质也可分散在水中形成胶体溶液或乳浊液。水除了作为营养成分和风味物质的溶解或分散介质外，也容易造

成原料某些成分的损失。因此，在烹饪加工过程中应注意对原料中营养成分的保护。如洗涤蔬菜时必须先洗后切，焯水必须水量大，时间短。

3. 水是构成菜点质量的重要因素

烹饪原料的质地、色泽和菜点的口味是构成菜点质量的重要因素，而水在其中起着不可忽视的作用。水分对菜肴的色泽具有很重要的影响。如果菜含水量不足，就会显得干瘪皱缩，色彩暗淡；反之，如果含水量充足，就会显得饱满光润，新鲜悦目。而菜点的含水量与其味感的关系更为密切，因为食物中的呈味物质，只有溶解在食物的水中或口腔的唾液里，经过刺激舌面的味蕾，再由味神经纤维传到味觉中枢，经大脑中枢神经分析，才能产生味感。因此，菜肴必须含有一定的水分或汤汁，才能有利于味觉器官对于滋味的感受，才产生真正滋味。

4. 水具有杀菌防腐的能力

烹饪过程中原料内各种成分发生的大部分物理变化和化学变化是在水溶液中或在水的参与下发生的。烹饪中的水还是所有干货原料涨发的基础，无论是油发、碱发、盐发干料都离不开水。因为水是一种低渗溶液，可向高渗溶液中扩散，并随着温度增大渗透压也增大，使原料充分吸收水分膨胀，以达到制作菜肴的要求。

二、食用油脂

（一）食用油脂的概念

食用油脂是指能供烹饪使用的各种植物油、动物脂及其再制品的统称，即供人类食用的以甘油酯为主，并含有其他成分的混合物。习惯上将常温下为液态的称为油，在常温下呈固态的称为脂。实际上这二者之间并无严格的界限，常通称为油脂。

食用油脂的主要成分是由多种脂肪酸形成的甘油三酯，此外还含有少量游离脂肪酸、磷脂、色素和维生素、甾醇等。

（二）食用油脂的分类

食用油脂是烹饪应用的重要原料之一。烹饪所用的油脂按其来源可分为植物油脂、动物油脂和再造油脂。

（1）植物油脂

这类油脂主要从植物的种子中提取得来，通常呈液体状态，主要包括豆油、菜籽油、花生油棉籽油、玉米油、椰子油、香油等。

（2）动物油脂

这类油脂主要从动物的脂肪组织中提取出来，一般呈固态或半固态，主要包括猪油、牛脂、鸡油、鸭油、奶油、鱼油等。

（3）再造油脂

这类油脂是根据食品加工的需要，以各种天然动、植物油脂为原料，经提炼、氢化、酸化等方法加工处理后制成的油脂，主要包括人造奶油、氢化油、起酥油、酸奶油、代可可脂、色拉油等。

依据油脂含水量与脂肪乳化物结构，我国食用油脂及制品可分为五类，见表6-3-1。

微课：食用油脂基础知识

表 6-3-1　食用油脂及制品的分类

分类		品种
天然食用油脂（无水）	植物油脂	来源于单一或多种可食用植物油料，如大豆油、菜籽油、花生油、棉籽油、橄榄油、椰子油、玉米胚芽油、米糠油、麻油等，是主要的烹调用油
	动物油脂	猪油、牛油、羊油、鸡油和鸭油等，在流通中仅占食用油脂总消费的 1.5%左右，烹饪中仅在特殊菜点中使用，如牛油火锅、油酥面点（猪油）等
	无水黄油、酥油	乳或乳制品脱去水分及非脂固体而得到无水黄油（脂肪含量≥99.8%）。仅脱去水分，含有一定非脂固形物的是有独特风味的酥油
	鱼油和海洋动物油脂	包括海鱼油（如金枪鱼油、鲲鱼油）、淡水鱼油（如巴沙鱼油和罗非鱼油）、鲸鱼油和海豹油等。不包括鱼肝油、鲸鱼脑油和蛇鱼油（蜡质成分）
	微生物油脂	由微生物制取的食用油脂，如 DHA 藻油、花生四烯酸藻油、类可可脂等
改性油脂制品（无水半天然）	氢化油脂	采用不同的催化剂，改变了甘油酯的组成以及单个甘油酯的分子结构，如植物酥油、起酥油等
	酯交换油脂	
	分提油脂	把天然油脂中低熔点液相（液油）及高熔点固脂（硬脂）分开，仅改变了甘油酯的组成
	混合调和油	营养调和油、风味调和油、煎炸（功能）调和油等
脂肪乳化制品	油包水型	黄油（脂肪含量 80%以上）、人造黄油及其类似物、低脂人造奶油、涂抹脂、调和涂布脂
	水包油为主	包括混合和/或调味的脂肪乳化物制品，如人造乳非乳搅打稀奶油及植物稀奶油、稀奶油和蛋黄酱等
脂肪类甜品	乳脂类甜品	乳冰淇淋、冰乳
	植脂类产品	由植物脂肪制成的类冰淇淋产品
其他油脂制品		如粉末油脂（脂肪粉）、植脂末（奶精）和粉末状植脂奶油等

（三）食用油脂在烹饪中的作用

食用油脂在烹饪中应用比较广泛，是烹调菜肴、制作面点不可缺少的佐助原料。

1．传热作用

食用油脂的沸点高，传热速度快，加热后容易得到相对稳定的温度，是烹饪中良好的传热介质。在加热过程中，油温上升快，上升的幅度也较大，使原料在极短的时间内达到成熟或半熟的状态，并使食用油脂在加热中能在菜肴中储存较多的热量，在煎、炸、炒、烹等烹调方法时，能将较多的热量迅速而均匀地传给食物，这是用油加工烹制菜点能迅速成熟的原因。用油脂烹饪菜点，有利于菜点色、香、味、形、质等达到菜点品质所要求的最佳目标。

2．调色、赋香作用

大多数食用油脂都有一定的色泽，在烹调过程中，其中一些脂溶性色素粘连、吸附在食物的表面使其着色。炸、煎菜肴表面的金黄色或黄红色，就是在高温油脂导热的情况下，食物发生化学反应的结果。烹饪中有时也利用油脂与一些富含脂溶性色素的原料共同加热熬炼，使得这些原料中的色素被部分溶解出来，均匀地分布于油脂中成为色泽鲜艳的油脂，如辣椒油、咖喱油等，用于拌制菜肴出锅前或出锅后淋浇在菜肴上以增加菜肴的色泽。此外，食用油脂本身光亮滋润，也能使菜肴增加一定光泽。

经食用油脂烹制的菜点，其香气都很浓郁，食用时更觉香气扑鼻，这是由于食用油脂具有赋香的作用。首先，油脂在加热后会产生游离的脂肪酸和具有挥发性的醛类、酮类等化合物，从而使菜肴具有特殊香味。其次，原料中的碳水化合物和蛋白质在油脂的高温作用下，产生各种香气物质，使菜点的香气更为突出。另外，食用油脂还是芳香物质的溶剂，甘油对亲水性呈味物质具有较多的亲和能力。因此，食用油脂可将加热形成的芳香物质由挥发性的游离状态转变为结合态，使菜点的香气和味道变得更加柔和协调。在烹饪中，常将一些香辛料与油脂一同熬炼成香气强烈的调香油脂，如分别将花椒、五香粉、丁香、葱等香料与植物油一同熬炼后，分别形成各自特色的花椒油、五香油、丁香油等，它们都有强烈的芳香，尤其适用于冷菜及某些面点、小吃中，以达到增香、调味的效果。

3．滋润作用

食用油脂在菜点烹制过程中常作为润滑剂而广泛使用。如在烹调菜肴时，原料下锅一般都需要少量的油脂滑锅，防止原料粘锅和原料之间相互粘连，以保证菜肴质量；上浆的原料在下锅前加些油，有利于原料在滑油时容易散开，便于成形；在面包制作中，常加入适量的油脂，可降低面团的黏连，便于加工操作，并增加面包制品表面的光洁度、口感和营养。

4．起酥作用

食用油脂是一些点心制作中不可缺少的主要原料。如油酥面团的制作，必须加入一定比例的油脂，按一定的操作程序和要求进行操作，才能使成品起酥并层次清晰。这是因为食用油脂具有一定的黏性和表面的胀力，当面粉内掺入油脂，面粉颗粒就被油脂包围而粘在一起，但因油脂的表面胀力太强，不易化开，须经过反复搓擦，才能扩大油脂与面粉颗粒的接触，增强油脂的黏性，从而与面粉结合成面团。酥面仅依靠油脂的黏性使之结合起来，所以比较松散，形成了与实面不同的性质，即起酥性。

5．造型作用

由于食用油脂的温度较高，原料经过油炸后，迅速脱水，使原料表面物质立即凝固，从而起到定型作用。如挂糊的原料，经过油炸，会很快糊化变硬，使菜肴的形态更加美观，如"糖醋鲤鱼""松鼠鱼""菊花鱼"等。

6．乳化作用

油、水本是互不相溶的，但借助于磷脂一类表面活性物质，可以在一定条件下，将油脂以极细小油滴的形式稳定地悬浮在汤液中，从而可以形成菜肴中很受欢迎的"奶汤"。

7．涨发作用

烹饪中所使用的结缔组织紧密，含胶质丰富的一部分原料，如蹄筋、干肉皮、鱼肚等，在低油温的作用下，使原料中的少量水分蒸发，结缔组织会缓慢发热渐渐收缩，当收缩到最大限度时，失去原来紧密的结构，最后形成海绵体状，达到涨发的目的。

（四）食用油脂品质鉴别的指标

食用油脂的品质主要从气味、滋味、色泽、透明度、水分、沉淀物等方面进行鉴别。

1．气味

各种植物油脂都各自特有气味，可通过嗅觉来辨别是否正常。正常的油脂不应有哈喇味或其他异味。一般方法有下列几种：一是在盛装油脂的容器开口的瞬间用鼻子挨近容器口，闻其气味；二是取一两滴油样放在手掌或手背上，双手靠拢快速摩擦至发热，闻其气味；三是用不锈钢勺取油样25克左右，加热到50℃左右，闻其气味。

2．滋味

每种油脂都具有固有的独特滋味，通过滋味的鉴别可以知道油脂的种类、品质的好坏、酸败的程度、能否正常食用等。用嘴尝油脂，不正常的变质油脂会带有酸、苦、辛辣等滋味，质量好的油脂则没有异味。方法是用玻璃棒取少许油样，点涂在已漱过口的舌头上，辨其滋味。

3．色泽

每种油脂都有其固有的色泽。根据这一特点可以鉴别油脂是否具有该种油脂的正常色泽。按油脂组成成分而言，纯净的油脂是无色透明、常温下略带黏性的液体。从感官上看，正常植物油的色泽，除小磨香油允许微浊外，其他种类的油脂要求色泽清淡，清亮透明，无沉淀、无悬浮物。国家标准规定色泽越浅，质量越好。

4．透明度

品质正常的油脂应该是完全透明的，如果油脂中含有碱脂、类脂、蜡质和含水量较大时，就会出现混浊，使透明度降低。一般用插油管将油吸出用肉眼即可判断透明度。分出是否清晰透明、或微浊、或混浊、或极浊、有无悬浮物、悬浮物有多少等。

5．沉淀物

油脂在加工过程中混入的机械杂质（如泥沙、料坯粉末、纤维等）和碱脂、蛋白质、脂肪酸黏液、树脂、固醇等非油脂的物质，在一定条件下沉入油脂的下层，称为沉淀物。品质优良的油脂，应没有沉淀物，一般用玻璃管插入底部把油脂吸出，即可看出有无沉淀物或沉淀物的多少。

（五）食用油脂储存保鲜的方法

引起食用油脂变质的因素很多。如：日光的照射、含水过多、较高的环境温度、空气中的氧、食用油脂中的杂质以及包装容器的种类和包装容器是否清洁，都会引起食用油脂的变质。食用油脂的变质主要是食用油脂的酸败。为了防止食用油脂酸败，食用油脂应储存在通风阴凉处，避免高温，避免日光照射，控制食用油脂中的水分；注意清洁卫生，以免食用油脂被微生物污染；避免与空气长时间接触，尽量使用油脂与空气隔绝；避免使用含有铜、铁、锰等元素的容器以及易被氧化的塑料用具。

（六）常用食用油脂

1．菜油（图6-3-1）

别名、产地、产季　菜油又名菜籽油，主要产于长江流域及西南、西北地区，每年3～10月为生产期。

外形及品质特点　菜油是从油菜籽中榨制的油脂。一般深黄色，粗制者为深褐色，精制者呈金黄色。具有菜籽的特殊气味，略有涩味，如果芥酸含量过高会使菜籽油具有使人不愉快的气味和苦味。

品质鉴别　以色泽金黄明亮，清澈，气味芳香，不浑浊，无异味为佳品。

烹饪运用　在炒，爆、烩、炸、煎、贴、溜等菜肴颜色较深的烹调方法中运用较多。

图6-3-1　菜油

注意事项 由于颜色较黄，制作白色菜点不宜使用。

2．豆油（图6-3-2）

别名、产地、产季 豆油又名大豆油。主要产于东北地区。四季均产，秋季盛产。

外形、种类及品质特点 豆油是从大豆种子中经过加工压榨出的半干性油，分冷压豆油和热压豆油两种，是世界上产量最多的油脂。豆油油质清澈，豆腥味浓等特点。具有降低胆固醇的作用，易被人体消化吸收。豆油抗氧化、不易酸败。

品质鉴别 以色泽淡黄，生豆味淡，油液清亮，不浑浊，无异味为佳品

烹饪运用 豆油在烹饪中的应用广泛，适宜炒、爆、炝、炸、煎、贴、熘等烹调方法。

图6-3-2 豆油

注意事项 豆油中有一种特殊的豆腥气味，是由于亚油酸、磷脂和异亚麻酸相互作用引起的。食用前可先加热，投入葱花或花椒稍炸捞出后，其豆腥味会被除去。

3．花生油（图6-3-3）

别名、产地、产季 花生油又名果油、落花生油。主要产于华东、华北地区，秋季盛产。

外形、种类及品质特点 花生油是从花生的种子中榨出的油脂，分冷压花生油和热压花生油两种。冷压花生油颜色浅黄，气味和滋味均好；热压花生油色泽橙黄，有炒花生的香味。花生油熔点低，夏季是透明液体，冬季则为黄色半固体状态。花生油营养价值较高，易被人体消化吸收，是较好的食用油脂。

品质鉴别 以透明清亮，色泽浅黄，气味芳香，无杂质，不浑浊，无异味者为佳。

烹饪运用 烹饪运用和菜籽油基本相同。

注意事项 与豆油相同。

4．芝麻油（图6-3-4）

别名、产地、产季 芝麻油又称香油、麻油，主产于我国河南、湖北两省，秋季盛产。

外形、种类及品质特点 芝麻油是从芝麻中提炼出来的。因有特殊香味，故称香油。芝麻油营养价值高，在东方被称为"油脂国王"；在西方则为"油科作物皇后"，易被人体消化和吸收，对预防心血管疾病延缓衰老有功效。麻油按加工方法可分为冷压芝麻油、大槽麻油和小磨麻油。冷压芝麻油无香味，色泽金黄；大槽麻油为土法冷麻油，用生芝麻制成，香气不浓，不易生吃；小磨麻油是用传统工艺提取，具有浓郁的特殊香味，呈红褐色。

图6-3-4 芝麻油

品质鉴别 以色泽光亮，香味浓郁，无水分、无杂质、不涩口、不浑浊者为佳。

烹饪运用 由于芝麻油的香味浓郁，所以经常应用在凉拌菜，面点馅心的调制。主要起去腥，增香、和味以及滋润菜品等作用。

注意事项 在烹调中用量要少，应遵循"少而香，多则伤"的原则。

5．玉米油（图 6-3-5）

别名、产地、产季　玉米油又称玉米菜油、玉蜀黍油。我国各地一年四季均有产出，北方为主要产地。

外形及品质特点　玉米油是由玉米胚加工制得的植物油脂。淡黄、透明，口味清淡，爽口。玉米中叶黄素和较多的叶红素难以去除，因而使玉米油颜色较深。玉米油可对心脑血管患者起保健作用。

品质鉴别　以色淡黄，透明，口味清淡，爽口者为佳。

烹饪运用　玉米油很适合快速烹炒和煎炸用油，它既可以保持蔬菜和食品的色泽、香味，又不损失营养价值。

图 6-3-5　玉米油

6．葵花籽油（图 6-3-6）

别名、产地、产季　葵花籽油又称向日葵油。主产于东北、华北等地。秋冬季为盛产期。

外形、种类及品质特点　葵花籽油是从向日葵的种子中榨取出来的半干性油。色淡，清澈透明，味芬芳。是营养价值很高，有益于人体健康的优良食用油，被誉为"健康油脂"。

品质鉴别　以颜色淡，清澈透明，味芬芳、无酸败味者为佳。

烹饪运用　与菜油基本相同。

注意事项　与豆相同。

图 6-3-6　葵花籽油

7．猪油（图 6-3-7）

别名、产地、产季　猪油又称大油、荤油，全国各地一年四季均产。

外形、种类及品质特点　猪油是从猪皮下的脂肪或内脏脂肪、板油中提炼出来的。猪油由于来自猪体的不同部位，其品种也较多，一般分为板化油、脚化油、肉化油、骨化油等。其中板化油最佳，脚化油次之。优良的猪油在液态时透明清澈；在 10℃ 以下成固态时，呈白色软膏状、有光泽、无杂质、无异味。

品质鉴别　以液态时透明清澈，固态时色白质软，明净无杂质，香而无异味者为佳。

烹饪运用　猪脂是烹饪中常用的主要油脂之一，无论是烹制菜肴、还是制作面点，猪脂都是较理想的油脂之一。另外，没有提炼的板油可以制作面点特殊的馅心，风味独特。如把猪油拌入"八宝饭"中还有增香、定型、滋润的作用。

注意事项　猪脂硬度适中，可塑性良好，并具有良好的起酥性，但氧化稳定性较差。

图 6-3-7　猪油

8．鸡油（图 6-3-8）

别名、产地、产季　鸡油又称明油。

外形、种类及品质特点　鸡油是从鸡的内脏脂肪中经过加工蒸制而提炼出来的。鸡油呈鹅黄色，常温下为凝固状，鲜香味浓。鸡油的熔点低，数量少，很适合于人体的消化吸收。

品质鉴别　以色泽黄亮，鲜香味浓，水分少、无杂质、无异

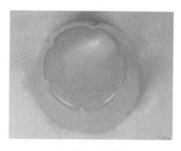

图 6-3-8　鸡油

味者为佳。

烹饪运用 鸡油一般不用于炒菜，多用于菜肴制作后淋油使用，起到增香、明亮的作用。

注意事项 应掌握好用量。

9．烹调油、色拉油、调和油

烹调油是普通植物油经脱胶、脱酸、脱色、脱臭，必要时经脱蜡等工序精制而成的食用油。色拉油是植物毛油经脱胶、脱酸、脱色、脱臭，必要时经脱蜡等工序精制而成的高级食用油。调和油是由两种或两种以上的优质食用油经科学调配而成的一种食用油脂，其主要用料是烹调油和色拉油。

三、食用淀粉

淀粉又称芡粉，为由许多葡萄糖缩合而成的多聚糖，一般为粉末状的干制品。淀粉广泛存在于植物的变态根、变态茎、果实或种子中。大多以玉米、小麦、山铃薯、甘薯、木薯等为原料，经过浸泡、破碎、过筛、分离淀粉、洗涤、干燥和成品整理等工序制得。淀粉是烹饪中重要的佐助类原料，常用于挂糊、上浆和勾芡。全国各地一年四季均产。

1．淀粉的特性

淀粉是多糖的一种，无味，手感滑爽，质地细腻，不溶于冷水。在常温下没有变化。但在加热到 60℃～80℃时的水中时能够溶胀、分裂，形成均匀糊状溶液，这是淀粉的糊化。挂糊、上浆、勾芡的菜肴，在烹制过程中都会发生不同的糊化现象。

淀粉在烹制菜肴中虽然不起调味作用，但它能使菜肴鲜嫩，能改善菜肴的光亮和口味。这是因为淀粉具有吸水、提高菜肴的持水能力，能保护原料的水分、质感、温度和营养成分，突出菜肴的柔软、滑嫩和酥脆爽口的特点。

表 6-3-2　食用淀粉的分类

分类	品种
谷类淀粉	大米淀粉（糯米淀粉、粳米淀粉、籼米淀粉）；玉米淀粉（普通玉米淀粉、糯玉米淀粉、高直 链玉米淀粉）；麦淀粉（小麦淀粉、燕麦淀粉、荞麦淀粉、黑麦淀粉）等
薯类淀粉	木薯淀粉、马铃薯淀粉、甘薯（红薯）淀粉、竹芋淀粉、山药淀粉、芭蕉芋淀粉、芋头淀粉
豆类淀粉	绿豆淀粉、蚕豆淀粉、豌豆淀粉、豇豆淀粉等
其他淀粉	菱淀粉、藕淀粉、荸荠淀粉、橡子淀粉、百合淀粉、葛根淀粉、蕨根淀粉、西米淀粉、何首乌 淀粉、芡实淀粉、片姜黄淀粉、桃椰粉等

2．淀粉在烹饪中的作用

（1）可用于烹调中的挂糊、上浆、勾芡

淀粉在菜肴烹制中，可用于油炸菜肴类原料的拍粉、挂糊；滑油菜肴类原料的上浆；以及某些菜肴的勾芡。

（2）作为面点的原材料

许多面点品种需要用淀粉作原料。如："船点""马蹄糕"等，都要使用淀粉。

（3）作菜肴的黏合剂

许多菜肴需要淀粉作黏合剂，尤其是蓉、泥、丸等工艺菜的黏结成型，使菜肴形状美观。

如："鱼丸""肉丸"等菜肴。

（4）制作某些菜肴的主要原料

淀粉在热水中开始糊化，而冷却后会形成固态的凝胶，利用这一点，可以加工粉丝、粉皮、凉粉等。这些淀粉制品可以作为烹饪原料，采用拌、炒等烹调方法制作菜肴。

3．淀粉的常用品种

（1）玉米淀粉　是由玉米加工而成。是目前在烹饪中使用最普遍、用量最大的一种淀粉。玉米淀粉含直链淀粉为25%左右，颗粒为不规则的多角形，颗粒小而不均匀。色泽洁白、粉质细腻、凝胶力强、吸水性低、黏度差、透明度较低。

（2）绿豆淀粉　绿豆淀粉又称真粉。绿豆淀粉含直链淀粉约在60%以上，绿豆淀粉是由绿豆加工而成的。其色洁白、细腻，黏度高，无异味，无杂质，涨性好，淀粉颗粒小而均匀，稳定性和透明度均好，是淀粉中的上品，宜作勾芡和制作粉皮的原料。

（3）土豆淀粉　土豆淀粉又称马铃薯淀粉、土豆粉，是由马铃薯的块茎加工制得的淀粉。土豆淀粉色白而具有光泽，黏性大，粉质细腻，但胀性差。直链淀粉含量约为25%，糊化速度快，糊化后很快达到最大黏度，但黏度的稳定性差，透明度较好，宜作上浆挂糊之用。

（4）小麦淀粉　小麦淀粉是小麦粉制作面筋的副产品。色白，黏性差，凝胶力强，透明度低，多为湿淀粉。在烹调中经加工可制成澄粉，在面点中作船点之用。

（5）木薯淀粉　木薯淀粉又称生粉、树薯粉，是用木薯的块根加工而成的淀粉。其色泽洁白，粉质细腻，黏性好，胀性大，杂质少。

（6）豌豆淀粉　豌豆淀粉又称豆粉。其色白质细，手感滑腻，杂质少，无异味，黏性好，胀性大。

（7）甘薯淀粉　甘薯淀粉又称山芋粉、红薯粉、红苕粉、地瓜粉，是用甘薯块、茎加工而成。其色泽灰暗，质地粗糙，黏性差，杂质多，胀性强。

（8）菱角淀粉　菱角淀粉是由菱角的果实加工而成。色泽洁白，有光泽，手感细腻光滑，黏性大，吸水性较差。

（9）糯米淀粉　糯米淀粉几乎不含直链淀粉，不易老化，易吸水膨胀，也较易糊化，有较高的黏性。宜作元宵、年糕等，也可用于特殊挂糊的原料。

4．淀粉的质量标准

淀粉的质量以色泽洁白，富有光泽，粉质细腻，吸水性强，胀性大，黏性好，无沉淀物，不易吐水、色泽和口感的为佳。

5．淀粉的储存保鲜

淀粉的储存应注意防潮防霉，避免阳光直晒。因为干的淀粉能吸收空气中的水分而受潮变质，产生霉味。对湿淀粉的储存应勤换水，加盖，避免污物入内。换水时应先将淀粉和水搅和，待沉淀后，再倒掉，换上清水。平时应放在通风、阴凉处。不能放在高温的环境中，防止湿淀粉受热发酵。

第四节　食品添加剂

为改善食品品质和色、香、味，以及为防腐、保鲜和加工工艺的需要而加入食品中的人工合成或者天然物质。食品用香料、胶基糖果中基础剂物质、食品工业用加工助剂也包括在内。

这类原料在烹调加工过程中的使用量一般较少,但对改善菜点的色、香、味、质等感官性状具有很大的作用。

食品添加剂必须严格按照食品卫生的要求使用。特别是化学合成物质,使用时首先要考虑安全,其次才是烹调工艺效果。要求最大使用量不准超过规定标准,尽量控制或减少用量,让使用烹调添加剂的菜点均达到有利于烹调,有利于保持营养、防止原料变质、增强感官性状的要求。

烹调食品添加剂的种类很多,根据其性质和作用可分为着色剂、膨松剂、增稠剂、致嫩剂等。

(一)着色剂

着色剂又称"食用色素"。是一类以菜点着色为目的,对健康无害的烹调添加剂。可分为天然色素和人工合成色素两大类。食用天然色素在我国有着悠久的历史,主要包括:姜黄素、叶绿素、酱色、红曲米等。近些年来人工合成色素迅速发展,其色彩鲜艳,性质稳定,着色力强,加上可以任意调色,成本低廉,使用方便等,被人们广泛应用,主要包括苋菜红、胭脂红、柠檬黄、日落黄等。

着色剂在烹饪中主要注意其使用量,通常采用气调储存方法,置于干燥、通风处。

1. 食用天然色素

食用天然色素主要是指由生物组织中提取的色素。天然食用色素大多来自动植物组织,其中不少是传统的饮食成分,在食品中使用安全性较高。有的天然色素本身就有一定营养价值及一定的药理作用,着色色调自然,能较好模仿天然食物的颜色。但天然食用色素溶解性、染着性较差,有时有异味,难于用不同色素配出任意的色调,稳定性也不够理想,成本较高。

(1)红曲米(图 6-3-9)

别名、产地、产季 红曲米又称红曲、红米、赤曲、丹曲、福曲等,在我国福建、江西、广东、上海、江苏、浙江、台湾等地都有出产,以福建古田所产最为著名。一年四季均产。

烹饪运用 红曲米在烹饪中应用比较广泛。多加工成粉末(图 6-3-10),是制作香肠、酱肉、酱鸡、酱鸭等良好的色素。

微课:着色
济和彭松剂

图 6-3-9 红曲米

图 6-3-10 红曲粉

外形及品质特点 红曲米是将米用水浸泡,蒸熟,然后接种红曲霉发酵后制成。为整粒米或碎米状,外表呈棕红色或紫红色,质轻脆,微有酸味。是我国传统的食用色素。红曲米色泽不易改变,耐热性强、耐光性强,着色性强,食用安全性很高。

品质鉴别 以透红、质酥,无虫蛀,无异味者为佳。

（2）姜黄素（图 6-3-11）

产地、产季　全国各地一年四季均生产姜黄素。

外形及品质特点　姜黄素是从姜黄的根状茎中提取的黄色色素。是传统的天然食用色素。姜黄素为橙黄色粉末，具有辛辣气味，有胡椒的芳。不溶于冷水，溶于乙醇和丙二醇，易溶于冰水、醋酸和碱溶液，在碱性溶液中呈红褐色，在中性溶液中呈黄色。

图 6-3-11　姜黄素

品质鉴别　以色泽纯正，味辛香稍苦，干燥者为佳。

烹饪运用　常用于饮料、糕点、糖果等的着色，可以配制咖喱，也用于菜肴的调色。

（3）焦糖色素

焦糖色素又称焦糖色、酱色，烹饪中运用的焦糖色素通常由厨师自己临时熬制。

品质特点　焦糖色素是将白糖或饴糖等糖类加热到 100～180℃的高温使之焦化，最后掺入适量开水稀释而成的一种液体胶状色素。将液态焦糖用喷雾干燥法或其他干燥法可制成粉状或块状的焦糖。

烹饪运用　在烹饪中一般用于红烧、红扒、炸等烹调方法制作的菜肴，能使菜肴色泽红润光亮，风味别致。

（4）菠菜汁

菠菜汁一般由厨师临时制作。

品质特点　菠菜汁是利用菠菜通过一定的加工后提取的绿色汁液，常用于调色和着色。加工法是将菠菜切碎后榨汁，榨出的绿色汁液中要迅速加入一定量的碱性物质。这是利用叶绿素在有弱碱的条件下不容易破坏褪色的原理。如果是制取少量的绿色汁液，可直接将菠菜叶洗净，剁细，用纱布裹住，用力挤汁。

烹饪运用　菠菜汁一般用于绿色的面点制作和某些特殊菜肴的制作。

2. 人工合成色素

人工合成色素是指用人工合成的食用色素。一般较天然色素色彩鲜明，坚牢度大，性质稳定，着色力强，可取得任意色调，使用方便，成本低廉。但是，人工合成色素大多属于煤焦油染料，不仅毫无营养价值，而且有程度不等的毒性。

我国对人工合成色素的使用有严格的规定，根据我国颁布的关于食品添加剂使用的国家标准，我国只允许 5 种人工合成色素有限度地使用，即苋菜红、胭脂红、柠檬黄、靛蓝和日落黄。它们最大的使用量分别为苋菜红、胭脂红每千克 0.05 克；柠檬黄、靛蓝、日落黄每千克 0.1 克。合成色素的纯色素含量不得低于 85%～99%，1 千克合成色素中砷的含量应在 1 毫克以下，铅在 10 毫克以下，铜在 20 毫克以下，每 100 克色素中，苯酚不应超过 5 毫克，苯胺不应超过 4 毫克，各种氯化物不应超过 0.5%等，这些规定是为了限制色素中的杂质，以减少对人体的毒害。

（1）苋菜红

外形及品质特点　苋菜红又称蓝光酸性红。为紫红色粉末，无臭味，其 0.01%的水溶液呈玫瑰红色，可溶于甘油及丙二醇，不溶于油脂，耐光，耐热。

烹饪运用　苋菜红在烹调中应用比较广泛，但用量很少，多用于面点的着色、点缀，也可

用于工艺菜肴的色泽点缀。

（2）胭脂红

外形及品质特点　胭脂红又称丽春红。为红色、粉红色粉末，无臭味，易溶于水，不溶于脂肪，耐光，耐酸，遇碱变褐色。

烹饪运用　常用于面点的着色、点缀，可使面点的色泽红亮、艳丽，但使用时不宜高温加热。

（3）柠檬黄

外形及品质特点　柠檬黄为橙黄色均匀粉末，无臭味，易溶于水，不溶于油脂，耐热、耐酸、耐光。

烹饪运用　柠檬黄在烹调中即可单独使用，以增加烹饪制品的黄色，又可与其他色素配合运用，表现各种不同的色彩。

（4）靛蓝

外形及品质特点　靛蓝又称为酸性靛蓝、磺代靛蓝。为蓝色均匀粉末，无臭味，易溶于水，溶于甘油、丙二醇，不溶于乙醇和油脂。对热、光、碱、酸、氧化都很敏感，着色力强。

烹饪运用　靛蓝很少单独使用，常与其他色素配合使用，在烹饪中主要用于增加菜品的色彩。

（5）日落黄

外形及品质特点　日落黄又称橘黄。为橙色的颗粒或粉末，无臭，很容易溶于水，在浓度为0.1%的水溶液中呈现出橙黄色。日落黄还溶于甘油，难溶于乙醇，不溶于油脂，属水溶性人工合成色素。

烹饪运用　日落黄无论是单独着色还是与其他色素调配后着色，效果都比较好。在烹饪中可用于面点、工艺菜及冷拼造型的着色。

（二）膨松剂

膨松剂亦称为膨胀剂或疏松剂，主要用于面点制作，是一种佐助类原料。

膨松剂是在加热前掺入烹饪原料中，经加热分解，产生大量气体，从而使原料或面坯起发，在内部形成致密均匀的多孔组织，而使菜点具有膨松、酥脆的特点。

膨松剂包括碱性膨松剂、复合膨松剂和生物膨松剂。烹饪中主要注意事项是控制其用量，其储存保鲜以气调储存为主，将膨松剂置于干燥、通风处。

1. 碱性膨松剂

碱性膨松剂是化学性质呈碱性的一类无机化合物。

（1）碳酸氢钠

外形及品质特点　碳酸氢钠又称小苏打、重碱。为白色结晶状末，无臭、味微咸，易溶于水，其水溶液呈弱碱性。在潮湿空气中或热空气中缓慢分解，产生二氧化碳。

烹饪运用　主要用于面点制作，如小吃、糕点、饼干的制作，也可用于菜肴的制作，对菜点起膨松酥脆柔嫩的作用，如制作油条、麻花、牛肉等。

图 6-3-12　小苏打

（2）碳酸氢铵

外形及品质特点　碳酸氢铵又称碳铵、臭粉。呈白色粉状结晶，有氨臭气味，稍有吸湿性，易溶于水，水溶液呈弱碱性，对热不稳定，在空气中易风化。

烹饪运用　碳酸氢铵主要用于面点制作中，亦可用于菜肴制作，常与碳酸氢钠配合使用，起促使原料膨松、柔嫩的作用。如油条、海蜇、牛肉等烹饪原料加工时常会用到。

图 6-3-13　臭粉

2．复合膨松剂

复合膨松剂是由两种或两种以上起膨松作用的化学成分混合制成的膨松剂。

（1）发酵粉

外形及品质特点　发酵粉俗称泡打粉、发泡粉、焙粉等。是由碱性剂、酸性剂、填充剂。

组成的复合膨松剂。依产生气体速度快慢可分为快速发粉、慢速发粉及双效发粉等。为白色粉末状物。

烹饪运用　发酵粉的用量一般为面粉重量的 1%～5%，馒头、包子等食物中以面粉计为 0.7%～2%。应与面粉混合均匀后一起倒入拌好的料中，若溶化再使用膨松效果会降低。

图 6-3-14　泡打粉

3．生物膨松剂

生物膨松剂是依靠能产生二氧化碳气体的微生物发酵而产生起发作用的膨松剂。

酵母是微小的单细胞微生物，是生物膨松剂的主要成分，在面团中生长繁殖时可利用糖进行糖发酵生成可使面团膨松的气体二氧化碳和风味成分醇类（乙醇、丙醇等）、有机酸（醋酸、乳酸、琥珀酸）、醛类（乙醛、丙醛）、酯类等，并产生一定营养物质，故除了能产生膨松作用外还能增加面点食品的营养价值和风味。

图 6-3-15　鲜酵母

（1）压榨酵母

外形及品质特点　压榨酵母又称鲜酵母。是未经干燥处理的新鲜面包酵母。压榨酵母呈乳白色或淡黄色，具有酵母的特殊味道，无腐败气味，软硬适度，不发黏，具有酵母特有的清香味。

烹饪运用　压榨酵母常用于馒头、糕点、面包等发酵制品的制作。

（2）活性干酵母

外形及品质特点　活性干酵母是由压榨酵母在低温、真空条件下脱水干制而成的淡黄色颗粒状物。发酵力较压榨酵母弱，其最大的特点是容易长期保存。

图 6-3-16　活性干酵母

烹饪运用　活性干酵母在面团中的发酵原理与鲜酵母相同。常用于面点的制作中，可以起到使面团起发、膨松并且有酒香味。

（三）增稠剂

增稠剂又称为黏稠剂、凝胶剂。是指用于改善菜点物理性质，增加菜点的黏稠度，赋予菜点黏滑适口感觉的添加剂。

增稠剂在烹饪中主要注意其使用量，通常采用气调储存方法，置于干燥、通风处。

1. 琼脂（图 6-3-17）

外形及品质特点　琼脂又称为洋菜、琼胶、冻粉。是由红藻类的石花菜及同属的其他红藻如江蓠、麒麟菜等浸制、干制而成的添加剂。有条状和丝状两种，白色或淡黄色，无味。

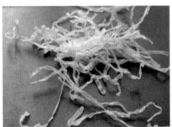

图 6-3-17　琼脂

烹饪运用及　琼脂主要用于制作冻制甜食、花式工艺菜。在糕点生产中可与蛋白、糖等配合制成琼脂蛋白膏，用于各种裱花点心和蛋糕。

注意事项　调味必须在琼脂加热时进行，边调味边搅拌，趁热浇于装有原料的模具中，冷却后即可食用。避免熬制时间过长，避免与酸、盐长时间共热以免影响凝胶效果。

2. 果胶（图 6-3-18）

外形及品质特点　果胶是从植物果实中提取的由半乳糖醛酸缩合而成的多糖类物质，商品果胶有果胶粉和液体果胶两种。

果胶可与糖、酸、钙作用可形成凝胶，水与果胶粉的比例为 1 :（0.02～0.03）即可形成形态良好的果冻。

图 6-3-18　果胶

烹饪运用　可制作冻制甜食如枇杷冻、桃冻。可制作果汁、果酱馅料等，增加粘软性，并可防止糕点硬化。

3. 明胶（图 6-3-19）

外形及品质特点　明胶是由富含胶原蛋白的动物性原料，如皮、骨、软骨、韧带、肌膜等经加工而成的胶状物质。呈白色或微黄色，半透明且微带光泽的薄片或粉粒，无特殊气味。

烹饪运用　可用于一些工艺菜的制作，也可用于糕点的制作。

图 6-3-19　明胶

注意事项　使用浓度约为 15%，低于 5% 则不能形成胶冻。应避免在水溶液中长时间加热而导致粘度和胶凝能力下降；避免与酸或碱共热而丧失凝胶性；避免与菠萝、木瓜等含有蛋白酶的植物性原料配合使用，以免受蛋白酶的作用而迅速水解。

（四）制嫩剂

致嫩剂又称嫩化剂、肉类嫩化剂，通常是指可以使肉类组织嫩化的添加剂。

烹饪运用中的有机酸（如食醋、柠檬酸）、碱（如小苏打）、盐、味精等均可使肉类中的胶原蛋白分解而具有嫩化肉的功能。

致嫩剂按肉重的 2%～3.5%加入肉中静置 10～20 分钟即可运用。

致嫩剂在烹饪中主要注意其使用量。通常采用气调储存方法，置于干燥、通风处。

1. 木瓜蛋白酶（图 6-3-20）

外形及品质特点　木瓜蛋白酶是存在于未成熟的番木瓜果实胶乳中的蛋白质水解酶，常用酒精沉淀法从木瓜胶乳中提取。为白色至浅黄色的粉末，微具吸湿性，溶于水、甘油和乙醇，耐热性较强。

烹饪运用　在烹调中主要用于肉类制品加工时对肌肉纤维的软化，使菜肴具有鲜嫩爽滑的特点。

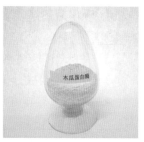

图 6-3-20　木瓜蛋白酶

2. 菠萝蛋白酶（图 6-3-21）

外形及品质特点　菠萝蛋白酶是从菠萝的根茎或果实的压榨汁中提取的一种蛋白质水解酶，为黄色粉末，可水解。

烹饪运用　菠萝蛋白酶主要作用酒的澄清剂，以分解蛋白质而使酒液澄清。烹调中主要用于肉类的嫩化处理。使用时先将菠萝蛋白酶粉末用 30℃温水或调味浆汁溶解，然后放入已切好的肉片或肉丝中拌和均匀，静置 0.5～1 小时后进行烹制。菠萝蛋白酶的使用不宜超过 45℃，否则会失去活性。

图 6-3-21　菠萝蛋白酶

同步练习————————————————————————————————

一、名词解释

1. 食品添加剂

_____

_____

_____。

2. 膨松剂

_____

_____

_____。

3. 明油

_____

_____

_____。

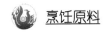

二、填空题

1. 食用油脂是由多种物质组成的,其主要成分是＿＿＿＿＿＿＿＿＿＿＿＿＿,另外还含有＿＿＿＿＿、＿＿＿＿＿、＿＿＿、＿＿＿＿＿、＿＿＿＿＿等。

2. 甜味在调味中有特殊的调和作用,如＿＿＿、＿＿＿、＿＿＿等。

3. 味精主要成分是＿＿＿＿＿＿＿＿。

4. 食醋按制作方法的不同分为＿＿＿＿＿＿＿＿、＿＿＿＿＿＿＿＿;按色泽不同分为＿＿＿＿＿＿、＿＿＿＿＿＿＿两类。

5. 常用的膨松剂可分为＿＿＿＿＿和＿＿＿＿＿＿两大类。

6. 烹饪中所用的着色剂可分为＿＿＿＿和＿＿＿＿两大类。

7. 人工合成色素有＿＿＿＿＿、＿＿＿＿、＿＿＿、＿＿＿＿。

三、选择题

1. 蚝油是由下列＿＿＿＿原料加工而成的。
   A. 贻贝 　　　　B. 牡蛎 　　　　C. 蛤蜊 　　　　D. 蚶

2. 饴糖的主要成分是＿＿＿＿。
   A. 葡萄糖 　　　B. 蔗糖 　　　　C. 麦芽糖 　　　D. 果糖

3. 豆豉属＿＿＿＿调味品。
   A. 鲜味 　　　　B. 咸味 　　　　C. 辣味 　　　　D. 香味

4. 在面点中制作油酥面团,最好使用＿＿＿。
   A. 花生油 　　　B. 豆油 　　　　C. 猪油 　　　　D. 鸡油

5. "老面"具有酸味是由于含有＿＿＿＿。
   A.　　　　　　醋酸菌　乳酸菌 　　B. 乳酸菌　酵母菌
   C. 酵母菌　醋酸菌 　　D. 变形杆菌　酵母菌

6. 属人工合成色素的是＿＿＿＿。
   A. 红曲米 　　　B. 叶绿素 　　　C. 靛蓝 　　　　D. 姜黄素

四、问答题

1. 食用油脂在烹调中有哪些作用?

2. 简述调味原料在烹饪中的作用?

3. 酱油为什么会"长白膜"?怎样防止和消除"长白膜"现象?

4. 淀粉在烹调中有哪些作用?怎样保管?

5. 允许使用的人工合成色素有些？它们各自最大使用量是多少？使用时应注意哪些事项？

五、综合训练

食品添加剂在烹饪中的应用调查

（一）训练目标

了解食品添加剂在烹饪中的应用，掌握常见食品添加剂在烹饪中应用的方式方法以及国家规定的添加标准。

（二）训练内容

1. 知识准备

食品添加剂是为改善食品品质和色、香、味以及为防腐、保鲜和加工工艺的需要而加入食品中的人工合成或者天然物质。

食品添加剂依据来源可分为天然制品和化学合成两类。其中，天然食品添加剂是以植物、动物、微生物（乳酸菌、酵母菌、红曲霉等）的组织或代谢产物或天然矿物质为原料，经加工获得的物质，取材广，使用方便，具有改善食品品质和色、香、味的功效，且具有无毒、高效、环保等优点，在确定的限量标准之下，它不但对人体健康无害，有的还具有一定的营养价值。

食品添加剂的出现是社会进步的表现，但食品添加剂是一把双刃剑。餐饮业使用食品添加剂，首先要遵守《食品安全法》中关于食品添加剂的法律规定；其次要执行《餐饮服务食品安全操作规范（修订版）》（国食药监食〔2018〕12 号）中关于食品添加剂的使用规范；第三，餐饮业使用食品添加剂的品种、使用范围、使用量必须按照"食品安全国家标准食品添加剂使用标准"（GB2760—2014）的规定使用，防止食品添加剂超范围和超剂量使用。特别是不得采购、贮存、使用硝酸盐及亚硝酸盐（包括硝酸钠、硝酸钾、亚硝酸钠、亚硝酸钾）。

餐饮业现场加工的用于调色的苋菜汁、菠菜汁、麦青汁，用干辣椒加植物油制成的红辣油，制作面点时使用的咖啡粉，用白糖熬制的焦糖色，用猪肉皮加工的皮冻，发酵面点使用的老肥（酵头）等均能提升菜点的品质，但都不属于食品添加剂范畴，而是烹饪调辅料，所以没有使用范围及使用量的限定，只要符合菜点生产即可。

餐饮业中西面点制作常用的食品添加剂有：膨松剂、面粉处理剂、乳化剂、甜味剂、烘焙香粉以及用于糕点表面装饰的着色剂；肉类加工（生肉腌制和熟肉制品）常用的食品添加剂有：各种香料、酶制剂（嫩肉剂）、天然着色剂等，火锅底料调配可用的各种天然食品香料，饮品加工可用各种天然香料、色素等。

2. 网络调查

通过网络调查常见在烹饪中应用的食品添加剂使用标准，网站有中国食品安全网（http://www.cfsn.cn/）、国家市场监督管理总局（http://www.samr.gov.cn/）、食品伙伴网（http://www.foodmate.net/）、食品论坛（http://bbs.foodmate.net/forum.php）。

（三）训练要求

1. 学生分工完成"食品添加剂在烹饪中的应用调查表"。

表　食品添加剂在烹饪中的应用调查表

分工	品类	具体名称	适用范围	使用效果	添加标准
学生 A	膨松剂	碳酸氢铵			
学生 B		硫酸铝钾			
……		……			
……	乳化剂	卵磷脂			
……		聚丙烯酰胺			
……		……			
……	……	……			

2. 选择某一代表性添加剂，网络检索食品添加剂案例的详细内容、发生原因、解决方法、案例类型，加工成介绍案例的文档，再依据文档，结合网络检索的图片、视频资源，设计幻灯片交流。

参 考 文 献

[1] 陈金标. 烹饪原料[M]. 3 版. 北京：中国轻工出版社，2020.

[2] 杨正华. 烹饪原料与营养[M]. 3 版. 北京：北京师范大学出版社，2012.

[3] 周宏，陈坤浩. 烹饪原料知识[M]. 3 版. 北京：中国劳动社会保障出版社，2015.

[4] 孙一蔚. 烹饪原料知识[M]. 3 版. 北京：高等教育出版社.2017.

[5] 杨正华. 烹饪原料[M]. 北京：科学出版社，2012.